机　械　基　础

（第 3 版）

主　编　易荣英

副主编　朱品武

主　审　陈少艾

重庆大学出版社

内 容 提 要

本书依据高职教育的培养目标,将工程力学和机构与机械零件有机地结合在一起,既保证基础知识内容,又注重知识的实用性,使教材内容有利于提高学生分析问题和解决问题的能力。

本书共 3 篇 17 章。第 1 篇静力学,内容包括静力学基本概念及受力分析、平面任意力系、空间力系、重心和形心、摩擦和自锁;第 2 篇构件的承载能力,内容包括轴向拉伸和压缩、联接件的强度计算、扭转、梁的弯曲、压杆稳定、疲劳强度;第 3 篇机构及机械零件,内容包括平面机构的结构分析、平面连杆机构、凸轮机构及其他常用机构、齿轮传动、轮系、带传动和链传动、联接、轴、滚动轴承、联轴器和离合器。

本书可作为高等职业技术院校近机类、机电类各专业"机械基础"课程的教材,也可作为高等专科学校、成人高校教学用书及有关工程技术人员的参考用书。

图书在版编目(CIP)数据

机械基础/易荣英主编.—2 版.—重庆:重庆
大学出版社,2013.1(2022.9 重印)
高职高专机械系列教材
ISBN 978-7-5624-3658-4

Ⅰ.①机… Ⅱ.①易… Ⅲ.①机械学—高等职业教育
—教材 Ⅳ.①TH11

中国版本图书馆 CIP 数据核字(2012)第 263868 号

机械基础

(第 3 版)

主 编 易荣英
副主编 朱品武
主 审 陈少艾

责任编辑:曾令维 李定群 版式设计:曾令维
责任校对:邬小梅 责任印制:张 策

*

重庆大学出版社出版发行
出版人:饶帮华
社址:重庆市沙坪坝区大学城西路 21 号
邮编:401331
电话:(023) 88617190 88617185(中小学)
传真:(023) 88617186 88617166
网址:http://www.cqup.com.cn
邮箱:fxk@ cqup.com.cn(营销中心)
全国新华书店经销
重庆市国丰印务有限责任公司印刷

*

开本:787mm×1092mm 1/16 印张:19.5 字数:487 千
2019 年 1 月第 3 版 2022 年 9 月第 13 次印刷
ISBN 978-7-5624-3658-4 定价:49.80 元

第3版前言

本书第 3 版是在习近平新时代中国特色社会主义思想指导下，落实"新工科"建设要求，贯彻落实教育部《关于全面提高高等职业教育教学质量的若干意见》文件精神，根据广大师生对本书的使用意见，在总结经验教训的基础上修订而成的。

本书修订重点做了如下几个方面的工作：

1.本教材在编写时，力图使教材符合当前高等职业教育教改的总趋势，努力体现"弱化理论推导，强化实际分析；弱化繁琐计算，强化定性分析；弱化学科系统，强化工程应用"，同时注重学生持续发展能力的培养；

2.本书力求基本概念准确，语言简练，深入浅出，难点分散，以培养学生灵活运用知识、解决实际问题的能力；

3.适当增添了一些习题，以加强学生基本功的训练；

4.为了便于学生学习专业英语，本书增加了与教材有关的专业名词英汉对照；

5.对已发现的不妥之处作了订正；

6.本书均采用最新的国家标准和术语。

参加这次修订工作的有：万军(第 1,2,12 章)，朱品武(第 3,4,5,6 章)，吕青(第 10,13 章)，汪晓云(第 14,17 章)，易荣英(第 7,8,9,11,15,16 章)。

本版经武汉船舶职业技术学院陈少艾教授细心审阅，提出了十分宝贵的意见，在此表示衷心感谢。

由于编者水平有限，书中不妥之处，恳请广大同仁及读者批评指正，并请将宝贵意见寄武汉船舶职业技术学院机械工程学院，谢谢。

编　者

2018 年 12 月

前言

2004年6月在南京召开的全国职业教育工作会议上,教育部部长周济宣布:"我国高等职业教育基本学制将逐步由三年制过渡为两年制为主"。这一政策导向引起了高等职业院校各有关人士的强烈反响。学制由三年制向两年制的过渡,意味着课程的教学时数将大幅度减少,怎样在有限的教学时数内,既能让学生掌握教学的基本内容,又能加强学生的工程意识,适应社会需要。这是很多高等职业教育工作者所共同关心的问题。本书是在此种形势下,进行探索和尝试而编写的。其主要特点如下:

1.本书将工程力学、机构及机械零件等方面的内容有机结合,融为一体,可达到省时、高效的教学效果。

2.本书从培养学生的应用能力出发,在内容的取舍上,遵照少而精的原则,既保证基础知识内容,又注重知识的实用性,使教材内容有利于提高学生分析问题和解决问题的能力。如在常用机构与机械零件中,加强了对机构、机械零件的定性分析和结构设计,淡化了机械零件的参数设计。

3.在内容的编排上,力图便于与先修知识的衔接和组织教学。如在常用机构与机械零件中,将力学知识渗透到各个机构,这样既加强了本书的系统性,又能培养学生的力学素养。

4.为便于教学,本书所必需的资料、表格均在正文中列出;书中带"＊"号的部分和用小字排印的部分为选学或延伸性内容,可根据专业要求和学时情况酌情取舍,或供学有余力的学生自学。

5.为了培养学生的工程意识,本书在相关章节后面提供了一些"阅读材料",这些阅读材料都来自实际,可引导学生接触实际问题,扩大眼界,启迪思维。

参加本书编写的有万军(第1,2,7,12章)、朱品武(第3,4,5,6章)、吕青(第10,13章)、汪晓云(第14,17章)、易荣英(第8,9,11,15,16章)。本书由易荣英担任主编,朱品武担任副主编,陈庭吉老师任主审。

由于编写工作量大,时间仓促,且受编者水平和经验所限,教材中不妥之处在所难免,殷切希望广大同仁和读者提出批评和改进意见。

编 者

2006 年 3 月

目录

第 3 篇 机构及机械零件

第 **1** 篇
静 力 学

静力学是研究物体在力系作用下平衡规律的科学。

力系是指作用于同一物体（或同一物体系统）上的一群力。

在一般工程中，平衡是指物体相对于地球保持静止或做匀速直线运动。例如，机床的床身、在直线轨道上匀速运动的火车等都是物体平衡的实例。

静力学研究的物体都是处于平衡状态的刚体。

刚体是静力学中所采用的一种理想模型。所谓刚体，就是指在力的作用下，大小和形状不变的物体。事实上，任何物体在力的作用下，或多或少总要产生变形。在正常情况下，工程上的机械零件和结构构件在力的作用下发生的变形相对于他们的原始尺寸是很微小的，这种微小的变形对研究力的外效应（即运动效应）影响很小，可忽略不计。这样物体就可以看成是刚体，从而使问题的研究得到简化。静力学中所研究的物体只限于刚体，故称为刚体静力学，它是研究变形体力学的基础。

本篇着重研究以下 3 个问题：

1）物体的受力分析   分析某个物体或物体系统共受几个力，以及每个力的作用位置和方向。

2）力系的等效与简化   对物体作用效果相同的两个力系，互称为等效力系。如果一个力与一个力系等效，那么这个力称为该力系的合力，而该力系的各力称为这个合力的分力。将一个复杂的力系用一个简单的等效力系来代替的过程，称为力系的简化或力系的合成。通过力系的简化可使我们研究的复杂力学问题得到简化。

3）力系的平衡条件   作用于物体上的力系使该物体平衡，则此力系称为平衡力系；刚体平衡时，作用在刚体上的力应当满足的必要和充分条件，称为平衡条件。静力学的基本任务就是研究物体在力系作用下的平衡条件。

第 1 章
静力学基础

1.1 静力学的基本概念

1.1.1 力的概念

力是物体间的相互作用。这种作用有两种效应:一种是使物体的运动状态发生变化,称为力的外效应(即运动效应);另一种是使物体产生变形,如使梁弯曲、使弹簧伸长,这种效应称为力的内效应(即变形效应)。静力学主要研究力的外效应,力的外效应又包括移动效应和转动效应。

力对物体的作用效应取决于力的大小、力的方向及力的作用点,通常称为力的三要素。在三要素中有任何一个改变时,力的作用效果就会改变。

力的大小表示物体间相互机械作用的强弱,它可通过力的外效应或内效应的大小来度量。在我国的法定计量单位中,力的单位是牛(N)或千牛(kN),$1 \text{ kN} = 10^3 \text{ N}$。

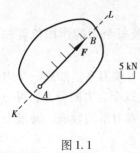

图 1.1

力是矢量,可以用一个带箭头的线段来表示力的三要素,线段的长度按一定比例表示力的大小,线段的方位和箭头的指向表示力的方向,线段的起点或终点表示力的作用点,如图 1.1 所示用有向线段 $\overrightarrow{AB}$ 表示该力。过力的作用点,沿力矢量的方位画出的直线,称为力的作用线。图 1.1 中直线 KL 为力 F 的作用线。

本书中力的矢量以黑体字母表示,如图 1.1 所示的力 F,而以相应的普通字母 F 表示力 F 的大小,即 $F = | F |$。

1.1.2 集中力与分布力

前面说到力的作用点,其实力总是作用在一定的面积或体积内的。当作用面积或体积较大时,称为分布力(又称为分布载荷);当力的作用范围与物体相比较小时,就可近似地看做一个点,该点为力的作用点,这样的力称为集中力。

分布力可按作用范围进行分类:分布在一定体积内的力,如重力,称为体分布力;分布在一定面积上的力,如水坝上的水压力等,称为面分布力;分布在一定长度上的力称为线分布力(又称为线分布载荷)。本书中常用的线分布载荷的大小用线载荷集度 q 表示,某点的载荷集度 q 是指该点单位长度上受力的大小,它表示该点所受载荷的强弱程度,其单位为 N/m 或 kN/m。当 $q=$ 常数时,表示各点的载荷大小都相等,称为均布载荷;当 $q\neq$ 常数时,表示各点的载荷不相等,称为非均布载荷。

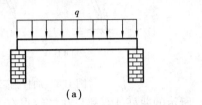 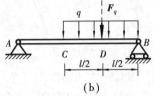

(a)   (b)

图 1.2

如图 1.2(a)所示梁的自重可看做是沿轴线分布的均布载荷。如图 1.2(b)所示在梁的 CB 段上作用有载荷集度为 q 均布载荷,可以证明,其合力的大小等于载荷集度 q 与其分布长度 l 的乘积,即 $F_q=ql$,合力的作用线过分布长度的中点,方向与均布载荷相同。

1.1.3　力系的分类

为了便于研究力系的简化和平衡条件,通常将力系按其各力作用线的分布情况进行分类:各力的作用线都处于同一平面上的力系,称为平面力系;各力的作用线不共面,则为空间力系。在这两类力系中,各力的作用线相交于一点的力系,称为汇交力系;各力的作用线互相平行的力系,称为平行力系;各力的作用线既不全交于一点,也不全平行的力系,称为一般力系或任意力系。

1.2　静力学公理

公理是由人类长期实践所证明了的正确结论及客观规律。静力学有 5 个公理,概括了力的基本性质,它是建立静力学全部理论的基础。

公理 1(二力平衡公理)　欲使受两个力作用的刚体处于平衡,其充分和必要条件是:这两个力大小相等,方向相反,且作用在同一条直线上(简称等值、反向、共线,见图 1.3)。

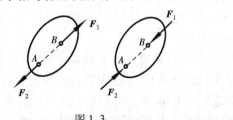 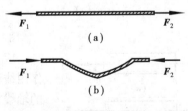

图 1.3   图 1.4

这一性质给出了刚体在最简单力系作用下的平衡条件。需要指出的是,这一条件对于变形体而言,只是平衡的必要条件,而不是充分条件,如图 1.4(b)所示,它就不处于平衡状态。

在工程中,常遇到不计自重、只在两点受力而处于平衡状态的构件,这种构件称为二力构件或二力杆。二力杆所受的两力必沿两作用点的连线。据此可很方便地判定结构中某些直杆或弯杆的受力方向。

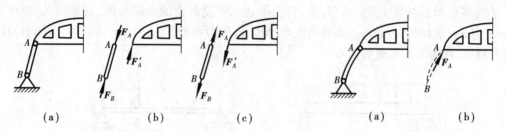

图 1.5　二力构件　　　　　　图 1.6　曲杆为二力构件

如图 1.5(a)所示的直杆 AB 和图 1.6(a)所示的曲杆 AB,都只在二铰点有力的作用,且重力可忽略不计,均可看成是二力杆。

注意:在本书后面的内容中,凡不给出、标明重力,或者说"轻质",则一律是不计重力。另外,摩擦力不说明时,或者说"光滑"时,也都可忽略不计。

公理 2(加减平衡力系原理)　在作用于刚体的已知力系中加上或减去任意的平衡力系,并不改变力系对刚体的作用。这是因为平衡力系对刚体的运动状态没有任何影响。

这个公理是研究力系简化的重要理论依据。但必须注意,此公理只适用于刚体而不适用于变形体。

由上述两个公理可以导出以下重要推论:

推论 1(力在刚体上的可传性,简称力的可传性)　作用在刚体上某点的力,可以沿着它的作用线移到刚体内任意一点,并不改变该力对刚体的作用。

如图 1.7(a)所示的刚体,在 A 点受力 F 作用,若在力 F 的作用线上任一点 B 加上两个相互平衡的力 F_1 和 F_2,且使 $F_2 = -F_1 = F$(见图 1.7(b)),由公理 2 知,力系(F,F_1,F_2)与原力 F 等效。根据公理 1 可知力 F 与 F_1 也可构成一平衡力系,再由公理 2 将这两个力去掉后,于是仅余下作用于 B 点的力 F_2(见图 1.7(c))。由这一等效变换过程可知,作用于 B 点的力 F_2 与作用于 A 点的力 F 等效,由于 B 点是任取的,故推论得证。

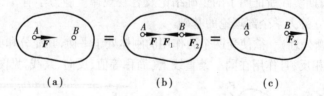

图 1.7　力的可传性

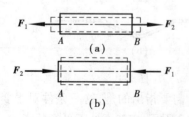

图 1.8　变形体不适用力的可传性

应当指出,在研究力对物体的变形效应时,力是不能沿作用线移动的,例如,如图 1.8(a)所示的可变形直杆,沿杆的轴线在两端施加大小相等、方向相反的一对力 F_1 和 F_2 时,杆将产生拉伸变形。如果将力 F_1 沿其作用线移至 B 点,同时将力 F_2 沿其作用线移至 A 点(见图 1.8(b)),杆将产生压缩变形。因此,力的可传性对变形体不成立。

公理 3(力的平行四边形法则)　作用在物体上同一点

的两个力,可以合成为一个合力。合力的作用点仍为该点,其大小和方向由这两个力为邻边所构成的平行四边形的对角线来确定(见图1.9)。

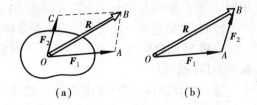

图 1.9 力的平行四边形法则
(a)力的平行四边形 (b)力三角形

如图1.9(a)所示,即合力 R 等于两分力 F_1 与 F_2 的矢量和,其矢量表达式为

$$R = F_1 + F_2 \qquad (1.1)$$

显然,利用平行四边形法则求合力,对于变形体来说,二力要有共同的作用点;对于刚体来说,二力作用线只要相交就可以合成。因此,公理3不仅适用于刚体,也适用于变形体。

实际上,如图1.9(b)所示先从 O 点作一个与 F_1 大小相等、方向相同的矢线 OA,再过 A 点作一个与 F_2 大小相等、方向相同的矢线 AB,则矢线 OB 就代表了合力 R 的大小和方向。这种求合力的方法称为力的三角形法则。必须清楚,在力 $\triangle OAB$ 中,各矢线只表示力的大小和方向,而不能表示力的作用点或作用线。

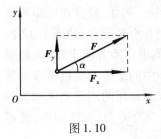

图 1.10

力的平行四边形法则是力系简化的基础。它表明作用于物体上同一点的两个力可以合成为一合力;反之,一个力也可分解为同一平面内的两个分力,当分解的方向变化时,分力的结果也会相应变化。在工程实际中,常把一个力 F 沿直角坐标轴方向分解,从而得到两个相互垂直的分力 F_x 和 F_y,称为力的正交分解(见图1.10),分力的大小为

$$\left.\begin{array}{l} F_x = F\cos\alpha \\ F_y = F\sin\alpha \end{array}\right\} \qquad (1.2)$$

式中 α——力 F 与 x 轴之间的夹角。

应用上述几条静力学的基本公理和法则,可得以下的推论:

推论 2(三力平衡汇交定理) 刚体受不平行的3个力作用而平衡时,这3个力的作用线必汇交于一点。

下面来证明这一推论。

现有不平行的3个力 F_1,F_2,F_3 作用于刚体上(见图1.11(a))而刚体平衡。因为 F_1 和 F_2 的作用线必相交于某点 O,将 F_1 和 F_2 分别沿作用线移到 O 点,求出它们的合力 R(见图1.11(b))。R 应与 F_3 相平衡,根据二力平衡条件 R 与 F_3 必须共线,即 F_3 的作用线必通过 O 点。这就证明了三力平

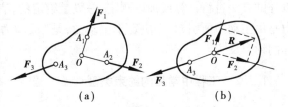

图 1.11 3 个不平行力平衡则汇交

衡汇交定理。它是不平行三力平衡的必要条件,而非充分条件。当刚体受不平行三力而处于平衡时,利用这个定理可确定未知力的方向。

公理 4(作用与反作用定律) 当甲物体给乙物体一作用力时,甲物体必同时受到乙物体相同性质的反作用力,且作用力与反作用力大小相等,方向相反,沿着同一直线。

这一性质说明:力总是成对出现的,有作用力,必定有反作用力;二者总是同时存在,同时消失。在分析物体受力时,必须明确施力物体与受力物体,一般,习惯上将作用力与反作用力

用同一字母表示,其中一个加"′"以示区别。

注意:不要把这一性质与二力平衡条件相混淆。

公理5(刚化原理) 变形体在某一力系作用下处于平衡,如将此变形体刚化为刚体,其平衡状态保持不变。

这个公理提供了把变形体抽象为刚体模型的条件,扩大了刚体静力学的应用范围。

1.3 约束与约束反力

1.3.1 约束与约束反力

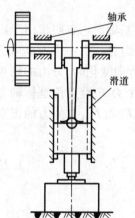

图 1.12 曲柄冲压机

在力学中,通常把物体分为两类:一类称为自由体,它们在空间的位移不受任何物体的接触式限制。例如,在空中飞行的飞机、炮弹和火箭等。另一类称为非自由体,它们在空间的位移受到一定的限制。例如,悬挂在屋顶的电灯受到绳子的限制不能下落;门、窗只能绕合页轴转动;如图 1.12 所示的曲柄冲压机冲头受到滑道的限制只能沿铅垂方向平动,飞轮受到轴承的限制只能绕轴转动等。工程实际中的结构件或机械零件都是非自由体。对非自由体的某些位移起限制作用的周围物体称为约束。如上述的例子中绳子是电灯的约束;合页是门、窗的约束;滑道是冲头的约束;轴承是飞轮和轴的约束等。

既然约束阻碍着物体的运动,那么当物体沿着约束所能限制的方向运动或有运动趋势时,约束对该物体必然有力的作用,以阻碍该物体的运动,这种力称为约束反力(简称反力)。因此,约束反力的方向总是与该约束所阻碍的运动方向相反,这是确定约束反力方向的准则。

物体所受的力,除约束反力外,还有如重力、流体压力、风力和电磁力等,它们可用静力学以外的方法进行计算或加以测定,一般是给定的,它不决定于其他力,称为主动力。而约束反力是由主动力所引起,它决定于主动力,是"被动力"。静力分析的重要任务之一就是确定未知的约束反力。

1.3.2 工程中常见的约束类型

(1)柔性约束(简称柔索)

柔性约束是由绳索、皮带及链条等柔性物体构成。

柔索的特点是柔软易变形,不能抵抗弯曲和压力。柔索只能限制物体沿伸长方向的位移,所以它给物体的约束反力只能是拉力。因此,柔索对物体的约束反力,作用在接触点,方向沿着柔索

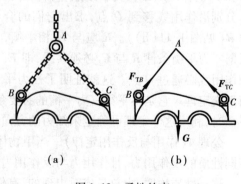

图 1.13 柔性约束

背离受力物体。柔索的约束反力常用 F_T 表示。

如图 1.13(a)表示用链条悬挂一减速器箱盖,根据柔性约束的特点,可知链条对箱盖的约束力是沿链条的拉力 F_{TB} 和 F_{TC},如图 1.13(b)所示。同理,在机械传动中,传动带作用于带轮的力都是沿传动带中心线方向的拉力,如图 1.14 所示。

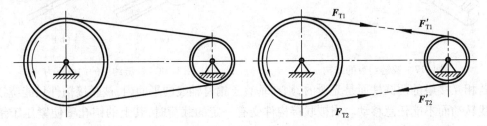

图 1.14　柔性约束

(2)光滑面约束

光滑接触面约束忽略摩擦,将接触表面视为理想光滑的约束。这样的接触面不论是平面或曲面,都不能限制物体沿接触面的公切线方向运动或离开接触面,而只能阻止物体沿着接触面公法线趋向接触面的运动。因此,光滑接触面对物体的约束反力方向沿两接触表面的公法线方向,并指向受力物体,通常用 F_N 表示。例如,如图 1.15(a)所示,光滑固定曲面给圆柱的约束力为 F;如图 1.15(b)所示,AD 杆倚靠在固定挡块上,挡块给杆的约束力为 F_B;如图 1.15(c)所示,板搁在固定槽内,板与槽在 A,B,C 3 点接触,如果接触处均是光滑的,它们的约束力分别为 F_A,F_B,F_C。

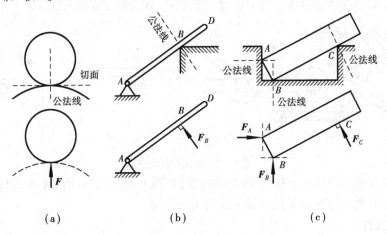

（a）　　　　　　　（b）　　　　　　　（c）

图 1.15　光滑面约束

(3)光滑圆柱形铰链

圆柱形铰链也称为铰链,它是用一圆柱形销钉将两个或更多的构件联接在一起。如图 1.16 所示的曲柄连杆机构是由曲柄、连杆、活塞与不动的机架组成,其中,曲柄 OA 与机架在 O 处的联接、曲柄 OA 和连杆在 A 处的联接、连杆 AB 和活塞在 B 处的联接均

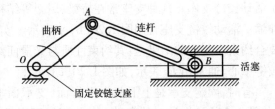

图 1.16

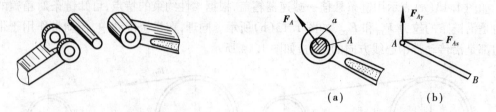

图 1.17　铰链约束的结构　　　　　　图 1.18　铰链约束的约束反力

若相互接触的两圆柱面是光滑的,则在垂直于销钉轴线的平面内,被联接构件只能绕销钉的轴线转动而不能任意移动。当被联接构件受有一定的载荷时,其上的销孔壁便紧压于销钉的某处,于是销钉便通过接触点给予构件一个反作用力 F_A。根据光滑接触面约束的特点可知,这个约束反力应沿着圆柱面接触点的公法线,通过销钉中心 A(见图 1.18(a))。但接触点 a 的位置与被约束构件的受力情况和运动情况有关,不能预先确定。因此,约束反力 F_A 的方向也不能预先确定,通常用通过铰链中心 A 的两个互相垂直的分力 F_{Ax},F_{Ay} 来表示,如图 1.18(b)所示。实际上,这是用两个方向给定而大小未知的分力来等效代替一个大小与方向都未知的力。

根据铰链联接件的运动情况不同,铰链联接可分为以下两种类型:

①如果铰链联接中有一个构件是地面或固定的机架,便构成固定铰链支座,简称固定铰支,如图 1.19(a)、(b)、(c)所示。这种支座的简图及约束反力表示法分别如图 1.19(d)、(e)所示。如图 1.16 所示曲柄 OA 与机架在 O 处的联接,即为固定铰链支座。

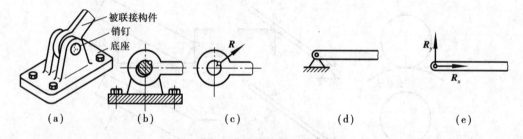

图 1.19　固定铰链约束

②如果两联接件均是活动的,则称为中间铰,如图 1.16 所示曲柄 OA 和连杆在 A 处的铰链联接、连杆 AB 和活塞在 B 处的铰链联接均为中间铰。

(4)辊轴支座

如果固定铰链支座中的底座不用螺钉而改用辊轴与支承面接触(见图 1.20(a)),便形成了活动铰链支座。这种支座常在桥梁、屋架等结构中采用,以保证温度变化时结构可做微量的伸缩。活动铰链支座常用图 1.20(b)来表示。实际上,这种约束是铰链支座与辊轴光滑面的复合约束。复合的结果是:其约束性质与光滑面约束相同,其约束反力必垂直于支承面,通过铰链中心,通常用 F_N 表示,如图 1.20(c)所示。

有时,固定支承是上下两个平行面,支承面上有两组滚轮,铰支座可沿任一支承面滚动(见图 1.20(d)),这时约束反力的作用线同样垂直于支承面,只是指向要由支座与此支承面接触来确定。

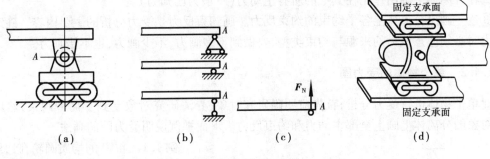

图 1.20　辊轴支座

(5)轴承约束

轴承是机器中常见的一种约束,常用的有向心轴承(径向轴承)和止推轴承。

向心轴承结构如图 1.21(a)、(b)所示,它的约束性质与圆柱形铰链约束的性质相同,不过在这里轴本身是被约束的构件,其简图和约束反力如图 1.21(c)所示。

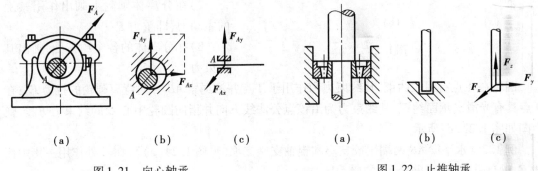

图 1.21　向心轴承　　　　　　　　　　　　图 1.22　止推轴承

止推轴承与向心轴承不同,它除了能限制轴的径向位移以外,还能限制轴沿轴向的位移。因此,它比向心轴承多一个沿轴向的约束反力,即约束反力有 3 个正交分力 F_x,F_y,F_z。止推轴承的简图及其约束反力如图 1.22 所示。

1.4　受力分析与受力图

1.4.1　分离体与受力图

在工程实际中,为了求出未知的约束反力,首先根据已知条件和待求量从有关物体中选择某一物体作为研究对象,并分析研究对象的受力情况,即进行受力分析。为了清晰地表示研究对象的受力情况,可设想把研究对象从物系中分离出来,并将它的约束全部解除,在解除约束处代之以相应的约束反力。解除约束后的物体称为分离体;在分离体上画上全部的主动力和约束反力的简图称为受力图。

画受力图是进行力学计算的依据,因而是力学基本功,读者应熟练掌握其方法。

画受力图的基本步骤如下:

①确定研究对象,并单独画出其分离体图。

②在分离体上画出作用在其上的所有主动力(一般为已知力)。

③逐一画出分离体上各个约束的约束反力。画约束反力是受力分析的主要内容。确定约束反力时必须注意该力的来源与约束类型,要做到不多画力,不少画力,也不错画力。

1.4.2 单个物体的受力图

对单个物体进行受力分析,首先应明确研究对象,弄清研究对象受到了何种约束,然后在研究对象的分离体上画上全部主动力和约束反力。下面举例说明受力图的画法。

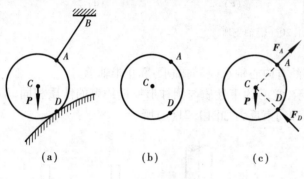

图 1.23

例 1.1 重 **P** 的均质圆轮在边缘 A 点用绳 AB 系住,绳 AB 通过轮心 C;圆轮边缘 D 点靠在光滑的固定曲面上(见图 1.23(a))。试画出圆轮的受力图。

解 1)选圆轮为研究对象,画出其分离体图(见图 1.23(b));

2)在分离体圆轮上画出作用其上的主动力,即重力 **P**;

3)在分离体的各个约束处,画出其约束力。

圆轮在 A 点有绳索约束,其约束力为作用于 A 点并沿绳索 AB 方向背离圆轮的拉力 F_A;在 D 点具有光滑支承面约束,其约束力为沿该点公法线方向并指向圆轮中心 C 的约束力 F_D。受力图如图 1.23(c)所示。

例 1.2 水平梁 AB 两端用铰支座和辊轴支座支承(见图 1.24(a)),在 C 处作用一集中荷载 F,梁自重不计,画出梁 AB 的受力图。

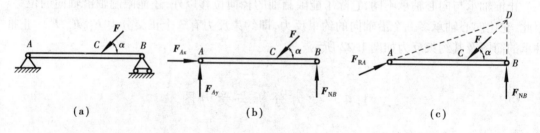

图 1.24

解 取梁 AB 为研究对象。作用于梁上的力有集中荷载 F;B 端辊轴支座的约束力 F_{NB},垂直于支承面铅垂向上;A 端铰支座的约束力用通过 A 点的相互垂直的两个分力 F_{Ax} 与 F_{Ay} 表示。受力图如图 1.24(b)所示。

梁 AB 的受力图还可画成如图 1.24(c)所示。根据三力平衡条件,已知力 F 与 F_{NB} 相交于 D 点,则其余一力 F_{RA} 亦必交于 D 点,从而确定约束力 F_{RA} 沿 A,D 两点连线,得图 1.24(c)。其受力图取决于解题方式:如用解析法,就用图 1.24(b);如用几何法,则用图 1.24(c)。

例 1.3 如图 1.25(a)所示水平梁 AC,试画出其受力图。

解 1)取研究对象 取水平梁 AC 为研究对象,并将其从周围物体中分离出来,单独画出其轮廓图。

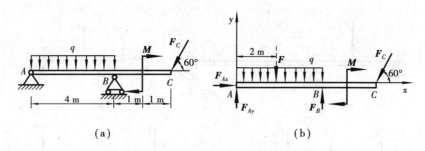

图 1.25

2)画主动力　水平梁 AC 受主动力 F_C 作用,主动力偶 M(力偶将在下一章中详细介绍,现可在受力图中照原样画出)作用,AB 段上作用有均布载荷,其合力作用线在 AB 的中点。

3)画约束反力　固定铰链 A 处的约束反力用两个正交分力 F_{Ax},F_{Ay} 表示,滚动支座 B 处的约束反力垂直支承面向上,记为 F_B。水平梁 AC 的受力图如图 1.25(b)所示。

1.4.3 物体系统的受力图

一系列相互联系的物体组成的系统,即称物体系统(简称物系)。画物系受力图的方法,基本上与画单个物体受力图时相同,所不同的是物系的研究对象,可以是整个物系,也可以是物系中的某一部分或某一个物体。

在静力学中,取几个物体组成的整个物系作研究对象时,物系内各物体间相互作用的力称为内力,物系以外的物体对物系的作用力称为外力。以整个物系为研究对象时,约定不画内力,只画外力,因为内力总是成对出现的,且彼此等值、反向、共线,不改变物系的整体运动。但把物系拆开画受力图时,各物体间的作用力就不是内力,而变成外力,因而一定要画出。

必须指出,内力虽不影响物系的整体运动,但它对物体的变形却起着决定性的影响。在第2篇中,内力是研究的主要内容之一。

例 1.4　如图 1.26(a)所示的三铰拱,由左右两拱铰接而成。在拱 AC 上作用有载荷 F_P,若各拱自重不计,试分别画出拱 AC 和 CB 的受力图。

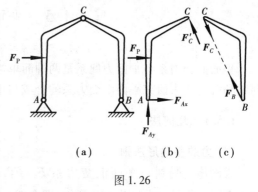

图 1.26

解　1)取拱 BC 为研究对象,由于不计拱 BC 自重,且只在 B,C 两处有铰链约束,因此,拱 BC 为二力构件,在铰链中心 B,C 处分别受平衡力 F_B,F_C 的作用,其方向如图 1.26(c)所示。

2)取拱 AC 为研究对象,拱 AC 所受的主动力为 F_P。拱 BC 通过铰链 C 对拱 AC 的作用力为 F_C',根据作用和反作用定律,$F_C' = -F_C$。拱在 A 处受固定铰支座给它的约束反力作用,由于方向未定,可用两个正交分力 F_{Ax},F_{Ay} 代替。拱 AC 的受力图如图 1.26(b)所示。

若左、右两拱都计入自重时,各受力图有何不同? 读者可进行分析。

例 1.5　如图 1.27(a)所示的多跨静定梁用铰链 C 联接,试分别画出 AC,CD 和整体的受力图。

解　1)CD 梁的受力图　CD 梁上有主动力 F_2,D 处为辊轴支座,其约束反力 F_{ND} 垂直于

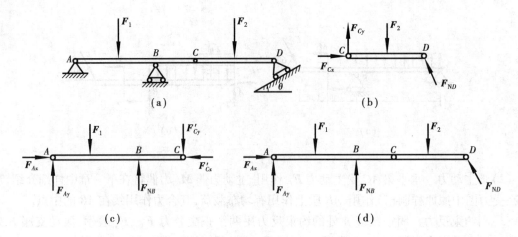

图 1.27　多跨静定梁

支承面,且通过销钉中心。铰链 C 受到 AC 部分给它的约束反力 F_{Cx},F_{Cy} 的作用。CD 梁的受力图如图 1.27(b)所示。

2)AC 梁的受力图　AC 梁受主动力 F_1 作用。在铰链 C 处受 CD 梁给它的作用力 F'_{Cx} 和 F'_{Cy}。B 处为辊轴支座,约束反力 F_B 垂直于支承面,通过铰链中心。A 处为固定铰支座,约束反力用两个正交分力 F_{Ax} 和 F_{Ay} 表示。AC 梁的受力图如图 1.27(c)所示。

3)整个系统的受力图　由于铰链 C 处所受的力为内力,故在受力图上不必画出。在受力图上只需画出该对象所受的外力。这里,载荷 F_1,F_2 和约束反力 F_{Ax},F_{Ay},F_{NB},F_{ND} 都是作用于整个系统的外力。整个梁的受力图如图 1.27(d)所示。

1.5　平面汇交力系

平面汇交力系与平面力偶系是两种简单力系,它是研究复杂力系的基础。首先,将采用几何法和解析法来研究平面汇交力系的合成与平衡条件。

1.5.1　几何法

(1)力的多边形法则

设刚体上受到一平面汇交力系 F_1,F_2,F_3,F_4 的作用,各力的作用线汇交于 O 点,如图 1.28(a)所示。为将此系简化(即合成),首先根据力的可传性原理将各力沿其作用线滑移到汇交点 O,形成一个平面共点力系,如图 1.28(b)所示。然后根据力的平行四边形法则,逐步将各力两两合成,最后求得一个通过汇交点 O 的合力。

实际上,只要连续作力三角形,将各力依次合成即可求得合力。任取一点 a,先作力三角形,求出 F_1 和 F_2 的合力 F_{R1},再作力三角形合成 F_{R1} 和 F_3 得合力 F_{R2},最后合成 F_{R2} 和 F_4 得合力 F_R,即为整个力系的合力,合力的作用点仍是原力系的汇交点,如图 1.28(c)所示。由作图过程可知,欲求整个力系的合力,中间合力 F_{R1},F_{R2} 可以不画,直接由任一点 a 顺次将力 F_1,F_2,F_3,F_4 首尾相接得到一个不封闭的力多边形。最后将 F_1 的起点和 F_4 的终点连接,即得合力 F_R。这个由力矢叠加而成的多边形 $abcde$ 称为力多边形,ae 称为力多边形的封闭边,该封闭边即为合力。这种用力矢多边形求合力的作图规则称为力的多边形法则。若改变叠加时各分力矢量的先后顺序,可得到不同形状的力多边形,但合力 F_R 的大小和方向不变,如图 1.28(d)所示。

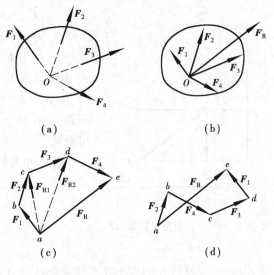

图 1.28

由此得出结论,汇交力系可简化为一合力,其合力的大小与方向等于各分力的矢量和,合力的作用线通过各力的汇交点。可用矢量式表示为

$$F_R = F_1 + F_2 + \cdots + F_n = \sum F_i$$

$$(1.3)$$

(2)汇交力系平衡的几何条件

如上所述,汇交力系可简化为一合力。因此,汇交力系平衡的必要与充分条件是合力等于零,用矢量式表示为

$$F_R = \sum F_i = 0 \tag{1.4}$$

根据力的多边形法则,欲得到平衡力系,力多边形中最后一力的终点必须与第一力的起点重合,构成一个封闭的力多边形,由此得出结论:平面汇交力系平衡的必要与充分条件是力系的力多边形自行封闭。

对于平面汇交力系的合成和平衡,可用几何作图法,按比例作图后直接量取,但精确度不高;也可采用数解法,即根据图形的边角关系,用三角公式计算,但力系复杂会使解题过程很繁难。

1.5.2　解析法

下面介绍解题过程清晰简洁的解析法。

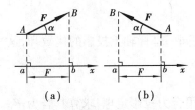

图 1.29　力在 x 轴上的投影

(1)力在平面直角坐标轴上的投影

设力 F 作用于刚体上的 A 点(见图 1.29)。在与该力的同一平面内取 x 轴,过力的起点 A 和终点 B 向 x 轴作垂线,其垂足分别为 a 和 b。线段 ab 的长度冠以适当的正负号,称为力 F 在 x 轴上的投影,用 F_x 表示。若从 a 到 b 的指向与 x 轴的正向一致,则投影 F_x 为正值(见图 1.29(a));反之,F_x 为负值(见图 1.29(b))。因此,力的投影是代数量。设力 F 作用线与 x 轴所夹的锐角为 α,则

$$F_x = \pm F \cos \alpha$$

显然,当力垂直于投影轴 $\alpha = 90°$ 时,投影 $F_x = 0$;当力平行于投影轴 $\alpha = 0°$ 时,投影 $F_x = F$ 或 $F_x = -F$。

由上述力的投影的定义,可得出力 F 在直角坐标系 xOy 上的两个投影 F_x 和 F_y 的计算式为

$$\begin{cases} F_x = \pm F \cos \alpha \\ F_y = \pm F \sin \alpha \end{cases} \tag{1.5}$$

式中,α 为力 F 与 x 轴所夹的锐角。如图 1.30 所示 F_x 为正,F_y 为负。由图可知,当力 F 沿平行于坐标轴的方向正交分解时,两分力 F_x 和 F_y 的大小分别等于投影 F_x 和 F_y 的绝对值。但是,力在轴上的投影是代数量,力沿轴的分力是矢量,两者不可混淆。

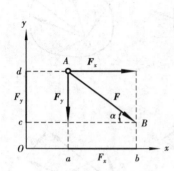

图 1.30 力在直角坐标系 xOy 上的投影

若已知力的投影 F_x 和 F_y,则力 F 的大小和方向可由下式求出

$$\begin{cases} F = \sqrt{F_x^2 + F_y^2} \\ \tan \alpha = \left| \dfrac{F_y}{F_x} \right| \end{cases} \tag{1.6}$$

应当指出,仅就角 α 的大小并不能完全确定力 F 的方向,还必须结合投影 F_x 和 F_y 的正负号,判断力从原点 O 画出时位于第几象限,力 F 的方向才能完全确定。

(2)合力投影定理

设刚体受 F_1,F_2 两个汇交力的作用如图 1.31(a) 所示,根据力的平行四边形法则或力的三角形法则,作出这两个力的合力 F_R。从图 1.31(b) 可知:$ac = ab + bc$,即 $F_{Rx} = F_{1x} + F_{2x}$。同理,可得:$F_{Ry} = F_{1y} + F_{2y}$。

由此推广,刚体受 F_1,F_2,$\cdots$,F_n 共 n 个力组成的汇交力系的作用,若该力系的合力为 F_R,即

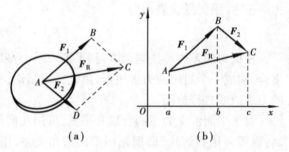

图 1.31 合力投影定理

$$F_R = F_1 + F_2 + \cdots + F_n$$

则
$$\begin{cases} F_{Rx} = F_{1x} + F_{2x} + \cdots + F_{nx} = \sum F_x \\ F_{Ry} = F_{1y} + F_{2y} + \cdots + F_{ny} = \sum F_y \end{cases} \tag{1.7}$$

式(1.7)表明:合力在任意坐标轴上的投影等于各分力在同一坐标轴上投影的代数和,这就是合力投影定理。

(3)平面汇交力系合成的解析法

设有 F_1,F_2,F_3,$\cdots$,F_n 共 n 个力组成平面汇交力系。利用合力投影定理,求算其合力 F_R 是较为简便的。在力的作用面上选定直角坐标系 xOy,求出各力的投影 F_{1x},F_{2x},$\cdots$,F_{nx} 和 F_{1y},F_{2y},$\cdots$,F_{ny}。则合力 F_R 的大小和方向可由式(1.7)求出,即

$$\begin{cases} F_R = \sqrt{F_{Rx}^2 + F_{Ry}^2} = \sqrt{\left(\sum F_x \right)^2 + \left(\sum F_y \right)^2} \\ \tan \alpha = \left| \dfrac{\sum F_y}{\sum F_x} \right| \end{cases} \tag{1.8}$$

式中 F_R——合力 F_R 的大小,作用点仍为汇交点;

  α——合力 F_R 与 x 轴所夹的锐角。

(4)平面汇交力系的平衡方程

平衡条件的解析表达式称为平衡方程。用平衡方程求解平衡问题的方法称为解析法。当平面汇交力系的合力 F_R 为零时,由式(1.8),则

$$F_R = \sqrt{\left(\sum F_x\right)^2 + \left(\sum F_y\right)^2} = 0$$

欲使上式满足,必须同时满足

$$\left.\begin{array}{l}\sum F_x = 0\\[4pt]\sum F_y = 0\end{array}\right\} \tag{1.9}$$

式(1.9)表明:平面汇交力系平衡的必要与充分条件是力系中各力在两个坐标轴上投影的代数均为零。式(1.9)称为平面汇交力系的平衡方程。这是两个独立的方程,只能求解两个求知量。

例 1.6　两工人用滑轮绳索卸货如图 1.32 所示,货物重 736 N,在图示的位置平衡,求两工人所施加的力。

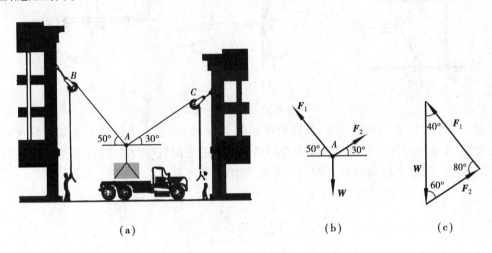

图 1.32

解　1)取 A 点为研究对象,画出 A 点的受力图,如图 1.32(b)所示。

2)用几何法求解,建立封闭的力三角形。先画出已知的力 W,在其两端分别画与 F_1,F_2 平行的线,交于一点,即得力三角形,如图 1.32(c)所示。

3)解力三角形。由正弦定律得

$$\frac{F_1}{\sin 60°} = \frac{F_2}{\sin 40°} = \frac{W}{\sin 80°}$$

$$F_1 = 647 \text{ N}, F_2 = 480 \text{ N}$$

在忽略滑轮轴承摩擦的情况下,滑轮两侧绳的拉力相等,故工人的施力分别为:$F_1 = 647$ N,$F_2 = 480$ N。

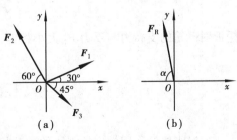

图 1.33

例 1.7　如图 1.33(a)所示平面汇交力系,已知 $F_1 = 30$ N,$F_2 = 100$ N,$F_3 = 20$ N,试求该力系的合力。

解　建立直角坐标系(见图 1.33(a))。由式(1.7)

计算合力 $\boldsymbol{F}_R$ 在 x,y 轴上的投影为

$$F_{Rx} = \sum F_x = F_1\cos 30° - F_2\cos 60° + F_3\cos 45° = -9.88 \text{ N}$$

$$F_{Ry} = \sum F_y = F_1\sin 30° + F_2\sin 60° - F_3\sin 45° = 87.46 \text{ N}$$

$$F_R = \sqrt{F_{Rx}^2 + F_{Ry}^2} = \sqrt{(-9.88)^2 + (87.46)^2} = 88.02 \text{ N}$$

合力 $\boldsymbol{F}_R$ 的方向为

$$\tan \alpha = \left| \frac{F_{Ry}}{F_{Rx}} \right| = \left| \frac{87.46}{-9.88} \right| = 8.852 \quad \alpha = 84.6°$$

因为 F_{Rx} 为负，F_{Ry} 为正，故 F_R 应在第2象限，如图1.33(b)所示。

例 1.8 铸造造型时所用的压实增力机构如图1.34(a)所示。压实时上下撑杆与铅垂线均成 α 角。求当活塞所受压力为 $\boldsymbol{F}$ 时，托板 DE 对砂箱压力的大小。

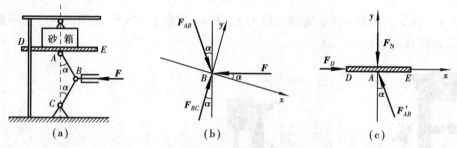

图 1.34　光滑面约束

解　1)取销钉 B 为研究对象，其受力图如图1.34(b)所示。为使某个未知力只在一个轴上有投影，坐标轴应尽量取在与未知力作用线相垂直的方向，这样在一个平衡方程中可只出现一个未知量。故取坐标系如图1.34(b)所示，列出平衡方程为

$$\sum F_x = 0 \qquad -F\cos \alpha + F_{AB}\sin 2\alpha = 0$$

得

$$F_{AB} = \frac{F}{2\sin \alpha}$$

2)再取托板 DE 为研究对象，其受力图如图1.34(c)所示，列出平衡方程为

$$\sum F_y = 0 \qquad F'_{AB}\cos \alpha - F_N = 0$$

考虑到 $F'_{AB} = F_{AB}$，解得

$$F_N = \frac{F}{2}\cot \alpha$$

托板对砂箱的支持力与反力 $\boldsymbol{F}_N$ 大小相等，方向相反，作用在砂箱上。

1.6　力　矩

力对刚体的作用效应使刚体的运动状态发生改变(包括移动与转动)，其中力对刚体的移动效应可用力矢来度量；而转动效应则用力对点的矩(简称力矩)来度量。

1.6.1　力对点之矩

在实际的生活和生产中,常可看到力作用在物体上使物体绕某一支点 O(称为转动中心)转动,如扳手拧紧螺母(见图1.35)、脚蹬自行车等均属此情况。由经验可知,力的这种作用效应不仅与力的大小有关,而且与力的作用线到转动中心的垂直距离 d 有关。因此,可用力的大小与力臂的乘积 $F \cdot d$ 再冠以确切的正负号来表示力 F 使物体绕 O 点转动的效应,称为力 F 对 O 点的矩,简称为力矩,用 $M_O(F)$ 表示。即

$$M_O(F) = \pm F \cdot d \tag{1.10}$$

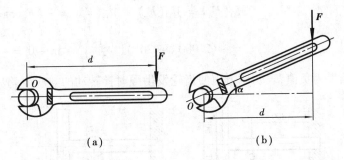

图 1.35

式(1.10)中 M 的脚标 O 表示矩心在 O 处。力矩必须与矩心对应,也就是说力矩的大小或转向与矩心的位置有关,不指明矩心讨论力矩是没有意义的。

力矩的正负号规定:力使物体绕矩心逆时针方向转动时,力矩为正;反之,为负。如图1.35所示,力对 O 点之矩为负。

上述的力矩是代数量,力矩的单位为 N·m 或 kN·m。

由力矩的定义可知:

①力对点之矩不仅取决于力的大小,同时还与矩心的位置有关;力的大小等于零或力的作用线通过矩心时,力矩等于零。

②当力沿其作用线移动时,力对点之矩不变。

③互成平衡的两个力对同一点之矩的代数和等于零。

1.6.2　合力矩定理

设刚体受到某一平面力系的作用。此力系由力 $F_1, F_2, \cdots, F_n$ 组成,其合力为 F_R。在平面内任选一点 O 作为矩心,合力 F_R 与各分力 F_i 的力矩均可按式(1.10)计算。由于合力与整个力系等效,故合力对点 O 矩等于各分力对点 O 之矩的和;又因为力矩是代数量,故合力的力矩等于各分力对同一点力矩的代数和,这一结论称为合力矩定理,即

$$M_O(F_R) = M_O(F_1) + M_O(F_2) + \cdots + M_O(F_n) = \sum_{i=1}^{n} M_O(F_i) \tag{1.11}$$

合力矩定理说明了合力与分力对同一点之矩的关系,它适用于有合力的任何力系。

对于力臂容易求出的,可直接按式(1.10)计算;若力臂 d 不易求出,则可用合力矩定理间接求出。

例 1.9　一渐开线直齿圆柱齿轮,在分度圆上齿廓的 P 点受到法向力 F_n 的作用(见

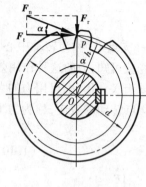

图 1.36

图 1.36），已知 $F_n = 2\,000$ N，分度圆直径 $d = 180$ mm，（P 点处）分度圆压力角 $\alpha = 20°$，试求力 F_n 对轮心 O 点之矩。

解 1）根据力矩的定义，用式（1.10）计算

$$M_O(F_n) = -F_n h = -F_n\left(\frac{d}{2}\right)\cos\alpha$$

$$= -2\,000\left(\frac{0.18}{2}\right)\cos 20° \text{ N}\cdot\text{m} = -169 \text{ N}\cdot\text{m}$$

2）根据合力矩定理，用式（1.11）计算

$$M_O(F_n) = M_O(F_t) + M_O(F_r) = -(F_n\cos\alpha)\left(\frac{d}{2}\right) + 0$$

$$= -(2\,000\cos 20°)\left(\frac{0.18}{2}\right)\text{N}\cdot\text{m} + 0 = -169 \text{ N}\cdot\text{m}$$

（本题所得结果为负值，表明该力矩使齿轮发生顺时针转动的效应或趋势。）

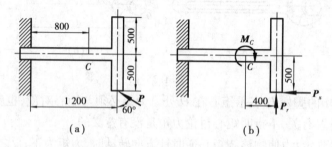

（a）　　　　　　　（b）

图 1.37

例 1.10　T 字形构件受力如图 1.37 所示（图中所标尺寸的单位是 mm），$P = 1\,000$ N，求力 P 对 C 点之矩。

解　由图 1.37（a）可知，因求算力 P 对矩心 C 的力臂（即 C 点到力 P 作用线的垂直距离）有点麻烦，因此，将力 P 分解为 P_x，P_y 两个分力，如图 1.37（b）所示，根据合力矩定理，用式（1.11）来求解本题。

$$M_C(P) = M_C(P_x) + M_C(P_y)$$

$$= -P\cos 30° \times 0.5 \text{ N}\cdot\text{m} + P\sin 30° \times 0.4 \text{ N}\cdot\text{m}$$

$$= -233 \text{ N}\cdot\text{m}$$

所得力矩值为负数，表示力 P 对 C 点的力矩效应是顺时针方向的。

1.7　力偶与力偶系

1.7.1　力偶的定义

在生活和工作中，常有一对等值、反向、不共线的平行力作用在物体上的情况。例如，左右两手转动汽车方向盘的力（见图 1.38（a）），用丝锥攻螺纹时左右两手加在丝锥把手上的力（见图 1.38（b）），人们用食指与拇指拧开门锁及拧水龙头的力等。力学中，把大小相等、方向相反、不共线的两个平行力组成的力系称为力偶。由 F，F' 两力组成的力偶用符号（F，F'）表

示。力偶中两力作用线间的垂直距离 d（图 1.38(c)）称为力偶臂。力偶中两个力所在的平面称为力偶作用面。

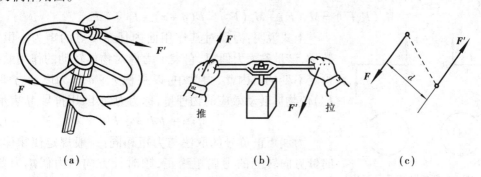

（a）　　　　　　　　　　（b）　　　　　　　　　　（c）

图 1.38

由于力偶中的两个力等值、反向且作用线平行，因此，这两个力在任何方向的投影之和等于零，如图 1.39 所示。可见，力偶无合力，即力偶对物体不产生平动效应。

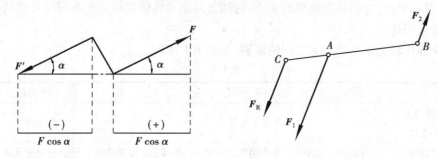

图 1.39　力偶的投影和为零　　　　　　　　　　图 1.40

设有两个反向平行力 F_1 与 F_2 分别作用于刚体上的 A,B 两点（见图 1.40）。

不妨设 $F_1 > F_2$，则由力学可知，它们可合成为一合力 F_R，其大小为

$$F_R = F_1 - F_2$$

其方向与较大的力 F_1 的方向相同，作用线在力 F_1 的外侧，其关系为

$$\frac{AB}{AC} = \frac{F_R}{F_2}$$

但对于力偶（F,F'）来说是两个等值的力，即 $F = F'$，则

$$F_R = 0, AC = \infty$$

这说明力偶不可能合成为一合力。力偶既然不能用一个力来代替，也就不能和一个力相平衡。

再者，力偶的两个力大小相等、方向相反但不共线，根据公理 1 力偶本身不能平衡。

总之，力偶既没有合力，本身又不平衡，因此，力偶是一个基本的力学量。

实践证明，力偶只能使物体产生转动效应。由 1.6 节已知，力使物体绕某点转动的效果用力矩来度量。同理，力偶使物体转动的作用效果，可由组成力偶的两力对

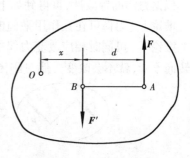

图 1.41　力偶矩为定值

19

某一点矩的代数和来度量。设刚体上作用有力偶(F,F'),如图1.41所示,在图面内任取一点O为矩心,因$F = F'$,可得

$$M_0(F,F') = M_0(F) + M_0(F') = F(d + x) - Fx = Fd$$

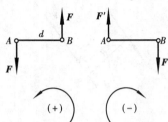

上式说明:力偶对其作用面内任意一点的矩为一恒定代数量,该量称为力偶矩,它表示力偶对物体转动的作用效果是恒定不变的。因此,力学中,以乘积$F \times d$作为度量力偶(F,F')使物体转动效应的物理量,称为力偶矩,用符号M表示,即

$$M = \pm Fd = \pm F'd \tag{1.12}$$

力偶矩正负号的取法与力矩相同:一般规定使物体作逆时针方向转动的力偶矩为正,顺时针方向的力偶矩为负,如图1.42所示。力偶矩的单位是 N·m 或 kN·m。

图1.42 力偶矩的正负号规则

必须指出,由于力偶矩与矩心位置无关,故力偶矩M的右下方不标矩心符号。

实际上,由于力是矢量,特定关系的一对力组成的力偶也应是矢量。与力的三要素相对应,力偶也有三要素,它们是力偶矩的大小、转动方向和力偶作用面。而在同一方位的平面内,可用代数量来描述它。

现可全面比较力偶与单个力之间的区别,如表1.1所示。

表1.1

	一个力	一个力偶
力对物体的移动效应	决定于等量力矢	恒为零
力对物体的转动效应	与矩心位置有关:力作用线过矩心时,为零;力作用线不过矩心时,不为零,且力臂越大,力矩值越大	与矩心位置无关:恒等于力偶矩

由表1.1可知,力偶不能与一个力等效,也就不能与一个力相平衡,力偶只能与力偶平衡。因此,力偶与力是组成力系的两个基本物理量。

1.7.2　平面力偶的等效与等效变换

作用在同一平面内的两个力偶,如果它们力偶矩的大小相等,转向相同,则这两个力偶等效,这就是平面力偶的等效性。

根据力偶的等效性,可得到如下两个有关力偶等效变换的推论:

推论1　力偶可在其作用平面内任意移动或转动,而不改变力偶对刚体的作用效应。

推论2　可同时相应改变力偶中力的大小和力偶臂的大小,而保证力偶矩的大小和力偶的转向不变,就不会改变力偶对刚体的作用效应(见图1.43)。

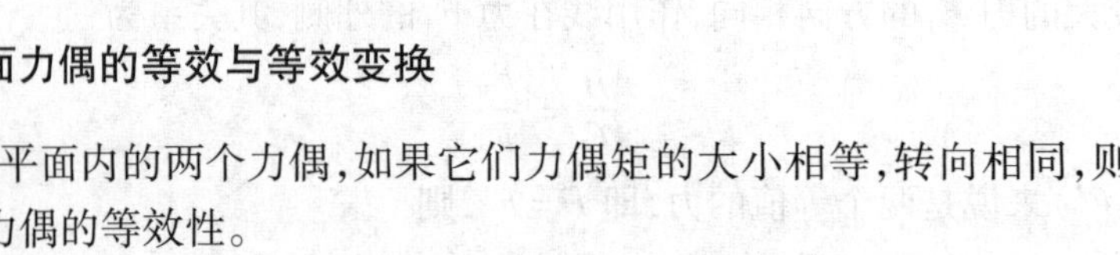

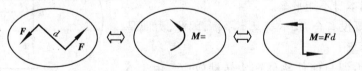

图1.43

再次强调,平面力偶对物体的转动效应完全取决于力偶矩的大小和力偶的转向两个要素。因此,力偶可用带箭头的弧线或折线表示(见图1.43)。其中,箭头表示力偶的转向,弧线或折

线所在平面表示力偶的作用面,M 表示力偶矩的大小。

1.7.3 平面力偶系的合成与平衡

作用在物体上同一平面内的多个力偶 $M_1,M_2,\cdots,M_n$,称为平面力偶系。由力偶的性质可知,平面力偶系不能与一个力等效,只能与一个力偶等效,该力偶称为平面力偶系的合力偶。因此,平面力偶系的合成结果是一个合力偶,合力偶矩等于各分力偶矩的代数和,即

$$M = M_1 + M_2 + \cdots + M_n = \sum M_i \tag{1.13}$$

平面力偶系合成的结果为一合力偶,显然,若要力偶系平衡,必须并且只需合力偶矩等于零,即 $M = 0$。因此,平面力偶系平衡的充要条件是:力偶系中所有各力偶的力偶矩的代数和等于零。用数学式表示为

$$\sum M = 0 \tag{1.14}$$

例 1.11 用多轴钻同时钻削工件上 4 个直径相同的孔,如图 1.44 所示。已知钻一个孔的切削力偶矩 $m = 15$ N·m,问加工时工件受到总的切削力偶矩多大? 若固定螺栓 A 和 B 之间的距离 $L = 0.4$ m,试求工件在切削时两个螺栓 A 和 B 处所产生的约束反力。

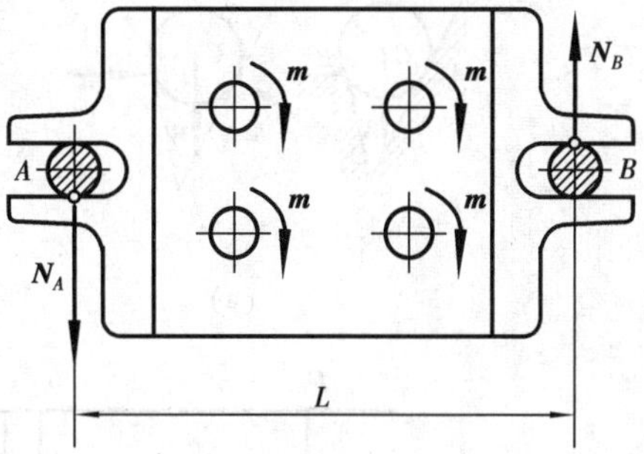

解 工件受到总的切削力偶矩 M 等于每个孔所受的切削力偶矩 m 的代数和,即

$$M = \sum M = -4m = -4 \times 15 \text{ N·m} = -60 \text{ N·m}$$

图 1.44 光滑面约束

因工件仅受力偶作用,故两螺栓处的约束反力 N_A,N_B 必定也组成一个力偶,与切削力偶相平衡(见图 1.44)。由平面力偶系的平衡条件,可得

$$\sum M = 0 \qquad N_A \cdot L - 4m = 0$$

$$N_A = N_B = \frac{4m}{L} = \frac{4 \times 15}{0.4} \text{ N} = 150 \text{ N}$$

习 题 1

1.1 二力平衡条件与作用和反作用定律都是说二力等值、反向、共线,二者有什么区别?

1.2 二力构件与构件的形状有关吗? 凡两端用铰链联接的杆都是二力杆吗? 凡不计自重的刚杆都是二力杆吗?

1.3 为什么说力是矢量? 什么情况下力是定位矢量? 什么情况下力是滑移矢量?

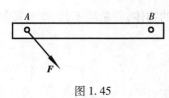
图 1.45

1.4 如图 1.45 所示直杆的 A 点上作用一已知力 F,能否在杆的 B 点上加一个力使它平衡? 为什么? (不计杆的自重)

1.5 如图 1.46 所示杆 AB,BC 用铰链 B 联接,能否根据力的可传性原理,将作用于杆 AB 上的力 F 沿其作用线移

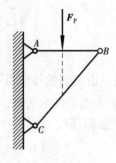

图 1.46

至 BC 杆上面?

1.6 以下关于刚体的说法是否正确?为什么?

①处于平衡状态的物体就可视为刚体;

②变形微小的物体就可视为刚体;

③在研究物体的机械运动问题时,物体的变形对所研究的问题没有影响或影响甚微,此时物体可视为刚体。

1.7 如图 1.47 所示,各物体处于平衡,不计自重,试判断各图中所画受力图是否正确?原因何在?

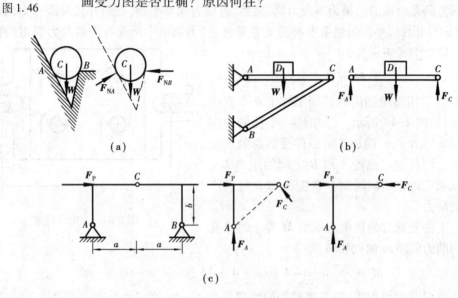

（a）　　　　　　　　　　（b）

（c）

图 1.47

1.8 如图 1.48 所示,画出下列各物系中指定物体的受力图。

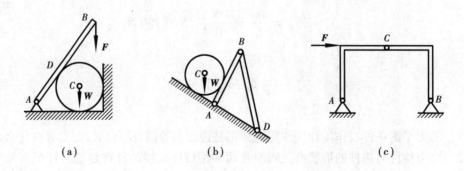

（a）　　　　　　（b）　　　　　　（c）

图 1.48

（a）杆 AB,轮 C （b）轮 C,杆 AB （c）构件 AC,构件 CB

1.9 如图 1.49 所示,画出图中各物体的受力图（未画重力的物体,质量均不计,所有接触处均视为光滑接触）。

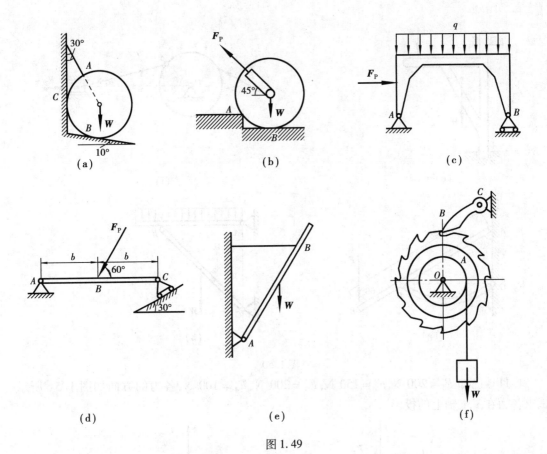

图 1.49

1.10　画出如图 1.50 所示各物体系中各物体的受力图(重力的物体,质量均不计,所有接触处均视为光滑接触)。

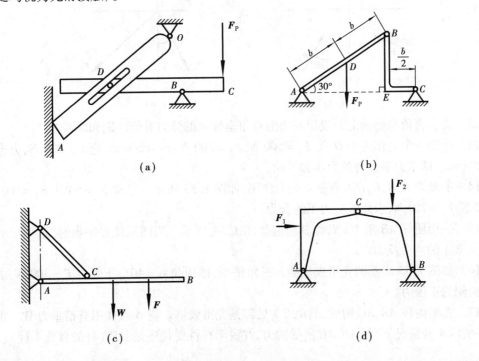

23

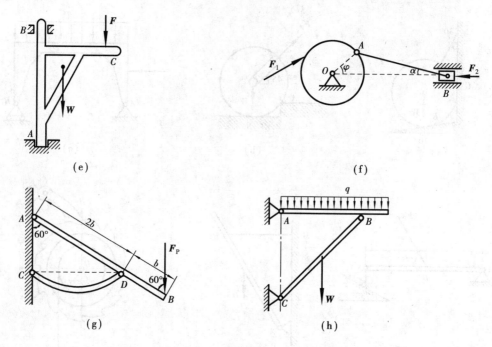

图 1.50

1.11 已知 $F_1 = 200$ N，$F_2 = 150$ N，$F_3 = 200$ N，$F_4 = 100$ N，各力的方向如图 1.51 所示。试求各力在 x，y 轴上的投影。

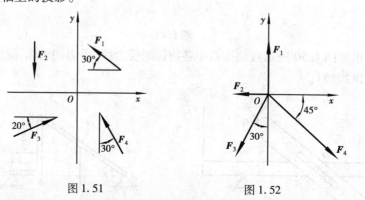

图 1.51   图 1.52

1.12 力在直角坐标轴上的投影与力沿直角坐标轴的分力有何区别和联系？

1.13 已知 4 个力作用于 O 点，$F_1 = 500$ N，$F_2 = 300$ N，$F_3 = 600$ N，$F_4 = 1\,000$ N，方向如图 1.52 所示。试求力系合力的大小和方向。

1.14 平板在 A，B，C，D 4 点受 4 个力作用，如图 1.53 所示。已知 $F_1 = 50$ N，$F_2 = 100$ N，$F_3 = 150$ N，$F_4 = 200$ N，求此汇交力系的合力。

1.15 一均质杆 AB 重 1 kN，将其竖起如图 1.54 所示。当图示位置平衡时，求绳子的拉力和铰支座 A 的约束反力。

1.16 如图 1.55 所示的光滑楔块插入三角槽中，槽顶角 $\alpha = 40°$，压紧力 $F = 300$ N，求楔块对槽两侧的正压力。

1.17 支架由杆 AB，AC 构成，A，B，C 3 处都是光滑铰链。在 A 点作用有铅垂力 W。求如图 1.56 所示 4 种情况下，杆 AB，AC 所受的力，并说明杆件受拉还是受压（杆的自重不计）。

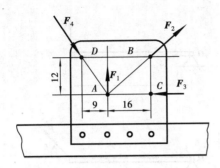

图 1.53

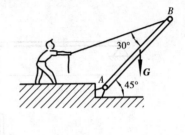

图 1.54

1.18 螺栓环上系有 3 根钢绳,其受力分别为 $F_1 = 3$ kN,$F_2 = 6$ kN,$F_3 = 15$ kN,方向如图 1.57 所示,欲使合力沿铅垂线向下,求合力 F_R 的大小及力 F_R 与铅垂线的夹角 α。

1.19 一大小为 50 N 的力作用在圆盘边缘的 C 点上,如图 1.58 所示。试分别计算该力对 O,A,B 3 点之矩。

1.20 计算如图 1.59 所示各种情况下力 F 对 O 点之矩。

1.21 力矩和力偶矩有什么区别?

1.22 力对点之矩与对通过该点的轴之矩有什么关系?

1.23 力偶不能与一力平衡,为什么图 1.60 中的轮子能平衡?

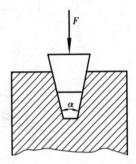

图 1.55

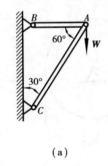
(a)

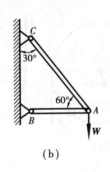
(b)

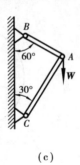
(c)

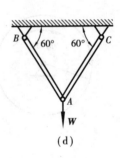
(d)

图 1.56

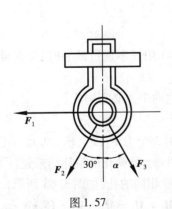

图 1.57

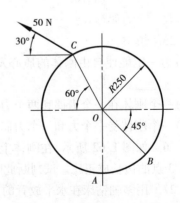

图 1.58

1.24 如图 1.61 所示汽车司机操纵方向盘时,可用双手对方向盘施加一力偶,也可用一只手对方向盘施加一个力。问这两种操作方式对汽车的行驶来说,效果相同吗? 这能否说一

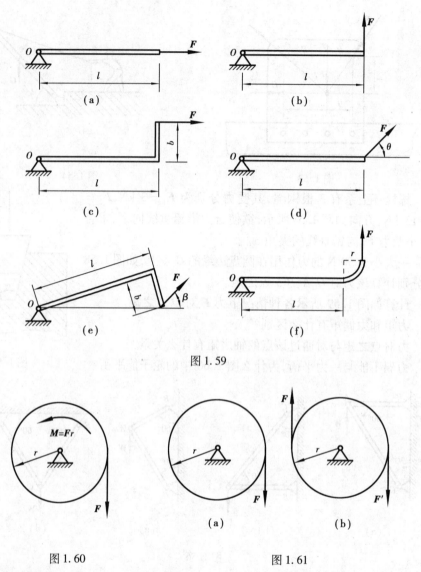

图 1.59

图 1.60　　　　　　　　　　　　　　图 1.61

个力可与一个力偶等效?

1.25　填空:

1)力一定能使自由刚体的质心发生_____,当力的作用线不通过质心时,又能使自由刚体_____。

2)一个刚体在一个力偶和两个力的作用下处于平衡,这两个力必须构成_____。

3)一个刚体受一个力和一个力偶作用,该刚体一定处于_____状态。

1.26　如图 1.62 所示,在刚体上 A,B,C 3 点分别作用 3 个力 F_1,F_2,F_3,其大小正好与△ABC 3 点的边长成正比。试判断此刚体是否平衡? 若不平衡,其简化的最终结果是什么?

1.27　用多轴钻床在水平放置的工件上同时钻 4 个直径相同的孔,如图 1.63 所示。每个钻头的切削力在水平面内组成一力偶,各力偶矩的大小为 $M_1 = M_2 = M_3 = M_4 = 15 \text{ kN} \cdot \text{m}$。试求工件受到的总切削力偶矩为多大?

1.28　如图 1.64 所示,已知梁 AB 上作用一力偶,力偶矩为 M,梁长为 L,梁重不计。求在

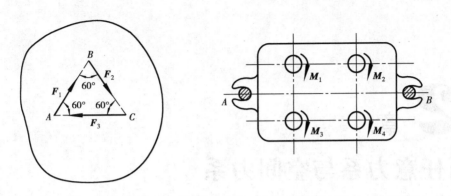

图 1.62　　　　　　　　　　　　　　图 1.63

图 1.64(a),(b),(c)3 种情况下,支座 A 和 B 的约束反力。

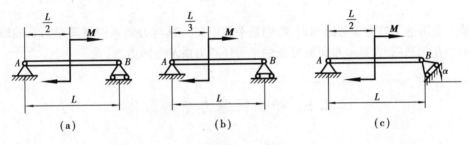

(a)　　　　　　　　　(b)　　　　　　　　　(c)

图 1.64

1.29　四连杆机构 OABD 在如图 1.65 所示位置平衡。已知 OA=0.4 m,BD=0.6 m,作用在 OA 上的力偶的力偶矩 $M_1=1$ N·m,各杆的重量不计。试求力偶矩 M_2 的大小和杆 AB 所受的力 F_{AB}。

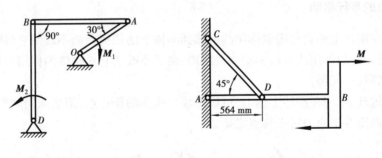

图 1.65　　　　　　　　　　　　图 1.66

1.30　如图 1.66 所示,直杆 CD 和 T 形杆 AB 在 D 点用光滑圆柱铰链相连。在 A 和 C 端各用光滑圆柱铰接于墙上,∠CDA=45°。T 形杆的横木上受一力偶作用,其矩 M=1 000 N·m,设杆的质量均不计。求铰链 A 和 C 的反力。

27

第2章

平面任意力系与空间力系

第1章讲述了静力学基础知识,特别是平面汇交力系与力偶系两种简单力系的简化与平衡。本章在此基础上,进一步研究复杂的平面任意力系及空间力系。

2.1 平面任意力系的简化

平面任意力系是工程上较常见的力系。对平面任意力系的合成有很多方法,而在本章中仅采用力的平移定理,将平面任意力系向一点简化,获得力系的简化结果,进而再讨论平面任意力系的平衡问题。

2.1.1 力的平行移动

由于作用在刚体上的力可沿着作用线滑移到刚体上的任何点而不改变它对刚体的作用效果。那么,能否将力的作用线平行移动一段距离,而又不改变它对刚体的作用效果呢? 力的平移定理可以回答这个问题。

力的平移定理:作用在刚体上的力,可以平移到刚体的任意点,但必须同时附加一个力偶,附加力偶的力偶矩等于原力对平移点之矩。

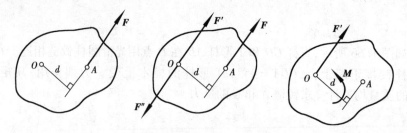

图2.1 力的平移定理

证明 设力 F 作用在刚体上的 A 点,O 为力的作用线以外的任意一点。在 O 点加上一对平衡力 F',F'',且使 $F' = F$,$F'' = -F$,如图2.1所示。显然3个力 F,F',F'' 组成的新力系与原来的一个力 F 等效。但这3个力又可看成是作用点在 O 点的一个力 F' 和一个力偶(F,

F'')。又因为 F' 与 F 等值且同向,故可认为 F' 是作用于 A 点的力被平移到了 O 点,而力偶 (F,F''') 可看成平移时的附加力偶,其力偶矩为

$$M = F \cdot d = M_0(F) \tag{2.1}$$

应用力的平移定理,可将一个力与作用于同一平面内某点的一个力和一个力偶等效;反之,可将同一平面内的一个力和一个力偶简化为一个力。

力的平移定理不仅是力系简化的理论依据,而且可用来分析一些实际问题。例如,如图 2.2(a)所示的厂房立柱,受偏心载荷 F 的作用,若将力 F 平移至立柱的轴线上就成为力 F' 和力偶矩 M,显然,轴向力 F' 使柱压缩,力偶矩 M 使柱弯曲。又如图 2.2(b)所示转轴上的齿轮所受的圆周力 F 的作用,将力 F 平移至轴心 O 点,则 F' 使轴弯曲,而力偶矩 M 使轴扭转。人们打乒乓球时,怎样打出旋转球?为什么用铰杠和丝锥攻螺纹时,不能用一只手转动? 等等,读者可自行解释这些问题。

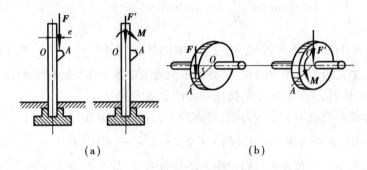

（a） （b）

图 2.2 光滑面约束

2.1.2 平面任意力系向一点简化的结果——主矢和主矩

设在某刚体上作用一平面任意力系 $F_1, F_2, \cdots, F_n$,各力的作用点分别为 $A_1, A_2, \cdots, A_n$,如图 2.3(a)所示。在力系所在平面内任选一点 O 作为简化中心。根据力的平移定理,将力系中各力都向简化中心 O 点平移。每个力平移的结果都包括平移力与附加力偶,将所有的平移力集合成一个汇交于 O 点的汇交力系,再将所有的力偶(还应包括力系中原有的力偶)集合成一个平面力偶系。且有

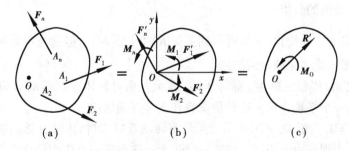

（a） （b） （c）

图 2.3

$$F_1' = F_1, F_2' = F_2, \cdots, F_n' = F_n$$

简记为

$$F_i' = F_i$$

$$M_1 = M_0(\boldsymbol{F}_1), M_2 = M_0(\boldsymbol{F}_2), \cdots, M_n = M_0(\boldsymbol{F}_n)$$

简记为

$$M_i = M_0(\boldsymbol{F}_i)$$

然后分别进行平面汇交力系与力偶系的合成。先将平面汇交力系合成为一个合力,即

$$\boldsymbol{R}' = \boldsymbol{F}'_1 + \boldsymbol{F}'_2 + \cdots + \boldsymbol{F}'_n = \sum \boldsymbol{F}'_i = \sum \boldsymbol{F}_i \tag{2.2}$$

由于 $\boldsymbol{R}'$ 是平面汇交力系的合力,可称为平面任意力系的主矢,其作用点在简化中心,大小和方向可用解析法计算,即

$$R'_x = \sum F'_x = \sum F_x \qquad R'_y = \sum F'_y = \sum F_y$$

$$\begin{cases} R' = \sqrt{R'^2_x + R'^2_y} = \sqrt{(\sum F_x)^2 + (\sum F_y)^2} \\ \alpha = \arctan \left| \dfrac{R'_y}{R'_x} \right| = \arctan \left| \dfrac{\sum F_y}{\sum F_x} \right| \end{cases} \tag{2.3}$$

式中,α 为主矢 $\boldsymbol{R}'$ 与 x 轴所夹的锐角,主矢 $\boldsymbol{R}'$ 的指向可由 $\sum F_x$, $\sum F_y$ 的正负确定。由式(2.3)可知求主矢的大小和方向时,只要求出原力系中各力在坐标轴上的投影即可,而不必将力平移后投影。显然,主矢的大小与简化中心的位置无关。

再将平面力偶系合成为一个合力偶,可称为原力系的主矩,记为 M_0,且

$$M_0 = M_1 + M_2 + \cdots + M_n = M_0(\boldsymbol{F}_1) + M_0(\boldsymbol{F}_2) + \cdots + M_0(\boldsymbol{F}_n) = \sum M_0(\boldsymbol{F}_i) \tag{2.4}$$

由于附加力偶的大小和方向与简化中心的位置有关,故主矩的大小和方向也与简化中心的位置有关。因此,提及主矩时,必须指明简化中心。

结论:平面任意力系向作用面内任意点简化,一般来说可得一个力和一个力偶。这个力通过简化中心,其力矢等于原力系的矢量和,称为原力系的主矢;这个力偶的矩等于原力系中各力对简化中心力矩的代数和,称为原力系对简化中心的主矩。

应该指出,主矢描述的是原力系对物体的移动效应,主矩描述的是原力系对物体的转动效应。一般情况下,主矢与主矩都不能单独与原力系等效,只有两者的联合作用,才与原力系等效。

2.1.3 简化结果的分析

平面任意力系向一点简化,一般可得到主矢 $\boldsymbol{R}'$ 和主矩 $\boldsymbol{M}_0$。但这并不是简化的最后结果,下面分4种情况来讨论简化的最后结果:

①主矢量(之值) R' 和主矩 M_0 都等于零,表示力系对物体没有移动效应,也没有转动效应,此时原力系是一个平衡力系。这种情况将在下节详细讨论。

②主矢量 $R' = 0$,主矩 $M_0 \neq 0$,表示力系只有转动效应,对物体没有移动效应,原力系可合成为一个力偶,此力偶的力偶矩就是主矩;此时,无论选取哪一点作为简化中心,所得的主矩都相同,主矩与简化中心的位置无关。

③主矢量 $R' \neq 0$,主矩 $M_0 = 0$,原力系可合成为一个合力,此合力就是作用在简化中心的主矢。

④主矢量 $\boldsymbol{R}' \neq 0$,主矩 $M_0 \neq 0$,表示力系能使物体移动同时还能使物体转动,这是最一般

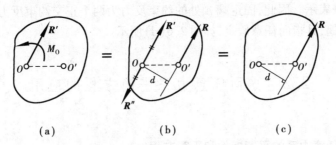

图 2.4　$R' \neq 0, M_0 \neq 0$ 时,力系简化为一合力

的情况(见图 2.4(a))。当然,根据力的平移定理,主矢量 R' 和力偶矩为 M_0 的合力偶还可进一步合成为一个合力 R(见图 2.4(b)),R 的大小和方向与 R' 相同,但 R 不通过简化中心。简化中心到合力 R 作用线的垂直距离 d(见图 2.4(c)),可由下式确定为

$$d = \frac{|M_0|}{R} \tag{2.5}$$

用主矩 M_0 的转向来确定合力 R 的作用线在简化中心的方位。

2.1.4　固定端约束

现利用力系向一点简化的理论,介绍工程中常见的固定端约束及其约束反力的特点。构件一端与支承物牢固地联接成一个整体,构件在此端不能沿任何方向移动,也不能转动,则为固定端约束,简称固定端。固定在刀架上的车刀(见图 2.5(a))、夹紧在卡盘上的工件(见图 2.5(b))、建筑物中的阳台(见图 2.5(c))和焊接在立柱上的托架(见图 2.5(d))所受的约束都是固定端约束。

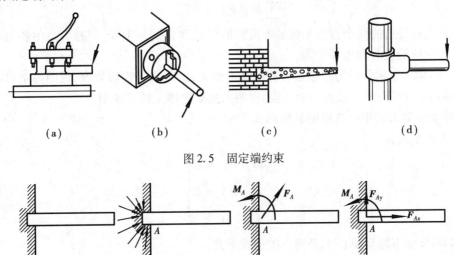

图 2.5　固定端约束

图 2.6

以建筑物中的阳台这种固定端约束为例,其简化图形如图 2.6(a)所示。阳台在固定部分所受的力是比较复杂的力系。在平面问题中,可看作为平面一般力系,如图 2.6(b)所示。将此力系向 A 点简化得到一个力和一个力偶,如图 2.6(c)所示。这个大小和方向都未知的力可

用两个正交分力来表示。因此,固定端 A 处的约束反力为两个正交约束反力 F_{Ax},F_{Ay} 与大小标为 M_A 的约束反力偶,其指向任意假定,如图 2.6(d)所示。

2.2 平面任意力系平衡方程的应用

2.2.1 平面任意力系的平衡条件和平衡方程

(1)平面任意力系的平衡条件

如果平面任意力系的主矢 $R' = 0$ 和对任一点主矩 $M_0 = 0$,则此平面任意力系必平衡;反之,如果平面任意力系平衡,必有主矢 $R' = 0$ 和主矩 $M_0 = 0$。因此,平面任意力系平衡的充分和必要条件是:力系的主矢等于零,且力系对作用面内任一点的主矩等于零。

(2)平面任意力系平衡方程的基本形式

由于

$$\left. \begin{array}{l} R' = \sqrt{\left(\sum F_x\right)^2 + \left(\sum F_y\right)^2} = 0 \\ M_0 = \sum M_0(\boldsymbol{F}) = 0 \end{array} \right\}$$

可得平面任意力系的平衡方程为

$$\left. \begin{array}{l} \sum F_x = 0 \\ \sum F_y = 0 \\ \sum M_0(\boldsymbol{F}) = 0 \end{array} \right\} \tag{2.6}$$

即力系中各力在任选的两个直角坐标轴上投影的代数和分别等于零,同时力系中各力对作用面内任一点之矩的代数和也等于零。

式(2.6)称为平面任意力系平衡方程的基本形式,前两式为投影方程,说明力系对物体无任何方向的平动作用;后一式为力矩方程,说明力系对物体无转动作用。

(3)平面任意力系平衡方程的其他形式

①二力矩形式为

$$\left. \begin{array}{l} \sum M_A(\boldsymbol{F}) = 0 \\ \sum M_B(\boldsymbol{F}) = 0 \\ \sum F_x = 0 \end{array} \right\} \tag{2.7}$$

式中,投影轴 x 轴不能与矩心 A,B 两点的连线垂直。

②三力矩形式为

$$\left. \begin{array}{l} \sum M_A(\boldsymbol{F}) = 0 \\ \sum M_B(\boldsymbol{F}) = 0 \\ \sum M_C(\boldsymbol{F}) = 0 \end{array} \right\} \tag{2.8}$$

式中,矩心 A,B,C 3 点不能共线。

应该注意:不论选用哪一种形式的平衡方程,对于同一平面力系来说,最多只能列出 3 个独立的平衡方程,因而只能求解 3 个未知量。选用力矩式方程,必须满足使用条件,否则,所列平衡方程将不都是独立的。

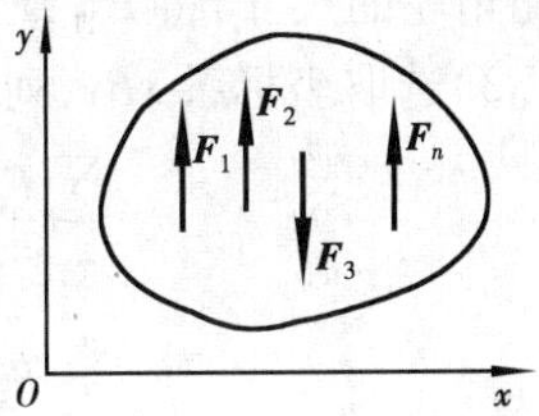

2.2.2 平面平行力系的平衡方程

平面平行力系(见图 2.7)是平面任意力系的特殊情况,其平衡方程可由平面任意力系的平衡方程推出。

图 2.7

如图 2.7 所示平面平行力系,若选取 y 轴与力系中各力的作用线平行,因每个力在 x 轴上的投影均等于零,$\sum F_x \equiv 0$,故平面平行力系只有两个独立的平衡方程,即

$$\left.\begin{array}{l} \sum F_y = 0 \\ \sum M_O(\boldsymbol{F}) = 0 \end{array}\right\} \tag{2.9}$$

只能求解两个未知量。

平面平行力系的平衡方程还有二力矩式,即

$$\left.\begin{array}{l} \sum M_A(\boldsymbol{F}) = 0 \\ \sum M_B(\boldsymbol{F}) = 0 \end{array}\right\} \tag{2.10}$$

式中,A,B 两点的连线不能与力系中各力的作用线平行。

2.2.3 平面任意力系平衡方程在单个物体平衡问题上的应用

例 2.1 物块重 $G = 20$ kN,用绕过滑轮的绳索吊起,如图 2.8(a)所示。杆 AB,BC 与滑轮铰接于 B,不计杆与滑轮的自重,并忽略滑轮的尺寸,试求平衡时杆 AB,BC 所受的力。

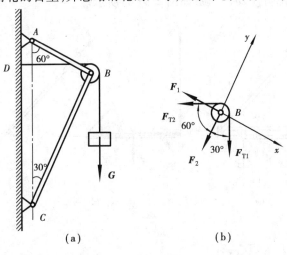

(a)　　　　　　　　　　(b)

图 2.8

解 1)取滑轮 B 为研究对象。

2)画出滑轮的受力图(见图 2.8(b))。作用在滑轮上的力有绳索的拉力 $\boldsymbol{F}_{T1}$ 和 $\boldsymbol{F}_{T2}$,$\boldsymbol{F}_{T1} = \boldsymbol{F}_{T2} = G$,因杆 AB,BC 为二力构件,杆 AB,BC 给滑轮的约束反力 $\boldsymbol{F}_1$ 和 $\boldsymbol{F}_2$ 沿杆的轴线,并设为拉力。因不计滑轮的尺寸,故 $\boldsymbol{F}_{T1},\boldsymbol{F}_{T2},\boldsymbol{F}_1,\boldsymbol{F}_2$ 这 4 个力可视为平面汇交力系(实际上,即便不能

33

忽略滑轮的尺寸,将 F_{T1},F_{T2} 向 B 铰中心简化,两附加力偶刚好等值反向,可以抵消)。

3)选取坐标系 xBy,列平衡方程并求解

$$\sum F_x = 0 \qquad -F_1 + F_{T1}\sin 30° - F_{T2}\sin 60° = 0$$

$$F_1 = -0.366G = -7.32 \text{ kN}(压)$$

$$\sum F_y = 0 \qquad -F_2 - F_{T1}\cos 30° - F_{T2}\cos 60° = 0$$

$$F_2 = -1.366G = -27.32 \text{ kN}(压)$$

例 2.2 悬臂吊车如图 2.9(a)所示。A,B,C 处均为铰接。AB 梁自重 $W_1 = 4$ kN,载荷重 $W = 10$ kN,BC 杆自重不计,有关尺寸如图 2.9(a)所示。求 BC 杆所受的力和铰 A 处的约束反力。

解 1)选 AB 梁为研究对象 画出分离体图。

2)画受力图 在 AB 梁上主动力有 W_1 和 W;约束反力有支座 A 处的反力 F_{Ax} 和 F_{Ay},由于 BC 为二力杆,故 B 处反力为 F_{BC}。该力系为平面一般力系,如图 2.9(b)所示。

3)列平衡方程,并求解 选取坐标轴如图 2.9(b)所示。为避免解联立方程,在列平衡方程时,尽可能做到一个方程中只包含一个未知量,并且先列出能解出未知量的方程,于是有

$$\sum M_A(F) = 0 \qquad 6F_{BC}\sin 45° - 3W_1 - 4W = 0$$

解得 $F_{BC} = 12.3$ kN

又 $$\sum F_x = 0 \qquad F_{Ax} - F_{BC}\sin 45° = 0$$

得 $$F_{Ax} = 8.67 \text{ kN}$$

又 $$\sum F_y = 0 \qquad F_{Ay} + F_{BC}\sin 45° - W_1 - W = 0$$

得 $$F_{Ay} = 5.33 \text{ kN}$$

所得结果,F_{BC} 为正值,说明杆 BC 受拉,如图 2.9(b)所示。

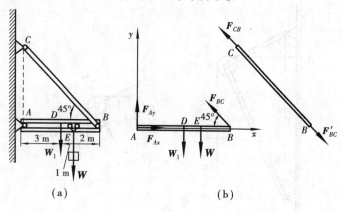

(a)   (b)

图 2.9

求解此题时,若取 B 为矩心,有

$$\sum M_B(F) = 0 \qquad 2W + 3W_1 - 6F_{Ay} = 0$$

解得 $$F_{Ay} = 5.33 \text{ kN}$$

若用此方程取代方程 $\sum F_y = 0$,可以不解联立方程直接求得 F_{Ay} 的值。显然,后者求解更简便。

例2.3　如图 2.10(a)所示悬臂梁 *AB*,*A* 端为固定端支座,*B* 端自由,已知梁上作用有载荷集度为 *q* 的均布载荷和集中力 **F**,且 $F = 2qa$,$\alpha = 45°$,不计梁的自重,试求固定端支座 *A* 的约束反力。

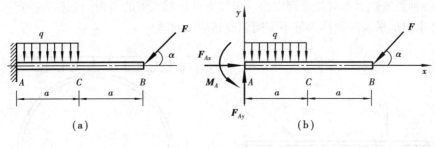

图 2.10

解　1)取横梁 *AB* 为研究对象。

2)画出梁 *AB* 的受力,如图 2.10(b)所示。受力有均布载荷 *q*、集中力 **F** 和支反力 F_{Ax},$\boldsymbol{F}_{Ay}$ 及约束反力偶 $\boldsymbol{M}_A$ 组成平面一般力系。其中有 3 个未知量,可以求解。

3)建立坐标系,如图 2.10(b)所示。

4)列平衡方程,并求解

$$\sum F_x = 0 \qquad F_{Ax} - F\cos\alpha = 0$$

$$F_{Ax} = F\cos\alpha = 2qa\cos 45° = \sqrt{2}qa$$

$$\sum F_y = 0, F_{Ay} - F\sin\alpha - qa = 0$$

$$F_{Ay} = F\sin\alpha + qa = 2qa\sin 45° + qa = (1 + \sqrt{2})qa$$

$$\sum M_A(\boldsymbol{F}) = 0 \qquad M_A - qa\cdot\frac{a}{2} - F\sin\alpha\cdot 2a = 0$$

$$M_A = \frac{qa^2}{2} + 2Fa\sin\alpha = \frac{1 + 2\sqrt{2}}{2}qa^2$$

讨论　求解力系平衡问题时,由于力系对任一点的主矩均为零,故还可以列出非独立的平衡方程,如 $\sum M_B(\boldsymbol{F}) = 0$,将求出的约束反力代入该方程中,以校核计算结果是否正确。

总结上述各例可知,应用平面任意力系平衡方程的解题步骤如下:

①根据题意,选取适当的研究对象。

②画受力图。约束反力根据约束的类型来确定,要注意正确判别二力构件,由二力平衡条件确定其约束反力作用线的位置。当约束反力的方向未知时,可以先假设一个方向,最后根据计算结果的正负来确定其实际方向,计算结果为正,说明实际方向与假设方向相同;计算结果为负,说明实际方向与假设方向相反。

③列平衡方程,求解未知量。应根据物体所受力系的形式,选取相应力系的平衡方程及平衡方程的适当形式。要选取适当的矩心和投影轴,以便简化计算。因此,在应用投影方程时,投影轴尽可能与较多的未知力垂直;在应用力矩方程时,矩心应尽可能取在较多未知力的交点上。

④还可列出非独立的平衡方程,以校核计算结果是否正确。

2.2.4 物系的静定与静不定问题

在求解物体及物系的平衡问题时,会遇到两种情况:一种是全部未知力都可通过静力学方程求出,另一种是未知力不可能全部求出。未知力可全部求解的平衡问题称为静定问题,未知力不能全部求出的平衡问题称为静不定问题或超静定问题。

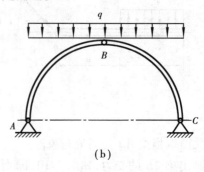

图 2.11

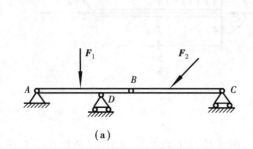

图 2.12

如何判别静定与静不定问题呢? 假如物系由 n 个物体组成,而每个物体又都受平面一般力系作用,则每个物体可列 3 个独立的平衡方程,那么,该物系共可列出 $3n$ 个独立的平衡方程,从而可求解 $3n$ 个未知量。如果系统中有 m 个物体受平面汇交力系或平面平行力系的作用,则整个物系可列出 $(3n - m)$ 个独立的平衡方程。如果未知量的数目不超过独立平衡方程的数目,则由静力平衡方程可以求出全部未知量,这样的物系平衡问题称为静定问题。例如,图 2.11(a)中的组合梁和图 2.11(b)中的三铰拱都是静定系统。反之,如果未知量的数目超过独立平衡方程的数目,则由平衡方程不能求出全部未知量,这类问题称为静不定问题。对于静不定问题,未知量的数目减去独立平衡方程的数目称为静不定次数,又称为超静定次数。例如,如图 2.12(a)所示 AB 梁,其受力如图 2.12(b)所示,有 4 个未知量 F_{Ax},F_{Ay},F_C,F_B,只能列出 3 个独立的平衡方程,属于静不定问题,其未知量数比平衡方程数多一个,称为一次静不定问题。静不定结构的承载能力要比相应的静定结构高,因此,在工程中,它得到广泛的应用。

求解物系的平衡问题时,首先应判断系统是否静定。静力平衡方程只能求解静定系统的平衡问题,对于静不定系统,还需要考虑物体受力后的变形,根据变形条件列出相应的补充方程,才能求出全部未知量。这里只讨论静定系统平衡问题的求解。

2.2.5 物系的平衡问题

当物系处于平衡状态时,物系内的各个部分也处于平衡状态。求解物系的平衡问题,可从求解未知外力开始,这就要先取整个物系为研究对象,画分离体的受力图;也可从求解某个或某些未知内力开始,这就要先选取物系内的某适当部分为研究对象,画分离体的受力图。

对于静定物系平衡问题的求解,要使解题过程相对容易,关键在于先要选取适当的研究对象为突破口。可取物系整体、局部或单个物体,依据是该对象未知量的个数要少于或等于独立平衡方程的个数。在此先求出几个未知量,随后可解出所需的全部未知量(题目没作要求的未知量,可以不解);有时,物系中的任何一个对象都不能首先完全可解,则要寻找当中的部分可解,先行解出一两个未知量,接下来,整个问题就迎刃而解。

下面举例说明求解物系平衡问题的方法。

例 2.4　如图 2.13(a)所示的曲柄压力机由飞轮 1、连杆 2 和滑块 3 组成。O,A,B 处均为铰接,飞轮在驱动转矩 M 作用下,通过连杆推动滑块在水平导轨中移动。已知滑块受到工件的阻力为 F,连杆长为 l,曲柄半径 $OB = r$,飞轮重为 Q,连杆和滑块的质量及各处摩擦均不计。求在图示位置($\angle AOB = 90°$)时,应当作用于飞轮的驱动转矩 M 以及连杆 2、轴承 O 和滑块 3 的导轨所受的力。

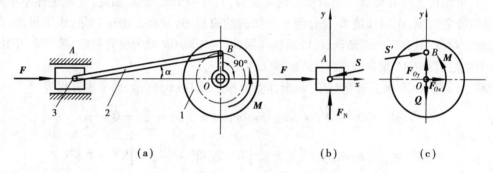

$$(a) \qquad\qquad (b) \qquad\qquad (c)$$

图 2.13　光滑面约束

解　取滑块 3 为研究对象。取坐标系 xAy,其平衡方程为

$$\sum F_x = 0 \qquad F - S\cos\alpha = 0$$

$$\sum F_y = 0 \qquad F_N - S\sin\alpha = 0$$

由图 2.13(a)中直角三角形 OAB 得

$$\sin\alpha = \frac{r}{l} \qquad \cos\alpha = \sqrt{1 - \frac{r^2}{l^2}}$$

代入上式,可得

$$S = \frac{F}{\sqrt{1 - \dfrac{r^2}{l^2}}} \qquad F_N = \frac{Fr}{\sqrt{l^2 - r^2}}$$

再以飞轮为研究对象。取坐标系 xOy,其平衡方程为

$$\sum F_x = 0 \qquad S\cos\alpha + F_{Ox} = 0$$

$$\sum F_y = 0 \qquad S\sin\alpha - Q + F_{Oy} = 0$$

$$\sum M_O(F) = 0 \qquad M - Sr\cos\alpha = 0$$

解以上各式得

$$F_{Ox} = -F\ (\text{压})$$

$$F_{Oy} = Q - \frac{Fr}{\sqrt{l^2 - r^2}}$$

$$M = Fr$$

例2.5 组合梁所受载荷如图2.14(a)所示。已知 $F_P = 10$ kN, $M = 20$ kN·m, $q = 10$ kN/m, $\alpha = 30°$, $a = 1$ m。试求固定端 A、可动铰支座 B 及中间铰链 C 的约束反力。

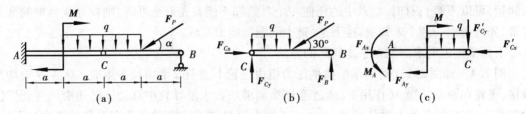

图2.14

分析 该组合梁由 AC 梁和 CB 梁组成,作为一个研究对象时,固定端 A 有 3 个未知的约束反力,可动铰支座 B 处有一个未知的约束反力,共有 4 个未知量,因此,先取整体不可解;取 AC 梁为研究对象,中间铰链 C 处有两个未知的约束反力,共有 5 个未知量,也不可解;取 CB 梁为研究对象,只有 3 个未知量,可以求解。因此,应先取 CB 梁为研究对象,求出 C, B 处的约束反力之后,再取 AC 梁可求出 A 处的约束反力。

解 1)选取 CB 梁为研究对象,画出其受力如图2.14(b)所示,列平衡方程为

$$\sum M_C = 0 \qquad F_B \times 2a - F_P \sin\alpha \times a - qa \times \frac{a}{2} = 0$$

$$F_B = \frac{1}{2}\left(F_P\sin\alpha + \frac{qa}{2}\right) = \frac{1}{2}\left(10\sin 30° + \frac{10 \times 1}{2}\right)\text{kN} = 5 \text{ kN}$$

$$\sum F_x = 0 \qquad F_{Cx} - F_P\cos\alpha = 0$$

$$F_{Cx} = F_P\cos\alpha = 10\cos 30° \text{ kN} = 8.66 \text{ kN}$$

$$\sum F_y = 0 \qquad F_{Cy} - qa - F_P\sin\alpha + F_B = 0$$

$$F_{Cy} = qa + F_P\sin\alpha - F_B = 10 \text{ kN}$$

2)选取 AC 梁为研究对象,画出其受力如图2.14(c)所示,列平衡方程为

$$\sum M_A = 0 \qquad M_A - M - qa \times \frac{3a}{2} - F'_{Cy} \times 2a = 0$$

$$M_A = M + \frac{3}{2}qa^2 + 2aF'_{Cy} = 55 \text{ kN}$$

$$\sum F_x = 0 \qquad F_{Ax} - F'_{Cx} = 0$$

$$F_{Ax} = F'_{Cx} = 8.66 \text{ kN}$$

$$\sum F_y = 0 \qquad F_{Ay} - F'_{Cy} - qa = 0$$

$$F_{Ay} = qa + F'_{Cy} = 20 \text{ kN}$$

讨论

本题也可在取 CB 梁之后,再取组合梁整体为研究对象。

例2.6 如图2.15(a)所示曲柄滑块机构,由曲柄 OA、连杆 AB 和滑块 B 组成,O 处为固定铰支座,A 处为铰链连接,尺寸如图所示。已知作用在滑块上的力 $F = 10\sqrt{3}$ kN,如不计各构件的自重和摩擦,求作用在曲柄上的力偶矩 M 多大时方可保持机构平衡?

分析　这是有 3 个物体组成的系统。连杆 AB 为二力构件;曲柄 OA 受平面一般力系作用(见图 2.15(b)),有 4 个未知量,只有 3 个独立的平衡方程,不可先解;滑块 B 受平面汇交力系作用(见图 2.15(c)),有两个未知量,两个独立的平衡方程,可以求解。故应先取滑块 B,求出 F_{AB},然后再取曲柄 OA 可求出力偶矩 M。

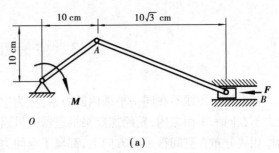

(a)

解　1)取滑块 B 为研究对象,画出其受力图如图 2.15(c)所示,列平衡方程为

$$\sum F_x = 0$$

$$F_{AB}\cos 30° - F = 0$$

$$F_{AB} = \frac{F}{\cos 30°} = 20 \text{ kN}$$

2)取曲柄 OA 为研究对象,画出其受力图如图 2.15(b)所示,列平衡方程为

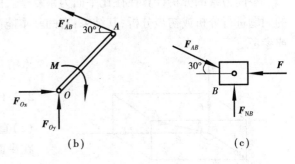

(b) 　　　　　(c)

图 2.15

$$\sum M_0(\boldsymbol{F}) = 0 \qquad F'_{AB}\cos 30° \times 10 + F'_{AB}\sin 30° \times 10 - M = 0$$

$$M = F'_{AB} \times 10 \times (\cos 30° + \sin 30°) = 20 \times 10 \times \left(\frac{\sqrt{3}}{2} + \frac{1}{2}\right) \text{ kN·cm} = 273.2 \text{ kN·cm}$$

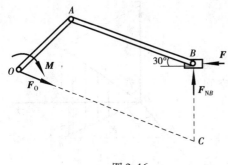

图 2.16

讨论　本题也可取整体为研究对象,曲柄 OA 受力偶作用,由于力偶只能与力偶平衡,故曲柄 OA 在 O 处的约束反力应与 A 处的约束反力等值、反向、平行,即 $\boldsymbol{F}_0$ 平行于连杆 AB,画出整体的受力图如图 2.16 所示,整体受平面一般力系作用,对 $\boldsymbol{F}_{NB}$ 和 $\boldsymbol{F}_0$ 的交点 C 列力矩平衡方程为

$$\sum M_C(\boldsymbol{F}) = 0$$

$$F \times CB - M = 0$$

$$M = F \times CB = 10\sqrt{3} \times (10 + 10\sqrt{3}) \times \tan 30° \text{ kN·cm} = 273.2 \text{ kN·cm}$$

通过以上各例可归纳出物系平衡的解题步骤如下:

①分析题意,选取适当的研究对象。物系整体平衡时,其每个局部也必然平衡。因此,研究对象可取整体、局部或单个物体。选取的原则是由此对象列出的平衡方程要能首先求解出未知量。

②画出研究对象的受力图。在受力分析中,应注意区分内力与外力,受力图上只画外力不画内力,两物体间的相互作用力要符合作用与反作用定律。

③对所选取的研究对象,列出平衡方程求解。为了避免解复杂的联立方程,应选取适当的投影轴和矩心,力求一个平衡方程中包含一个未知量。

④校核计算结果。

2.3 空间力系简介

各力的作用线不在同一平面内的力系,称为空间力系。例如,机床主轴、起重机构架等的受力不在同一平面之内;轮船螺旋桨推进器或风扇的叶片形状是空间曲面,工作时所受作用力的作用线分布在空间很多的方向上,都属于空间力系。

空间力系的分析计算往往比平面力系复杂。因此,凡是有可能的,常将它转化为平面力系的问题进行分析或初步分析,其结果:有的基本能满足要求,有的则可为进一步研究提供基础或参考。

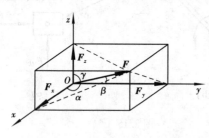

图 2.17

本节只简略介绍空间力系的理论和应用。

2.3.1 力对空间坐标轴的投影

(1)直接投影法

在平面内,一个力可分解为互相垂直的两个正交分力;在空间,可将一个力分解为互相垂直的 3 个正交分力,如图 2.17 所示。任取空间直角坐标系,力在这 3 个坐标轴上的投影,就是相应的 3 个分力的值,即

$$\left.\begin{array}{l} F_x = F\cos\alpha \\ F_y = F\cos\beta \\ F_z = F\cos\gamma \end{array}\right\} \qquad (2.11)$$

(2)二次投影法

通常,将力先投影在 z 轴及与 z 轴垂直的平面上,分别得到 F_z 和 F_{xy},如图 2.18 所示。于是有图 2.18 力在空间坐标轴上的投影,即

$$F_z = F\cos\gamma, \quad F_{xy} = F\sin\gamma$$

式中 γ——力 F 与 z 轴之间的夹角。

再将 F_{xy} 向面内的 x 轴和 y 轴分别投影,得到的 F_x 和 F_y,即原力在 x 轴和 y 轴上的投影。其计算公式为

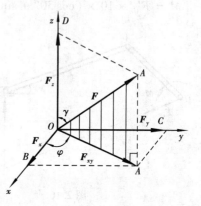

图 2.18

$$\left.\begin{array}{l} F_x = F\sin\gamma\cos\varphi \\ F_y = F\sin\gamma\sin\varphi \\ F_z = F\cos\gamma \end{array}\right\} \qquad (2.12)$$

式中 φ——力 F 在 xOy 平面上的投影与 x 轴之间的夹角。

例 2.7 长方体上作用有 3 个力,$F_1 = 500\ \text{N}$,$F_2 = 1\ 000\ \text{N}$,$F_3 = 1\ 500\ \text{N}$,方向及尺寸如图 2.19 所示。求各力在坐标轴上的投影。

解 由于力 F_1 及 F_2 与坐标轴间的方向角都为已知,可应用直接投影法,力 F_3 与坐标轴间的方位角 φ 及仰角 θ 为已知,可应用二次投影法,而

$$\sin\theta = \frac{AC}{AB} = \frac{2.5}{\sqrt{2.5^2 + 3^2 + 4^2}} = \frac{2.5}{5.59}$$

$$\cos\theta = \frac{BC}{AB} = \frac{5}{5.59}$$

$$\sin\varphi = \frac{CD}{CB} = \frac{4}{\sqrt{3^2 + 4^2}} = \frac{4}{5} \qquad \cos\varphi = \frac{DB}{CB} = \frac{3}{5}$$

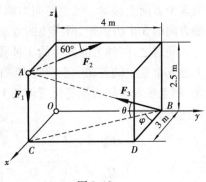

图 2.19

故各力在坐标轴上的投影分别为

$$F_{1x} = 500 \times \cos 90° \text{ N} = 0$$

$$F_{1y} = 500 \times \cos 90° \text{ N} = 0$$

$$F_{1z} = 500 \times \cos 180° \text{ N} = -500 \text{ N}$$

$$F_{2x} = -1\,000 \times \sin 60° \text{ N} = -866 \text{ N}$$

$$F_{2y} = 1\,000 \times \cos 60° \text{ N} = 500 \text{ N}$$

$$F_{2z} = 1\,000 \times \cos 90° \text{ N} = 0$$

$$F_{3x} = 1\,500 \times \cos\theta\cos\varphi \text{ N} = 805 \text{ N}$$

$$F_{3y} = -1\,500 \times \cos\theta\sin\varphi \text{ N} = -1\,073 \text{ N}$$

$$F_{3z} = 1\,500 \times \sin\theta \text{ N} = 671 \text{ N}$$

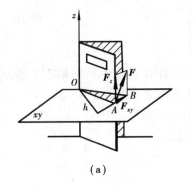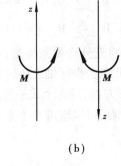

（a）　　　　　　　　　（b）

图 2.20

2.3.2　力对轴之矩

　　平面力系中有力对点之矩的概念，空间力系中有"力对轴之矩"的概念。生活和工作中绕轴转动的事物很多：自行车的前后轮和脚踏拐都绕轴转动，房屋、冰箱和微波炉的门也绕轴转动，机械中绕轴转动的零、部件更多。从如何度量使刚体绕轴转动的效应出发，引出了力对轴之矩的概念。

　　如图 2.20(a)所示，以力 F 推门为例，取空间直角坐标系的 z 轴与门轴相一致。将力 F 分解为 F_z 和 F_{xy} 两个力，其中力 F_z 的作用线与 z 轴平行，力 F_{xy} 作用在与 z 轴垂直的平面内。实践证明，力 F_z 对推动门绕门轴转动不能起任何作用，能推动门绕门轴转动的力只是力 F_{xy}，其转动效应与此力的大小 F_{xy} 成正比例关系，还与此力作用面与 z 轴的交点 O 到此力的垂直距离 h 成正比例关系。力学中就把这两个量的乘积 $F_{xy} \times h$ 作为度量这种效应的物理量，用符号 $M_z(F)$ 表示，称为力 F 对 z 轴之矩。

　　对比平面力系中力对点之矩的概念可知：空间一力对轴之矩等于此力在垂直于该轴平面上的分力对该轴与此平面交点之矩。即

$$M_z(F) = M_O(F_{xy}) = \pm F_{xy}h \qquad\qquad (2.13)$$

　　力对轴之矩的单位仍是 N·m(牛·米)。确定正负号的规则可使用右手螺旋法则：四指曲握的方向与力 F 使物体绕 z 轴转动的方向一致。若右手大拇指的指向与 z 轴的正向一致，力矩取正值；反之，取负值。

2.3.3　空间一般力系的简化及其平衡方程

　　平面力系向面内一点简化，得到一个通过该点的主矢量和一个合力偶。作用于刚体的空

间力系中的各力,也可以向空间任一点(简化中心)简化。根据力的平移定理,得到一个通过简化中心的空间汇交力系和一个空间力偶系。这个空间汇交力系的合力,就是原空间力系的主矢量,它又可分解为沿空间坐标系 3 个坐标轴方向的 3 个分力,它们的效应是使刚体在相应的 3 个方向上移动。这个空间力偶系合成为一个总力偶后,再分解为绕空间坐标系 3 个坐标轴方向的 3 个力偶矩,所产生的效应可以归结为使刚体绕 3 个坐标轴转动。

简言之,刚体可能发生的 3 种移动、3 种转动共 6 种运动,分别对应着力系简化后得到的上述 6 个量。倘若在一个空间力系的作用下刚体处于平衡状态,即不发生任何运动状态的变化,则意味着空间力系简化所得的上述 6 个量都等于零。这就是空间力系平衡的条件,其数学表达形式为

$$\left.\begin{array}{l} F'_R = \sqrt{\left(\sum F_x\right)^2 + \left(\sum F_y\right)^2 + \left(\sum F_z\right)^2} = 0 \\[2mm] M_0 = \sqrt{\left[\sum M_x(F)\right]^2 + \left[\sum M_y(F)\right]^2 + \left[\sum M_z(F)\right]^2} = 0 \end{array}\right\}$$

即由此可得空间一般力系的平衡方程为

$$\left.\begin{array}{ll} \sum F_x = 0 & \sum M_x(F) = 0 \\[1mm] \sum F_y = 0 & \sum M_y(F) = 0 \\[1mm] \sum F_z = 0 & \sum M_z(F) = 0 \end{array}\right\} \tag{2.14}$$

式(2.14)表明:空间任意力系平衡的充分必要条件是:各力在任意直角坐标系 3 个坐标轴上的投影的代数和均等于零,各力对此 3 个坐标轴之矩的代数和也分别等于零。

式(2.14)中的前 3 个式子称为投影方程,后 3 个式子称为力矩方程。

空间一般力系有 6 个独立的平衡方程,可以求解 6 个未知量。

2.3.4 空间特殊力系的平衡方程

空间一般力系是空间力系的一般情形,其他力系都是它的特例。因此,其他力系的平衡方程都可由空间一般力系的平衡方程导出。

(1)空间汇交力系的平衡方程

若以力系的汇交点 O 为坐标原点,则力系中各力对 3 个坐标轴之矩均等于零。因此,空间汇交力系的平衡方程为

$$\sum F_x = 0 \qquad \sum F_y = 0 \qquad \sum F_z = 0 \tag{2.15}$$

即空间汇交力系平衡的充分和必要条件是:力系中所有各力在 3 个坐标轴上的投影的代数和都等于零。空间汇交力系有 3 个独立的平衡方程,可以求解 3 个未知量。

(2)空间平行力系的平衡方程

设 z 轴与力系中各力的作用线平行,则各力在 x 轴、y 轴上的投影均等于零,各力对 z 轴之矩均等于零。因此,空间平行力系的平衡方程为

$$\left.\begin{array}{l} \sum F_z = 0 \\[1mm] \sum M_x = 0 \\[1mm] \sum M_y = 0 \end{array}\right\} \tag{2.16}$$

空间平行力系有 3 个独立的平衡方程,可以求解 3 个未知量。

例 2.8　如图 2.21(a)所示空间支架悬挂重为 G 的物体,铰 A,B,C 在同一水平面内。若 $BE = CE = DE$,杆重不计,试求三杆所受的力。

解　1)取铰链 A 为研究对象,画出其受力图(见图 2.21(b))。铰链 A 受空间汇交力系作用,有 3 个未知量,可以求解。

由 $BE = CE = DE$ 及图示几何关系可得,$\beta = 30°$,$\gamma = 60°$。

2)选取坐标系如图 2.21(b)所示。

3)列平衡方程,并求解

$$\sum F_z = 0, \quad F_3 \cos\gamma - G = 0$$

$$F_3 = \frac{G}{\cos\gamma} = 2G(\text{拉})$$

$$\sum F_x = 0, \quad F_2 \sin\beta - F_1 \sin\beta = 0$$

$$F_1 = F_2$$

$$\sum F_y = 0, \quad (F_1 + F_2)\cos\beta + F_3 \sin\gamma = 0$$

$$F_1 = F_2 = \frac{-F_3 \sin\gamma}{2\cos\beta} = -\frac{2G\sin 60°}{2\cos 30°} = -G(\text{压})$$

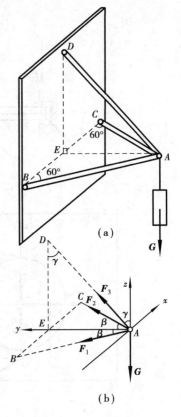

(a)

(b)

图 2.21　光滑面约束

2.3.5　空间问题的平面解法

在工程计算中,在平面图形上求投影、找力臂算力矩要比空间图形直观、清楚、容易。因此,通常将空间力系的各力投影到坐标平面上,画出 3 个视图,得到 3 个平面力系。然后用平面力系的平衡方程求未知量。这种将空间力系平衡问题转化为平面力系平衡问题的处理方法,称为空间问题的平面解法,此法特别适用于轮轴类零件的空间受力平衡问题。

例 2.9　一传动轴如图 2.22(a)所示,皮带轮 D 的半径 $R = 600$ mm,自重 $G_2 = 2$ kN,紧边拉力 F_1 的倾角为 45°,松边拉力 F_2 的倾角为 30°,且 $F_1 = 2F_2$;齿轮 C 的分度圆半径 $r = 200$ mm,$G_1 = 1$ kN,齿轮啮合力的 3 个分力为圆周力 $F_t = 12$ kN,径向力 $F_r = 1.5$ kN,轴向力 $F_a = 0.5$ kN。已知 $AC = CB = l$,$BD = l/2$。求皮带拉力和轴承 A,B 的反力。

解　1)取带轮整体为研究对象,选取坐标系,并作受力图,如图 2.22(a)所示。

2)将轮轴的轮廓及所受的力向 3 个坐标平面投影,作出 3 个投影图(见图 2.22(b))。

3)求解 3 个平面力系

xz 平面：$\sum M_A(\boldsymbol{F}) = 0 \qquad F_t r - (F_1 - F_2)R = 0$

将 $F_1 = 2F_2$ 代入上式可得

$$F_2 = \frac{F_t r}{R} = \frac{12 \times 200}{600} \text{ kN} = 4 \text{ kN} \qquad F_1 = 2F_2 = 8 \text{ kN}$$

zy 平面：

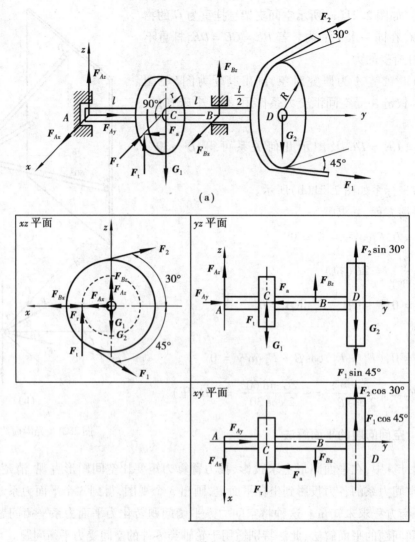

(a)

(b)

图 2.22

$$\sum M_A(\boldsymbol{F}) = 0$$

$$F_{Bz} \times 2l + (F_t - G_1) \times l - (F_1 \sin 45° - F_2 \sin 30° + G_2) \times 2.5l = 0$$

$$F_{Bz} = 1.57 \text{ kN}$$

$$\sum F_z = 0 \qquad F_{Az} + F_t - G_1 + F_{Bz} - F_1 \sin 45° + F_2 \sin 30° - G_2 = 0$$

$$F_{Az} = -6.914 \text{ kN}$$

xy 平面：

$$\sum M_A(\boldsymbol{F}) = 0$$

$$F_r \times l - F_a \times r - F_{Bx} \times 2l + (F_1 \cos 45° + F_2 \cos 30°) \times 2.5l = 0$$

$$F_{Bx} = 12.025 \text{ kN}$$

$$\sum F_x = 0 \qquad F_{Ax} - F_r + F_{Bx} - F_1\cos 45° - F_2\cos 30° = 0$$

$$F_{Ax} = -1.405 \text{ kN}$$

$$\sum F_y = 0 \qquad F_{Ay} - F_a = 0$$

$$F_{Ax} = F_a = 0.5 \text{ kN}$$

需要指明的是,空间力系转化为 3 个平面力系后,虽然可列出 9 个平衡方程,但由于其中有 3 个方程是不独立的,独立方程仍然只有 6 个,因此,也只能求解 6 个未知量。

2.4　物体的重心与形心

2.4.1　物体重心的概念

地球上的物体明显受到地心引力作用。物体的诸微元所受到的地心引力,组成汇交于地球中心的空间汇交力系,又由于距离地心很远,也可看成是一组平行力系。这组平行力系有一个合力,合力的大小称为物体的重力。重力的作用线有一个特性,即不论物体相对地球如何放置,合力作用线总通过物体的一点,这个点称为物体的重心。

在工程实际中,研究物体的重心具有重要的意义。例如,起重机、水坝、挡土墙的倾覆稳定性,以及汽车、飞机、轮船的运动稳定性,都与各自重心的位置有关;轮轴类零件等转动部分的重心若偏离转轴,就会引起强烈的振动而造成不良后果。此外,研究构件的强度、刚度与稳定性,也需要考虑构件截面的形心。

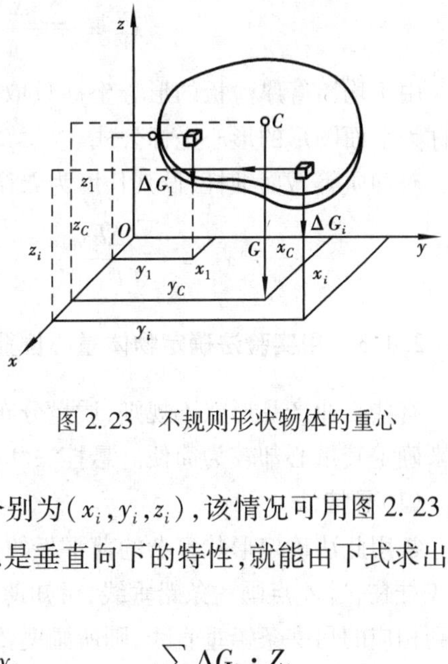

2.4.2　重心的坐标公式

对于整体形状较为复杂的物体,若可以把它分为 n 块,而每块所受的重力分别为 $\Delta G_i (i = 1,2,\cdots,$

图 2.23　不规则形状物体的重心

$n)$,每块重力的作用点(即每块的重心)的空间坐标分别为 (x_i,y_i,z_i),该情况可用图 2.23 表示。那么根据确定空间平行力系合力的方法和重力总是垂直向下的特性,就能由下式求出物体整体重心的空间坐标 (x_C,y_C,z_C):

$$x_C = \frac{\sum \Delta G_i \cdot x_i}{G}, \qquad y_C = \frac{\sum \Delta G_i \cdot y_i}{G}, \qquad z_C = \frac{\sum \Delta G_i \cdot Z_i}{G} \qquad (2.17)$$

式中　G——整个物体的重量,$G = \sum \Delta G_i$。

实际的工业产品在结构上常由几个部分组成,每个部分的重量和重心位置也常可以确定,此时,可用式(2.17)计算它的重心位置。

如果物体是均质的,用 ρ 表示其密度,则 $\rho =$ 常量。设均质物体微小部分的体积分别为

ΔV_i,整个物体的体积为 V,则有

$$\Delta G_i = \rho \cdot \Delta V_i, G = \rho \cdot V$$

代入式(2.17),并消去 ρ 可得

$$x_C = \frac{\sum \Delta V_i \cdot x_i}{\sum \Delta V_i}, \qquad y_C = \frac{\sum \Delta V_i \cdot y_i}{\sum \Delta V_i}, \qquad z_C = \frac{\sum \Delta V_i \cdot z_i}{\sum \Delta V_i} \qquad (2.18)$$

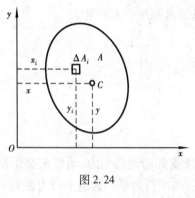

图 2.24

由式(2.18)可知,均质物体重心的位置与物体的重量无关,完全取决于物体的几何形状和尺寸。由物体的几何形状和尺寸所决定的物体的几何中心,称为形心。对均质物体来说,形心和重心是重合的。非均质物体的重心和形心一般是不重合的。

对均质等厚薄板,取薄板中间的对称面为坐标平面 Oxy(见图2.24),由于每一微小部分的 $z_i = 0$,故 $z_C = 0$。设薄板的厚度为 δ,各微小部分的面积为 ΔA_i,整个薄板的面积为 A,则有

$$\Delta V_i = \Delta A_i \cdot \delta, \qquad V = A\delta$$

代入式(2.18),并消去 δ,可得均质等厚薄板重心的坐标公式为

$$x_C = \frac{\sum \Delta A \cdot x}{A}, \qquad y_C = \frac{\sum \Delta A \cdot y}{A} \qquad (2.19)$$

由于均质等厚薄板的形心坐标只取决于板平面的形状,而与板的厚度无关,故式(2.19)也称为平面图形的形心坐标公式。

对均质等截面细杆,设其长度为 l,微段的长度为 Δl_i,则其形心的坐标公式为

$$x_C = \frac{\sum \Delta l_i x_i}{l}, \qquad y_C = \frac{\sum \Delta l_i y_i}{l}, \qquad z_C = \frac{\sum \Delta l_i z_i}{l} \qquad (2.20)$$

2.4.3 用实验法确定物体重心位置

有些工业产品形状不规则,质量分布也不均匀,通过计算求其重心位置较麻烦,而用实验法来确定其重心却较为简便。悬挂法和称重法是其中常用的两种方法,现介绍如下:

(1)悬挂法

常用此法确定形状复杂的薄平板的重心位置,实际做法如图2.25所示。先将此板在任一点 A 挂住,过 A 点画一条铅垂线,可知薄板重心必通过此直线 AB;再任意另换一点 B 悬挂,并得到相应的另一条铅垂直线,则所画两铅垂线的交点 C 处就是该薄板的重心位置。我国民间扎风筝的艺人,一直沿用此法来确定风筝的重心位置。

(2)称重法

常用此法确定形状复杂的构件、产品的重心位置。图2.26为用称重法确定一发动机连杆重心位置的示意图。测重工具为磅秤,先称出连杆的重量,设为 G。然后将构件一端于 A 点的下部支住,另一端支于磅秤的 B 点,并使中心线 AB 处于水平位置,测出重力值,设为 W。A,B 间的距离记为 l。从测量得到的3个数据 G,W,l,便可算出构件重心 C 到 A 点的距离 x_C。以 A

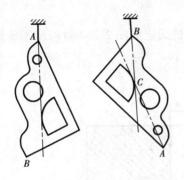 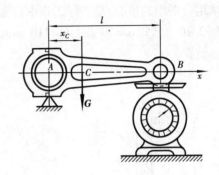

图 2.25 用悬挂法确定不规则薄板的重心　　　图 2.26 用称重法确定构件的重心

为矩心,有 $\sum M_A(F) = 0, Wl - Gx_C = 0,$ 则

$$x_C = Wl/G$$

如图 2.26 所示连杆有包含 x 轴的水平、铅垂两个对称面,重心必在这两个平面的交线即连杆中心线上,故只需求出 x_C 这一个数据,重心位置即可完全确定。若构件没有连杆那样的对称面和对称线,则称重需在不同方向进行两次或多次才行。

2.4.4　平面图形形心的确定

(1)对称法

若物体是均质的,并具有对称面、对称轴或对称中心,则其形心必在对称面、对称轴或对称中心上(见图 2.27)。

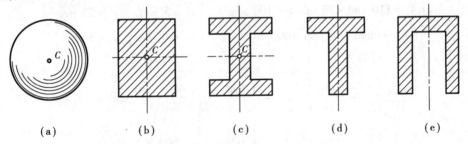

|　(a)　|　(b)　|　(c)　|　(d)　|　(e)　|

图 2.27　规则图形物体的形心

(2)分割法

基本形体的形心可用积分法来确定,也可从有关设计手册中查得。

对于平面组合图形,可将其分割成几个简单的规则图形,然后由式(2.19)可得其形心坐标公式为

$$\left.\begin{array}{l} x_C = \dfrac{A_1 x_1 + A_2 x_2 + \cdots + A_n x_n}{A_1 + A_2 + \cdots + A_n} = \dfrac{\sum A_i x_i}{\sum A_i} \\[4mm] y_C = \dfrac{A_1 y_1 + A_2 y_2 + \cdots + A_n y_n}{A_1 + A_2 + \cdots + A_n} = \dfrac{\sum A_i y_i}{\sum A_i} \end{array}\right\} \tag{2.21}$$

式中,A_i 和 (x_i, y_i) 为各简单图形的面积和形心坐标,(x_C, y_C) 为组合图形的形心坐标。

求组合图形的形心,是实际工作中较常见的问题。

例 2.10 已知 $a=70$ mm, $b=110$ mm, $d=10$ mm。试确定如图 2.28(a)所示不等边角钢的形心位置。

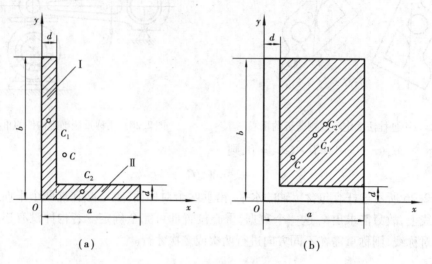

图 2.28

解 方法 1:1)选取参考坐标系 xOy,如图 2.28(a)所示。

2)将角钢截面假想地分割为 Ⅰ,Ⅱ 两个矩形,它们的形心位置分别为 $C_1(x_1, y_1)$ 和 $C_2(x_2, y_2)$,面积分别为 A_1 和 A_2,由图 2.28(a)可得

$$A_1 = 110 \text{ mm} \times 10 \text{ mm} = 1\ 100 \text{ mm}^2 \qquad x_1 = 5 \text{ mm}, \quad y_1 = 55 \text{ mm}$$

$$A_2 = 60 \text{ mm} \times 10 \text{ mm} = 600 \text{ mm}^2 \qquad x_2 = 40 \text{ mm}, \quad y_2 = 5 \text{ mm}$$

3)应用式(2.21)可得

$$x_C = \frac{\sum A_i x_i}{\sum A_i} = \frac{A_1 x_1 + A_2 x_2}{A_1 + A_2} = \frac{1\ 100 \times 5 + 600 \times 40}{1\ 100 + 600} \text{ mm} = 17.4 \text{ mm}$$

$$y_C = \frac{\sum A_i y_i}{\sum A_i} = \frac{A_1 y_1 + A_2 y_2}{A_1 + A_2} = \frac{1\ 100 \times 55 + 600 \times 5}{1\ 100 + 600} \text{ mm} = 37.4 \text{ mm}$$

故角钢截面的形心坐标为(17.4,37.4)。

方法 2:将角钢截面看做从一个大矩形上去掉一个小矩形,如图 2.28(b)所示,被去掉小矩形的面积取负值(称为负面积法)。设大矩形的形心坐标为 $C_1(x_1, y_1)$,面积为 A_1;小矩形的形心坐标为 $C_2(x_2, y_2)$,面积为 A_2,由图 2.28(b)可得

$$A_1 = 110 \text{ mm} \times 70 \text{ mm} = 7\ 700 \text{ mm}^2 \qquad x_1 = 35 \text{ mm}, y_1 = 55 \text{ mm}$$

$$A_2 = -60 \text{ mm} \times 100 \text{ mm} = -6\ 000 \text{ mm}^2 \qquad x_2 = 40 \text{ mm}, y_2 = 60 \text{ mm}$$

由式(2.21)可得

$$x_C = \frac{\sum A_i x_i}{\sum A_i} = \frac{A_1 x_1 + A_2 x_2}{A_1 + A_2} = \frac{7\ 700 \times 35 - 6\ 000 \times 40}{7\ 700 - 6\ 000} \text{ mm} = 17.4 \text{ mm}$$

$$y_C = \frac{\sum A_i y_i}{\sum A_i} = \frac{A_1 y_1 + A_2 y_2}{A_1 + A_2} = \frac{7\,700 \times 55 - 6\,000 \times 60}{7\,700 - 6\,000}\ \text{mm} = 37.4\ \text{mm}$$

计算结果与方法 1 相同。

2.5　机械工程中的摩擦与自锁

2.5.1　摩擦现象

前面在研究物体的受力情况时,把物体之间的接触表面看做是光滑的,那是由于摩擦对所研究的问题不起主要作用,因而被忽略不计。然而,在诸多实际问题中,摩擦又是主要因素,起着主要作用,因而必须考虑。例如,汽车靠驱动轮与地面之间的摩擦力才得以行驶,胶带传输机依靠物料与胶带间的摩擦力来输送物料,摩擦离合器和制动器靠摩擦力来传递或阻止运动,螺钉、螺栓靠摩擦力进行联接紧固,等等。这些是人们应用摩擦力去达到一定目的的例子。另外,机器上机件间的摩擦也会造成无用的能耗,以及机件的磨损则加速机器的失效和报废,这是摩擦力起有害作用的例子。为了兴利除害,科技界对摩擦、摩擦力和磨损问题进行了广泛、深入的研究。本节只初步介绍古典摩擦理论的基本结论,且仅限于讨论接触面间不存在润滑剂的"干摩擦"问题。

根据物体表面相对运动情况,摩擦可分为滑动摩擦和滚动摩擦。

2.5.2　滑动摩擦

两个相互接触的物体,当接触面间有相对滑动或相对滑动趋势时,在接触面上将会产生阻碍物体相对滑动的切向约束反力,称为滑动摩擦力,简称摩擦力。滑动摩擦力作用在接触处,其方向沿接触面的公切线与物体相对滑动或相对滑动趋势的方向相反。接触面间有相对滑动趋势但仍保持相对静止的两个物体间的摩擦力,称为静滑动摩擦;接触面间有相对滑动的两个物体间的摩擦力,称为动滑动摩擦力。

（1）**静滑动摩擦力**

如图 2.29(a)所示重为 G 的物块静止地置于水平面上,设两者的接触面都是粗糙的。在物块上施加水平主动力 F_P,物块所受的力有:主动力 G,F_P,水平面的法向约束反力 F_N 以及静摩擦力 F(见图 2.29(b)),当物块平衡时有

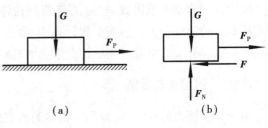

图 2.29

$$\sum F_y = 0 \quad F_N - G = 0 \quad F_N = G$$

$$\sum F_x = 0 \quad F - F_P = 0 \quad F = F_P$$

令主动力 F_P 由零开始逐渐增大,分析静摩擦力的大小如下:

1）当 $F_P = 0$，物块静止，$F = 0$；

2）当 F_P 逐渐增大，只要不超过一定的限度，物块虽有向右滑动的趋势但仍然保持静止，说明静摩擦力 F 随着主动力 F_P 的增大而增大；

3）当 F_P 增大到一定值时，物块处于将要滑动而尚未滑动的临界平衡状态，这时，静摩擦力也达到最大值 F_{max}。

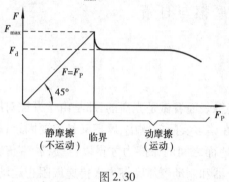

图 2.30

4）只要 F_P 再稍有增加而超过 F_{max}，由于接触面不能再产生与 F_P 等值的静摩擦力，物块的平衡状态必遭到破坏而产生滑动，这时的摩擦力为动摩擦力 F_d。F_P 继续增大时，动摩擦力 F_d 基本上保持为常值。若相对滑动速度很高，F_d 的值下降。摩擦力随主动力 F_P 的变化可用如图 2.30 所示的 F_P-F 关系曲线表示。

综上所述，静摩擦力的方向与物体相对滑动的趋势方向相反，大小由平衡条件确定，在零与最大值之间，即

$$0 \leqslant F \leqslant F_{max}$$

最大静摩擦力 F_{max} 的大小与接触物体间的正压力（法向约束反力）成正比，即

$$F_{max} = f_s F_N \tag{2.22}$$

这就是静滑动摩擦定律。

式中，比例系数 f_s 是无量纲的量，称为静摩擦因数，它取决于接触物体的材料以及接触表面的物理状态，如粗糙度、温度和湿度等，与接触表面的面积无关。f_s 的数值由实验测定。工程中常用材料的静摩擦因数，可查阅有关工程手册。

（2）动摩擦力

动摩擦力的方向与物体相对滑动的方向相反，大小与接触面间的正压力成正比，即

$$F_d = f F_N \tag{2.23}$$

这就是动滑动摩擦定律。

式中，f 称为动摩擦因数，它除了与接触物体的材料和接触面的状况有关外，还与物体之间的相对滑动速度有关。但在工程计算中，常忽略后者的影响，认为动摩擦因数是仅与材料和接触表面状况有关的常数。一般情况下，动摩擦因数略小于静摩擦因数。

2.5.3 摩擦角与自锁

由于静摩擦力的存在，接触面对物体的约束反力包括法向约束反力 F_N 和静摩擦力 F 两个分量，这两个力的合力 F_R 称为全约束反力（见图 2.31(a)），简称为全反力，即

$$F_R = F_N + F$$

其作用线与接触面法线间的夹角记为 φ，则

$$\tan \varphi = \frac{F}{F_N}$$

在临界平衡状态，静摩擦力和全反力均达到最大值，此时

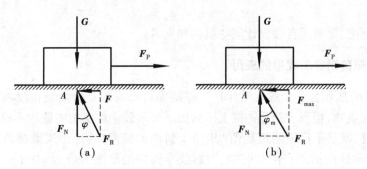

图 2.31

$$F_{R\,max} = F_N + F_{max}$$

φ 角也达到最大值 φ_m，φ_m 称为摩擦角。如图 2.31(b)所示，由图中可知

$$\tan \varphi_m = \frac{F_{max}}{F_N} = f_s \tag{2.24}$$

由此可见，φ_m 与 f_s 都是表征材料摩擦性质的物理量。

改变主动力 F_P 的方向，则全反力 F_R 的方向也随之改变。假定接触面在各方向的静摩擦因数都相同，则全反力 F_R 作用线的极限位置形成一个以接触点为顶点、顶角为 $2\varphi_m$ 的圆锥，称为摩擦锥，如图 2.32 所示。

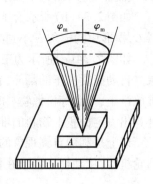

图 2.32

对于考虑摩擦的物体，其受力可分为主动力和约束反力。当物体平衡时，主动力的合力 F_Q 与全反力 F_R 必共线，由于全反力 F_R 与接触面法线间的夹角 φ 在零与摩擦角 φ_m 之间，即

$$0 \leqslant \varphi \leqslant \varphi_m \tag{2.25}$$

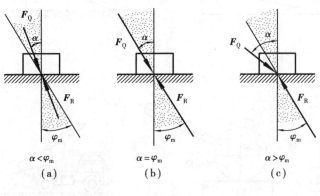

图 2.33

因此，如果作用于物体上全部主动力的合力 F_Q 的作用线保持在摩擦角之内(见图 2.33(a)、(b))，则无论 F_Q 有多大，在接触面上总能产生与它等值、反向、共线的全反力 F_R 而使物体保持静止；反之，如果全部主动力的合力 F_Q 的作用线在摩擦角之外，则无论 F_Q 多小，全约束反力不能与其共线，因而物体不能静止。主动力合力的作用线保持在摩擦角之内而使物体静止的现象称为摩擦自锁。摩擦自锁的条件为

$$\alpha \leqslant \varphi_{\mathrm{m}} \tag{2.26}$$

在工程实际中,常利用自锁设计某些机构和夹具。

2.5.4 摩擦自锁在工程中的应用

如图 2.34(a)所示为一个螺旋千斤顶。螺旋面可以看成是斜面绕在圆轴侧面而形成的。螺旋千斤顶顶起重物,相当于把重物推上了斜面。要求顶上的重物能稳住不掉落下来,需要满足斜面自锁条件,就是千斤顶的螺旋角(相当于斜面的倾斜角)α 小于摩擦角。螺栓、螺钉的紧固、联接也是同样的道理。由此可知,当螺纹摩擦副的摩擦因数 $f_{\mathrm{s}} = 0.1$ 时,若螺旋角 $\alpha < 5.7°$,就能自锁,而为了保证工作可靠,实际应用的螺旋角小于此值。

如图 2.34(b)所示为压榨机的示意图。加在楔形块一侧的水平力 **P** 推动榨头上升压榨物料 C,楔形块的楔角 α 小到满足自锁条件,则力 **P** 撤销后仍能维持压榨状态。

如图 2.34(c)所示为工业上的两种夹紧装置,楔形块夹紧和偏心轮夹紧,也利用了自锁现象。自动卸货汽车的翻斗,在举起的斜角 α 大于摩擦角时,物料才会滑落(见图 2.34(d))。堆放沙土、粮食等松散物料时,能堆起的最大坡角(称为"休止角")也取决于自锁条件,据此可计算出一定面积上物料的堆放量。铁路路基侧面应小于摩擦角,以防滑坡。

以上是利用自锁现象的例子,也有些情况需要避免自锁现象,例如,如图 2.34(e)所示的凸轮机构,从动杆 A 要求在任何位置都不会"卡死",即从力学上要求不出现自锁现象。

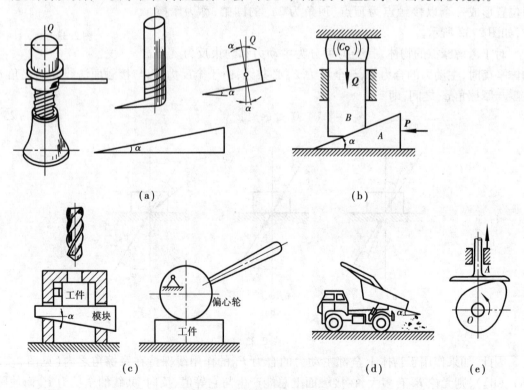

(a)　　　　　　　　　　　　　　　(b)

(c)　　　　　　　　　　　　(d)　　　　(e)

图 2.34　自锁现象的应用实例

2.5.5　滚动摩阻简介

当圆轮在直线轨道上有向前滚动的趋势时,也会遇到阻碍,这就是滚动摩阻。实际上,在圆轮与轨道的接触处存在不可避免的变形(见图 2.35(a)),接触处的约束力是一个分布力系。它的合力的作用点并不在接触点,而是略向前偏移(见图 2.35(b))。

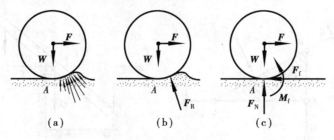

图 2.35　滚动摩阻

将约束力向接触点简化(见图 2.35(c)),得到约束力的 3 个分量,即法向反力 F_N,滑动摩擦力 F_f 及滚动摩阻力偶 M_f。实践证明,与滑动摩擦力一样,滚动摩阻力偶 M_f 也有最大值 $M_{f\max}$,且 $M_{f\max}$ 与法向反力 F_N 成正比,亦即

$$0 \leqslant M_f \leqslant M_{f\max} \qquad M_{f\max} = \delta F_N \tag{2.27}$$

式中,δ 称为滚动摩阻系数。与滑动摩擦因数不同,δ 有长度的量纲。不同硬度材料的滚动摩阻系数可由实验测定,如列车车轮对钢轨的滚动摩阻系数为 $\delta = 0.5$ mm。

由图 2.35(c)可知,欲使车轮滚动前进必须 $Fr > M_{f\max}$,或 $F > (\dfrac{\delta}{r})F_N$($r$ 为圆轮半径);欲使车轮滑动前进必须 $F > F_{f\max}$,或 $F > f_s F_N$。在实际问题中,由于 $\dfrac{\delta}{r} \ll f_s$,显然滚动前进比滑动前进容易得多。因此,在机械工程中,直线运动多采用轮子,而转动机械多采用滚动轴承。

习 题 2

2.1　写出各种平面力系与空间力系的独立平衡方程。

2.2　设有一力 F,并选取 x 轴,问力 F 与 x 轴在何情况下满足 $F_x = 0, M_x(F) = 0$? 在何情况下满足 $F_x = 0, M_x(F) \neq 0$? 又在何情况下满足 $F_x \neq 0, M_x(F) = 0$?

2.3　阳台一端砌入墙内,如图 2.36 所示,其质量可看做是均布载荷,集度为 q;另一端作用有来自柱子的力 F,柱到墙边的距离为 l。试求阳台固定端的约束反力。

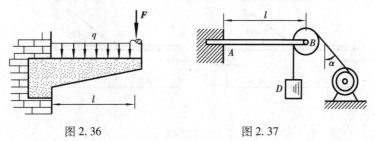

图 2.36　　　　　　　　　图 2.37

2.4 如图 2.37 所示梁 AB 一端砌入墙内,在自由端装有定滑轮,用以匀速吊起重物 D。设重物重为 G,梁 AB 长为 l,斜绳与铅垂成 α 角。试求固定端 A 的约束反力。

2.5 在水平放置的直角三角板 ABC 上,作用有力偶矩为 $M = 2\ \text{N} \cdot \text{m}$ 的力偶以及垂直于 BC 边的力 $F = 40\ \text{N}$,如图 2.38 所示。已知 $AB = 10\ \text{cm}$,$AC = 20\ \text{cm}$,$BD = DC$。试求杆 AA_1,BB_1,CC_1 的约束反力。

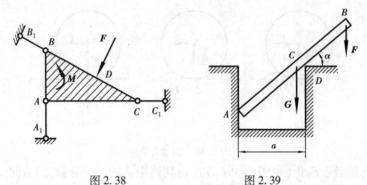

图 2.38　　　　　　图 2.39

2.6 均质杆 AB 重为 G,长为 l,放在宽度为 a 的光滑槽内,杆的 B 端作用有铅垂向下的力 F,如图 2.39 所示。试求杆平衡时对水平面的倾角 α。

2.7 均质折杆 ABC 挂在绳索 AD 上而平衡,如图 2.40 所示。已知 AB 段长度为 l,质量为 G;BC 段长度为 $2l$,质量为 $2G$,$\angle ABC = 90°$,求 α 角。

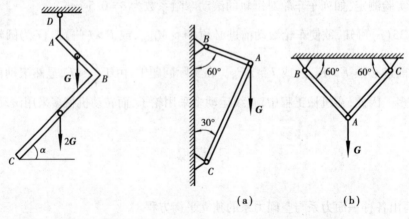

（a）　　　　　　　　　（b）

图 2.40　　　　　　　　　　图 2.41

2.8 支架由杆 AB,AC 构成,A,B,C 3 处都是铰链约束,在 A 点作用有铅垂力 G。不计杆的自重,试求如图 2.41 所示两种情况下杆 AB,AC 所受的力。

2.9 如图 2.42 所示简支梁受载荷 F 作用,已知 $F = 20\ \text{kN}$,求图 2.42(a)、(b)两种情况

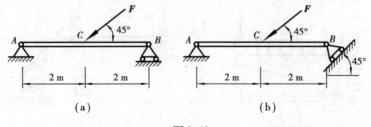

（a）　　　　　　　　　（b）

图 2.42

下支座 A,B 的约束反力。

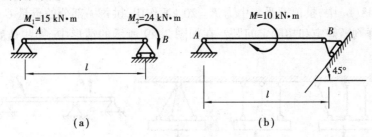

(a)　　　　　　　　(b)

图 2.43

2.10　梁所受的载荷如图 2.43 所示,已知 $l=4$ m,求支座 A, B 的约束反力。

2.11　如图 2.44 所示刚架受力偶矩为 M 的力偶作用,试求支座 A 和 B 的约束反力。

2.12　如图 2.45 所示刚架,折杆 AB,BC 的自重不计,折杆 AB 上作用有主动力偶 M。试求支座 A,C 的约束反力。

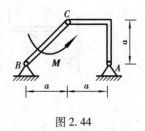

图 2.44

2.13　如图 2.46 所示均质梁 AB 质量为 981 N,A 端为固定铰支座,B,C 两点用一跨过定滑轮 D 的绳子吊着,梁上的均布载荷 $q=2.5\times10^3$ N/m。求绳子的拉力和铰支座 A 的约束反力。

2.14　外伸梁如图 2.47 所示。已知 $F=2$ kN,$M=2.5$ kN·m,$q=1$ kN/m,不计梁的自重。试求梁的支座反力。

2.15　三铰拱如图 2.48 所示,跨度 $l=8$ m,高度 $h=4$ m。试求支座 A,B 的反力。

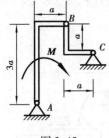

图 2.45

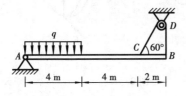

图 2.46　　　　　　　　　　图 2.47

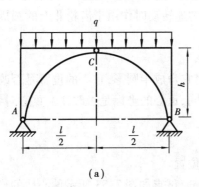

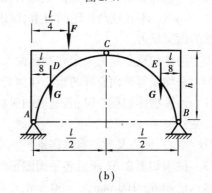

(a)　　　　　　　　　　(b)

图 2.48

1)在图 2.48(a)中,拱顶部受均布载荷 $q = 20$ kN/m 作用,拱的自重忽略不计;

2)在图 2.48(b)中,拱顶部受集中力 $F = 20$ kN 作用,拱每一部分的重量 $G = 40$ kN。

2.16 怎样判断静定和超静定问题? 在如图 2.49 所示的情形中,哪些是静定问题,哪些是超静定问题?

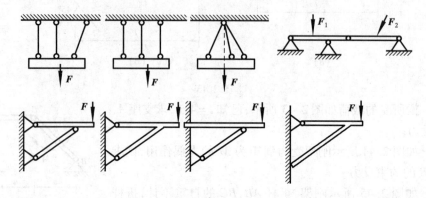

图 2.49

2.17 如图 2.50 所示,水平轴上装有两个凸轮,凸轮上分别作用已知力 $F_P = 0.8$ kN 和未知力 F。求轴平衡时力 F 的大小和轴承反力。

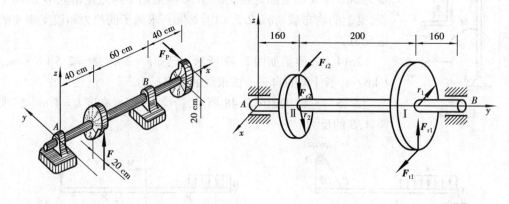

图 2.50　　　　　　　　　　图 2.51

2.18 如图 2.51 所示变速箱中间轴装有两直齿圆柱齿轮,其分度圆半径 $r_1 = 100$ mm,$r_2 = 72$ mm,啮合点分别在两齿轮的最低和最高位置,齿轮压力角 $\alpha = 20°$,在齿轮 I 上的圆周力 $F_{t1} = 1.58$ kN。不计轴与齿轮的自重,试求当轴匀速转动时作用于齿轮 II 上的圆周力 F_{t2} 及 A,B 轴承的约束反力。

2.19 物体的重心是否一定在物体内? 为什么?

2.20 一均质等截面直杆的重心在何处? 若将它弯成半圆形,重心的位置是否改变?

2.21 计算物体的重心时,若选取的坐标系不同,重心的坐标是否改变? 重心对物体的位置是否改变?

2.22 重心、形心及质心有何区别?

2.23 试求如图 2.52 所示各平面图形的形心位置。

2.24 已知 $R = 100$ mm,$r_1 = 30$ mm,$r_2 = 17$ mm。试求如图 2.53 所示偏心块的形心位置。

2.25 试求如图 2.54 所示截面形心 C 的位置。

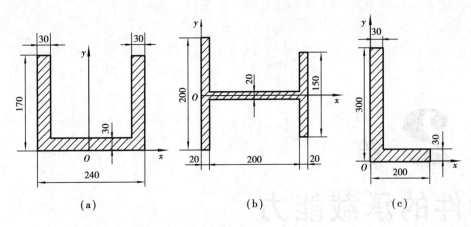

图 2.52

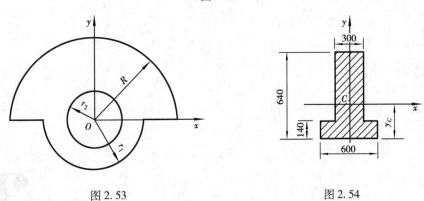

图 2.53   图 2.54

2.26 静摩擦定律中的正压力是指什么？它是不是接触物体的重量？应怎样求出？

2.27 已知一物块重 $W=100$ N，用 $F=500$ N 的压力压在一铅直表面上，如图 2.55 所示。其摩擦因数 $f_s=0.3$，问此时物块所受的摩擦力等于多少？

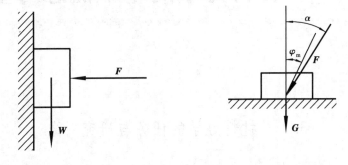

图 2.55   图 2.56

2.28 什么是全反力？全反力与接触面法线间的夹角是否就是摩擦角？

2.29 如图 2.56 所示，重为 G 的物块受力 F 作用，力 F 的作用线在摩擦角之外。已知 $\alpha=25°,\varphi_m=20°$，当 $F=G$ 时，物块是否滑动？为什么？

第**2**篇
构件的承载能力

第**3**章
材料力学的基本概念与基本原理

3.1 材料力学的任务与研究对象

在工程实际中,各种机械与结构得到广泛应用。组成机械与结构的零件及其组合体,统称为构件。当机械与结构工作时,构件受到外力作用,同时其尺寸与形状也发生改变。构件尺寸与形状的变化称为变形。

构件的变形分为两类:一类为外力解除后可消失的变形,称为弹性变形;另一类为外力解除后不能消失的变形,称为塑性变形或残余变形。

3.1.1　强度、刚度与稳定性

材料力学以变形固体而不是以刚体为研究对象,并通过力与变形的几何关系、物理关系和静力平衡关系,建立起使物体安全、可靠工作的条件,从而解决构件的承载能力问题。

所谓承载能力,一般包括以下3个方面的问题:

1)强度问题　强度是指构件在载荷作用下抵抗破坏(断裂或产生永久变形)的能力,即保证构件安全、可靠工作的能力。例如,冲床的曲轴在工作冲压力作用下不应折断,储气罐或氧气瓶在规定的压力下不应爆破。强度问题是所有承载构件都必须满足的基本要求,因此,也是本篇的重点。

2)刚度问题　刚度是指构件抵抗弹性变形的能力。例如机床的主轴,即使它有足够的强度,若变形过大,仍会影响工件的加工精度。因此,构件必须具有足够的刚度,即不允许发生刚度失效。刚度问题对不同类型的构件,要求是不同的,应用时必须查阅有关标准和规范。

3)压杆稳定问题　有些细长直杆,如内燃机中的挺杆(见图3.1(a))、千斤顶中的螺杆(见图3.1(b))等,在压力作用下便有被压弯的可能。为了保证其正常工作,要求这类杆件始终保持直线形式,即要求原有的直线平衡形态保持不变。因此,压杆稳定性是指受压构件在外力作用下保持其原有平衡形态的能力。

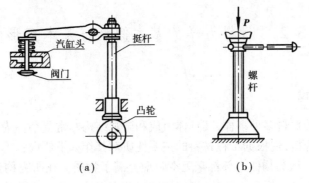

图3.1

一般来说,加大构件截面的尺寸,选用优质材料,都能提高构件的承载能力。但是,随之而来的是构件的重量和成本的增加。反之,一味地追求经济和省料,无根据地减小截面尺寸,或采用不合理的截面形状、选用材料不当等,都将无法保证构件安全可靠地工作。合理地解决安全性与经济性的矛盾,是工程实际向本课程提出的重要课题。因此,本篇的主要任务可概括为:研究杆件在载荷作用下的变形规律和材料的力学性质,找出影响材料失效的主要因素,从而建立满足构件强度、刚度和稳定性要求的条件,为解决安全性和经济性这对矛盾,提供必要的理论基础、计算方法和实验手段。

3.1.2　材料力学的研究对象

在工程实际中,构件的形式多种多样,其主要可分为杆件与板件。

1)一个方向的尺寸远大于其他两个方向尺寸的构件,称为杆件(见图3.2)。

杆件的形状与尺寸由其轴线与横截面确定。轴线通过横截面的形心,横截面与轴线相互正交。根据轴线与横截面的特征,杆件可分为等截面杆与变截面杆,直杆与曲杆等。

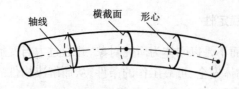

图 3.2

2）一个方向的尺寸远小于其他两个方向尺寸的构件,称为板件(见图 3.3)。平分板件厚度的几何面,称为中面。中面为平面的板件称为板(见图 3.3(a));中面为曲面的板件称为壳(见图 3.3(b))。

其中,板、壳问题超出了本篇的研究范畴。本篇主要研究直杆的承载能力问题。

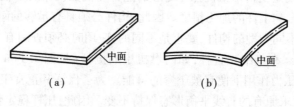

（a）　　　　　　　　　　（b）

图 3.3

3.2　材料力学的基本假设与基本变形

3.2.1　基本假设

制造构件所用的材料多种多样,其具体组成和微观结构非常复杂。为了便于进行强度、刚度和稳定性的理论分析,现根据工程材料的主要性质对其作如下假设:

1）连续性假设　认为物体内部都毫无空隙地充满了物质。在研究构件的承载问题时,即可认为构件内部的力与变形是连续的,可用连续函数来表达它们的变化规律。

2）均匀性假设　认为物体内各点处的力学性质都是一样的,不随点的位置而改变。这样便可把对任何微小部分的研究结论应用于整个构件。

3）各向同性假设　认为材料在各个方向上都具有相同的力学性质。这样的材料称为各向同性材料。在工程中,常用的金属材料、玻璃、塑料等都可看成是各向同性材料。

在工程中,实际使用的材料与前面所讲的"理想"材料并不完全符合。但是,工程力学并不关心其微观上的差异,而只着眼于材料的宏观性能。实验表明,按这种理想化的材料模型所得的结论,能够较好地符合实际情况。即使对于某些均匀性较差的材料(如铸铁、混凝土等),也可得到比较满意的结果。

此外,本篇还将所研究的变形限制在"弹性小变形"的范围内。当构件在弹性范围内的变形远小于自身尺寸时,研究构件的平衡和运动时,就可忽略变形的影响,而以其原有尺寸进行分析和计算。这样的问题称为弹性小变形问题。

3.2.2　杆件的基本变形形式

当外力以不同的方式作用在构件上时,杆件将产生不同的变形。不过基本的变形形式只

有以下 4 种:

（1）**轴向拉伸或压缩变形**

如果作用在杆件上的外力为其作用线沿杆的轴线方向的拉力或压力时,杆件将产生轴向伸长或缩短的变形,如图 3.4(a)、(b)所示。图中实线为变形前的位置;虚线为变形后的位置。

（2）**剪切变形**

构件在两个大小相等、方向相反、作用线相距很近的外力作用下,使作用力之间的截面沿力的方向发生相对错动的变形,称为剪切变形,如图 3.5 所示。

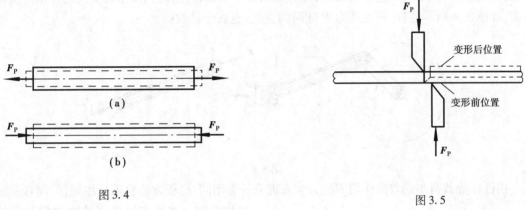

图 3.4

图 3.5

（3）**扭转变形**

杆件在与轴线垂直的平面内的外力偶的作用下,使杆件各横截面之间产生绕轴线相对转动的变形,称为扭转变形,如图 3.6 所示。

（4）**弯曲变形**

当外力偶(见图 3.7(a))或外力作用于杆件的纵向平面内(见图 3.7(b))时,杆件的轴线由直线变成曲线的变形,称为弯曲变形。

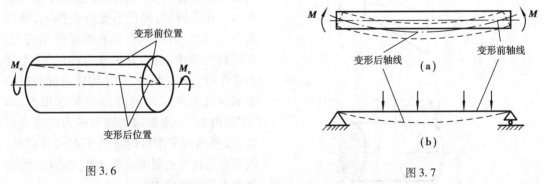

图 3.6

图 3.7

在工程实际中,杆件的变形虽然都比较复杂,但都可看成是由以上两种或两种以上基本变形共同形成的。

由几种基本变形共同形成的变形,称为组合变形。例如,用螺丝刀拧紧螺丝时,螺丝刀杆的变形就是压缩与扭转的组合变形。

3.3 外力与内力

3.3.1 外力

对于研究对象来说,其他构件和物体作用于其上的力均为外力,包括载荷与约束力。

按照随时间变化的情况,载荷可分为静载荷与动载荷。随时间变化极缓慢或不变化的载荷,称为静载荷,其特征是在加载过程中,构件的加速度很小可忽略不计。随时间显著变化或使构件各质点产生明显加速度的载荷,称为动载荷。例如,锻造时汽锤锤杆受到的冲击力为动载荷,如图 3.8 所示连杆,所受压力 F 随时间变化,也属于动载荷。

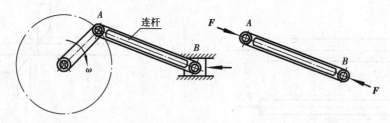

图 3.8

构件在静载荷与动载荷作用下的力学表现或行为不同,分析方法也不尽相同,但前者是后者的基础。本篇主要研究外力为静载荷的情况。

3.3.2 内力与截面法

(1)内力的概念

物体因受外力而变形,其内部各部分之间因相对位置改变而引起的相互作用就是内力。众所周知,即使不受外力作用,物体的各质点之间,依然存在着相互作用的力。在材料力学中,内力是指外力作用下,上述相互作用力的变化量,它是物体内部各部分之间因外力而引起的附加相互作用力,即"附加内力"。附加内力随着外力的增大而增大,到达一定限度时就会引起构件破坏,因而它与构件的强度是密切相关的(后将附加内力简称为内力)。

(2)杆件基本变形时的内力

在各类截面的内力中,杆件变形时以横截面上的内力最为重要。为了显示出构件

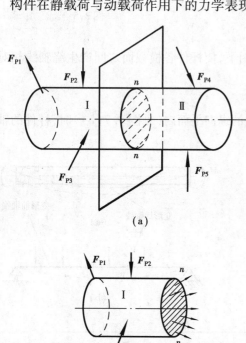

图 3.9

在外力作用下 n-n 横截面上内力的,用一平面假想地把杆件分成 I,II 两部分(见图 3.9(a))。任取其中一部分,例如,以 I 作为研究对象,在部分 I 上作用的外力有 F_{P1},F_{P2},F_{P3},欲使 I 保持平衡,则 II 必然有力作用在 I 的 n-n 横截面上,这就是该截面上的内力。

按照连续性假设,内力必将是分布于横截面上的一个分布力系(见图 3.9(b))。将连续分布的内力向横截面形心简化,可得到一个主矢和一个主矩。

(3)求内力的基本方法——截面法

上述用截面假想地把构件分成两部分,以显示并确定内力的方法称为截面法。可将其归纳为以下 3 个步骤:

①切:欲求某一截面上的内力时,就沿该截面假想地把构件分成两部分,任意地保留一部分作为研究对象,并舍弃另一部分。

②代:用内力代替舍弃部分对保留部分的作用,即将相应的内力标在保留段的截面上。

③平:对保留段列静力平衡方程,便可求得相应的内力。

3.4　应力、应变与虎克定律

如上所述,内力是构件内部相连两部分的相互作用力,并沿截面连续分布。为了描写内力的分布情况,现引入内力分布集度,即应力的概念。

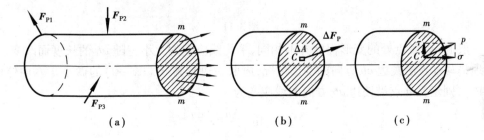

图 3.10

3.4.1　应力的概念、正应力与切应力

在如图 3.10(b)所示截面 m-m 上任一点 C 附近取一微小面积 ΔA,设 ΔA 上的内力的合力为 ΔF_P,则 ΔF_P 与 ΔA 的比值,称为 ΔA 内的平均应力,并用 $\bar{p}$ 表示,即

$$\bar{p} = \frac{\Delta F_P}{\Delta A} \tag{3.1}$$

一般情况下,内力沿截面并非均匀分布,平均应力 $\bar{p}$ 的值及其方向将随所取面积 ΔA 的大小而异。为了更精确地描写内力的分布情况,应使 ΔA 趋于零,由此所得平均应力 $\bar{p}$ 的极限值,称为截面 m-m 上 C 点的应力或总应力,并用 p 表示,即

$$p = \lim_{\Delta A \to 0} \frac{\Delta F_P}{\Delta A} \tag{3.2}$$

显然,应力 p 的方向即 ΔF_P 的极限方向。一般可将应力 p 分解成与截面相垂直的法向分量 σ 和与截面相切的切向分量 τ(见图 3.10(c)),并分别称 σ 为正应力,τ 为切应力,则

$$p^2 = \sigma^2 + \tau^2$$

在国际单位制中,应力的单位是牛顿/米^2,即帕斯卡,简称帕(Pa)。在工程中,常用单位为千帕(kPa)、兆帕(MPa)、吉帕(GPa),其关系为

$$1\ \mathrm{GPa} = 10^3\ \mathrm{MPa} = 10^6\ \mathrm{kPa} = 10^9\ \mathrm{Pa}$$

3.4.2 线应变与切应变的概念

为了研究构件内部各点的变形情况,假想将构件分成无数个微小正六面体(见图 3.11(a))。在外力作用下,六面体的棱边 ab 由原长 Δx 变为 $\Delta x + \Delta u$(见图 3.11(b)),Δu 为棱边 ab 的变形量,则 Δu 与 Δx 的比值,称为棱边 ab 的平均线应变,并用 $\bar{\varepsilon}$ 表示,即

$$\bar{\varepsilon} = \frac{\Delta u}{\Delta x} \tag{3.3}$$

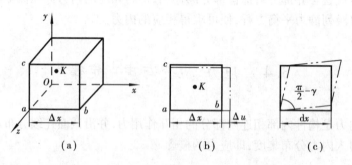

图 3.11

一般地,ab 各点处的变形程度并不相同,平均线应变的大小将随 ab 的长度而改变。为了精确地描写 a 点沿棱边 ab 方向的变形情况,应取一边长为 dx($dx \to 0$)的微小正六面体(称为单元体),则定义 a 点沿棱边 ab 方向的线应变为

$$\varepsilon = \lim_{\Delta x \to 0} \frac{\Delta u}{\Delta x} = \frac{du}{dx} \tag{3.4}$$

线应变是量纲一的量,单位为1。采用类似方法,可确定 a 点沿其他任意方向的线应变。

在变形过程中,单元体除棱边长度变化外,相互垂直的棱所夹的直角也发生变化,如图 3.11(c)所示,将直角的改变量称为切应变,并用 γ 表示。切应变是量纲一的量,单位为弧度(rad)。

综上所述,单元体的变形包括尺寸变形和形状变形两部分,变形程度分别用线应变和切应变来度量。

3.4.3 应力与应变之间的关系

材料的力学性能实验表明,当应力不超过比例极限时,应力与应变之间存在着正比例关系,即

$$\sigma = E \cdot \varepsilon \tag{3.5}$$

式(3.5)为单向拉伸(压缩)虎克定律,其中,E 为弹性模量。

$$\tau = G \cdot \gamma \tag{3.6}$$

式(3.6)为剪切虎克定律,其中,G 为切变模量。弹性模量 E 与切变模量 G 都表明材料抵

抗弹性变形的能力,代表材料的刚度,其单位与应力相同,数值大小由实验确定。几种常用材料的 E 值如表 3.1 所示。

表 3.1　材料的弹性模量

弹性常数	钢与合金钢	铝合金	钢	铸铁	木(顺纹)
E/GPa	200 ~ 220	70 ~ 72	100 ~ 120	80 ~ 160	8 ~ 12

试验表明,对于工程中的绝大多数材料,在一定应力范围内,均符合或近似符合虎克定律与剪切虎克定律,因此,虎克定律与剪切虎克定律是一个普遍适用的重要定律。

习 题 3

3.1　何谓构件? 何谓变形? 弹性变形与塑性变形有何区别?

3.2　何谓构件的强度、刚度与稳定性?

3.3　杆件的轴线与横截面之间有何关系?

3.4　材料力学的基本假设是什么?

3.5　均匀性假设与各向同性假设的区别在哪里?

3.6　构件的基本变形有几种形式?

3.7　何谓组合变形?

3.8　集中力与分布力有何区别? 动载荷与静载荷有何区别?

3.9　何谓内力? 何谓截面法?

3.10　何谓应力? 何谓正应力与切应力? 应力的单位是什么?

3.11　内力与应力有何区别与联系?

3.12　何谓正应变? 何谓切应变? 它们的单位是什么?

3.13　如何度量构件内某一点的变形程度?

第**4**章
轴向载荷作用下杆件的材料力学问题

在工程中,桅杆、旗杆、活塞杆、悬索桥、斜拉桥及网架式结构中的杆件或缆索,以及桥梁结构桁架中的杆件大都承受沿着杆件轴线方向的载荷,这种载荷称为轴向载荷。

承受轴向载荷的杆件将产生轴向拉伸或压缩变形,这类杆件称为拉压杆。

本章研究拉压杆的内力、应力、变形以及材料在拉伸与压缩时的力学性能,并在此基础上,分析拉压杆的强度与刚度问题。此外,本章还将研究连接件的强度计算。

4.1 轴向拉伸或压缩时的轴力与轴力图

4.1.1 轴力

在轴向载荷 F 作用下(见图 4.1(a)、图 4.2(a)),杆件横截面上的唯一内力分量为轴力 F_N,轴力或为拉力(见图 4.1(b)),或为压力(见图 4.2(b))。为区别起见,通常规定拉力为正,压力为负。求轴力的方法用截面法。

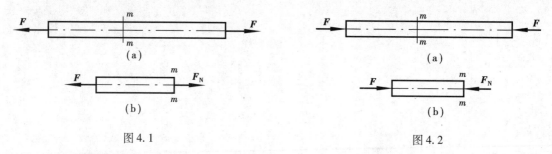

图 4.1   图 4.2

4.1.2 轴力图

当杆受到多于两个的轴向外力时,在杆不同位置的横截面上的轴力往往不同。为了形象而清晰地表示轴力沿轴线变化的情况,常取横坐标 x 表示杆截面的位置,纵坐标表示相应截面上轴力的大小,正的轴力画在 x 轴上方,负的轴力画在 x 轴下方。这样绘出的轴力沿杆轴线变化的函数图像,称为轴力图。

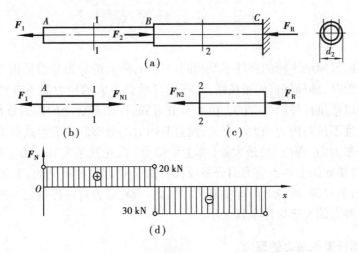

图 4.3

例 4.1　已知阶梯形直杆受力如图 4.3(a)所示,$F_1 = 20$ kN,$F_2 = 50$ kN。不计杆的自重,试画其轴力图。

解　1)求约束反力。取阶梯杆为研究对象,受力如图 4.3(a)所示,列平衡方程,并求解得

$$\sum F_x = 0 \qquad -20 + 50 - F_R = 0$$

$$F_R = 30 \text{ kN}$$

2)分段求轴力。以外力作用点为分界点,将杆分为 AB 和 BC 两段杆。应用截面法,在 AB,BC 两段中容易取横截面处,分别将杆件截开,并且假设截开的横截面上的轴力均为正方向,即为拉力,如图 4.3(b)、(c)所示。

AB 段:取任意横截面 1—1 之左段为研究对象,由平衡方程 $\sum F_x = 0$,得

$$-F_1 + F_{N1} = 0$$

$$F_{N1} = F_1 = 20 \text{ kN}$$

BC 段:任取一横截面 2—2 之右段为研究对象,由平衡方程得

$$-F_{N2} - F_R = 0$$

$$F_{N2} = -F_R = -30 \text{ kN}$$

由于在列平衡方程时,已经假设 F_{N1} 与 F_{N2} 为正,故计算结果本身就已表明了轴力是拉力还是压力。结果中 F_{N1} 为正,说明它为拉力;F_{N2} 为负号,说明 F_{N2} 的实际方向与假设方向相反,即为压力。这种方法称为设正法。在后面求圆轴扭转和梁的弯曲的内力时,仍沿用此方法。

3)画轴力图。首先取 $F_N Ox$ 坐标系。坐标原点与杆左端对应,x 轴平行于杆轴线,F_N 轴垂直于杆轴线,然后根据上面计算出的数据按比例作图。由于 AB 和 BC 两段各截面上的轴力均为常量,故轴力图为两条平行于 x 轴的直线。AB 段轴力为正,画在 x 轴上方;BC 段轴力为负,画在 x 轴下方(见图 4.3(d))。

由上述求轴力、画轴力图的过程可知:轴力与杆横截面的形状与面积大小无关,仅与外力的大小、方向及其作用点的位置有关。

4.2　拉压杆的应力

两根材料相同且粗细不同的杆件承受相同的拉力,两者的轴力显然是相等的。可是,当拉力增大到一定数值时,细杆将首先被拉断,粗杆仍可承受更大的拉力而不被破坏。这表明,仅仅用内力是不足以衡量杆件的强度的。由4.1节可知,杆横截面上的内力是截面上分布内力的合力。杆的强度不仅与内力的大小有关,而且与内力的分布和变形形式有关。事实上,杆受力后将在承受分布内力(即应力)最大处(称为危险点)首先发生失效。为了准确地判断其强度,需要研究杆件横截面上各点应力的分布规律。由于应力是看不见的、不能直接测量的,但变形是可见的、可测量的,而应力与应变有关。因此,研究应力在杆件截面上的分布规律,往往要借助于截面上各点的变形规律及其大小。

4.2.1　拉压杆横截面上的应力

为了确定拉压杆横截面上的应力分布,取一等截面直杆如图4.4(a)所示。试验前,在杆表面画两条垂直于杆的轴线的横线 1—1 与 2—2,然后,在杆的两端加一对大小相等、方向相反的轴向载荷 F。从试验可知,杆受力变形后,横向线 1—1 与 2—2 仍为直线,并且仍垂直于杆件的轴线,只是间距增大,分别平移至图示 1′—1′ 与 2′—2′ 的位置。

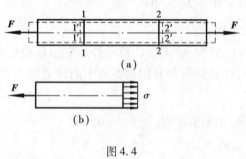

图4.4

根据此现象,可做如下假设:变形前为平面的横截面,变形后仍为平面,只不过沿杆轴线方向发生了相对平移,称为平面假设。根据这一假设,任意两截面间的各纵向线段都将产生相同的轴向伸长(或缩短)变形。由材料的均匀性假设可知,当变形相同时,受力也必然相同。故横截面上的内力沿杆轴向均匀分布(见图4.4(b))。由此可知,横截面上各点处仅存在大小相等、方向都垂直于横截面的正应力。

设杆件横截面的面积为 A,轴力为 F_N,则根据上述假设可知,横截面上各点的正应力为

$$\sigma = \frac{F_N}{A} \tag{4.1}$$

显然,正应力 σ 与轴力 F_N 具有相同的正负号,即拉应力为正,压应力为负。试验证明,只要外力合力的作用线沿杆件轴线,在离外力作用面稍远处(离外力作用面 1,2 杆的横向尺寸),横截面上的应力分布可视为均匀的,式(4.1)同样适用于横截面为任意形状的等截面直杆。

例4.2　空气压缩机的活塞杆,其受力如图4.5(a)所示。设 $F_{P1} = 25$ kN,$F_{P2} = 35$ kN,$F_P = 60$ kN,活塞杆 AB 的直径为 40 mm,CD 的直径为 80 mm。试计算 1—1 与 2—2 横截面上的应力。

解　横截面 1—1 与 2—2 上的轴力分别为

$$F_{N1} = -F_P = -60 \text{ kN}$$

$$F_{N2} = -F_{P1} = -25\ \text{kN}$$

轴力图如图 4.5(b)所示。

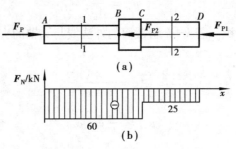

图 4.5

由式(4.1)得 1—1 与 2—2 横截面上的应力分别为

$$\sigma_1 = \frac{F_{N1}}{A_1} = \frac{-60 \times 10^3}{\dfrac{\pi}{4} \times (40 \times 10^{-3})^2} = -47.5 \times 10^6\ \text{Pa} = -47.75\ \text{MPa} \quad (\text{压应力})$$

$$\sigma_2 = \frac{F_{N2}}{A_2} = \frac{-25 \times 10^3}{\dfrac{\pi}{4} \times (80 \times 10^{-3})^2} = -4.97 \times 10^6\ \text{Pa} = -4.97\ \text{MPa} \quad (\text{压应力})$$

计算结果表明,AB 段上各横截面的正应力(绝对值)最大,正应力最大的截面称为危险截面。因此,活塞杆的危险截面位于 AB 段。

例 4.3　如图 4.3 所示,已知 AB 段的横截面面积为 $A_1 = 1\ 000\ \text{mm}^2$,$BC$ 段的横截面面积为 $A_2 = 2\ 500\ \text{mm}^2$。计算例题 4.1 中各段横截面上的正应力。

解　引用例题 4.1 的计算结果:

AB 段:$F_{N1} = 20\ \text{kN}$

BC 段:$F_{N2} = -30\ \text{kN}$

于是,应用式(4.1),求得各段横截面上的正应力为

$$AB\ \text{段}:\sigma_1 = \frac{F_{N1}}{A_1} = \frac{20 \times 10^3}{1\ 000 \times 10^{-6}} = 20 \times 10^6\ \text{Pa} = 20\ \text{MPa} \quad (\text{拉应力})$$

$$BC\ \text{段}:\sigma_2 = \frac{F_{N2}}{A_2} = \frac{-30 \times 10^3}{2\ 500 \times 10^{-6}} = -12 \times 10^6\ \text{Pa} = -12\ \text{MPa} \quad (\text{压应力})$$

计算结果表明,该杆的危险截面位于 AB 段。

4.2.2　拉压杆斜截面上的应力、切应力互等定律

沿任意斜截面 k—k 将拉压杆假设切为两段(见图 4.6(a))。由截面法求得 k—k 斜截面上的轴力为(见图 4.6(b))

$$F_N = F_P$$

仿照横截面的正应力分布规律的推理过

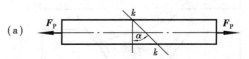
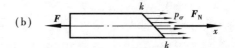
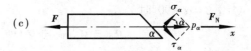

图 4.6

程可知,整个斜截面 k—k 上的应力 p_α 也是均匀分布的。并且

$$p_\alpha = \frac{F_N}{A_\alpha} \tag{4.2}$$

式中,A_α 为 k—k 斜截面面积。若 k—k 斜截面的外法线与 x 轴的夹角为 α 角(见图4.6(c)),设横截面面积为 A,则

$$A_\alpha = \frac{A}{\cos \alpha}$$

故

$$p_\alpha = \frac{F_N}{A} \cos \alpha$$

式中,$\dfrac{F_N}{A}$ 为横截面($\alpha = 0°$)上的正应力 σ。于是,上式可改写为

$$p_\alpha = \sigma \cos \alpha \tag{4.3}$$

把应力 p_α 分解成垂直于斜截面的正应力 σ_α 和切于斜截面的切应力 τ_α(见图4.6(c)),则

$$\left. \begin{aligned} \sigma_\alpha &= p_\alpha \cos \alpha = \sigma \cos^2\alpha \\ \tau_\alpha &= p_\alpha \sin \alpha = \sigma \cos \alpha \sin \alpha = \frac{1}{2}\sigma \sin 2\alpha \end{aligned} \right\} \tag{4.4}$$

切应力 τ_α 的符号规定如下:若切应力的方向与截面外法线 n 按顺时针方向转 $90°$ 后的方向一致时为正,相反时为负(见图4.7)。

由式(4.4)可知:

① 轴向拉伸(或压缩)时,斜截面上既有正应力 σ_α,又有切应力 τ_α。它们的大小均为夹角 α 的函数,且随斜截面方位的不同而变化。

② 当 $\sigma = 0°$(即横截面)时,$\sigma_{0°} = \sigma_{max} = \sigma$,$\tau_{0°} = 0$。

③ 当 $\alpha = 45°$ 时,$\sigma_{45°} = \dfrac{1}{2}\sigma$,$\tau_{45°} = \tau_{max} = \dfrac{1}{2}\sigma$。

因此,最大正应力作用在横截面上,且横截面上的切应力等于零;最大切应力作用在与横截面成 $45°$ 角的斜截面上,且等于横截面上正应力的 $1/2$。

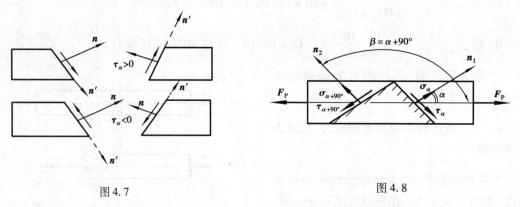

图4.7　　　　　　　　　　　　　　　　　　图4.8

④ 令 $\beta = \alpha + 90°$ 时

$$\sigma_\beta = \sigma_{\alpha+90°} = \sigma \cos^2(\alpha + 90°) = \sigma \sin^2\alpha$$

$$\tau_{\alpha+90°} = \frac{1}{2}\sigma \sin(180° + 2\alpha) = -\frac{1}{2}\sigma \sin 2\alpha = -\tau_\alpha$$

这说明,杆内任一点在互相垂直截面上的切应力大小相等、符号相反。这个结论称为切应力互等定律,其表达式为

$$\tau_{\alpha} = -\tau_{90°+\alpha} \tag{4.5}$$

符号相反,说明 τ_{α} 与 $\tau_{90°+\alpha}$ 的矢量箭头同时指向或同时背离两切应力所在截面的交线,如图4.8所示。

4.3　拉压杆的强度问题

前面分析了拉压杆横截面上的应力,但非最终目标。应力分析只是工程师借助于完成下列任务的中间过程:

①分析已有的或设想中的机器或结构,确定它们在特定载荷条件下的性态。

②设计新的机器或新的结构,使之安全而经济地实现特定的功能。

例如,对于如图4.5(a)所示的活塞杆,在4.2节中已经计算出压杆 AB 和 CD 横截面上的正应力,但存在以下问题:

①在给定载荷和材料的情形下,怎样判断活塞杆能否安全可靠地工作?

②如果载荷是未知的,在给定杆件截面尺寸和材料的情形下,怎样确定活塞杆所能承受的最大载荷?

诸如此类的问题是强度设计所涉及的问题。

4.3.1　许用应力与安全因数

1)极限应力　材料丧失正常工作能力时的应力 σ_u,称为极限应力或危险应力,由材料的拉压实验确定。

2)许用应力与安全因数　为保证构件安全工作,需有足够的安全储备,因此,把极限应力除以大于1的系数 n 作为材料的许用应力,记为 $[\sigma]$,即

$$[\sigma] = \frac{\sigma_u}{n} \tag{4.6}$$

式中,n 称为安全因数。

确定许用应力的关键是确定安全因数。安全因数的确定与选择,不仅与材料有关,而且还必须考虑杆件的具体工作条件,如对载荷估计是否准确、杆件尺寸制造精确度高低、材料性质的不均匀程度、力学模型和计算方法的精确性及构件的重要性等。安全因数偏大,则许用应力偏低,虽然安全,但不经济;安全因数偏小,许用应力偏高,虽然用料少,经济性好,但偏于危险。因此,必须根据具体情况确定。各国的有关部门对各种工作条件下构件的安全因数都有具体规定,应用时必须查阅相关的国家规范。

4.3.2　强度条件

强度设计是指将杆件中的最大应力限制在允许的范围内,以保证杆件正常工作,不仅不发生强度失效,而且还要具有一定的安全裕度。对于拉压杆,即杆件中的最大正应力应满足

$$\sigma_{\max} = \left(\frac{F_N}{A}\right)_{\max} \leq [\sigma] \tag{4.7}$$

式(4.7)称为拉压杆的强度设计准则,又称为强度条件。

杆件的最大正应力所在的点称为危险点。

4.3.3　强度计算中的3类问题

应用强度设计准则,可以解决以下3类强度问题:

1)强度校核　即用危险点的工作应力与许用应力进行比较,若 $\sigma_{\max} \leq [\sigma]$,则强度足够;否则,强度不够。在工程实际中,当 $\frac{\sigma_{\max} - [\sigma]}{[\sigma]} \times 100\% \leq 5\%$ 时,仍然认为强度是足够的。

2)设计截面尺寸　当已知杆件所承受的载荷及材料的许用应力时,由式(4.7)可求出所需横截面面积的大小,即

$$A \geq \frac{F_N}{[\sigma]} \tag{4.8}$$

3)确定许可载荷　当已知杆件的横截面尺寸及材料的许用应力时,由式(4.7)可确定杆件能承受的最大轴力 $F_{N\max}$,即

$$F_{N\max} \leq A \cdot [\sigma] \tag{4.9}$$

然后,考虑轴力与外载荷的关系,可以求出杆件能够承受的最大外载荷 $[F_P]$,并称为许可载荷。

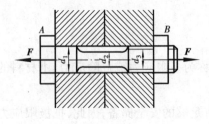

图4.9

例4.4　用螺栓联接两钢板,如图4.9所示。螺栓拧紧后,所受预紧力 $F_P = 5.5$ kN,$d_1 = 9$ mm,$d_2 = 7$ mm,$d_3 = 8.4$ mm,材料的许用应力 $[\sigma] = 160$ MPa,试校核螺栓的强度。

解　1)求内力。在预紧力 F_P 的作用下,各横截面的轴力均为 $F_N = F_P = 5.5$ kN。

由各已知直径可知,d_2 段各横截面为危险截面。

2)计算横截面上的正应力。由式(4.1)可得

$$\sigma_{\max} = \frac{F_{N\max}}{A} = \frac{F_P}{\frac{\pi}{4}d_2^2} = \frac{5.5 \times 10^3 \times 4}{\pi \times (7 \times 10^{-3})^2} \text{Pa} = 143 \times 10^6 \text{ Pa} = 143 \text{ MPa}$$

3)应用强度条件进行强度校核。已知 $[\sigma] = 160$ MPa,而螺栓横截面上的实际最大应力 $\sigma_{\max} = 143$ MPa $\leq [\sigma]$,故螺栓的强度是安全的。

例4.5　如图4.10(a)所示吊环,由圆截面斜杆 AB,AC 与横梁 BC 所组成。已知吊环的最大吊重 $F = 500$ kN,斜杆用锻钢制成,其许用应力 $[\sigma] = 120$ MPa,斜杆与拉杆轴线的夹角 $\alpha = 20°$,试确定斜杆的直径。

解　1)斜杆轴力分析

节点 A 的受力如图4.10(b)所示。设斜杆的轴力为 F_N,列平衡方程

$$\sum F_y = 0 \qquad F - 2F_N\cos\alpha = 0$$

$$F_N = \frac{F}{2\cos\alpha} = \frac{500 \times 10^3}{2\cos 20°} \text{ N} = 2.66 \times 10^5 \text{ N}$$

2）截面尺寸设计

根据强度条件，斜杆横截面所需面积为

$$A \geqslant \frac{F_N}{[\sigma]}$$

即

$$\frac{\pi d^2}{4} \geqslant \frac{F_N}{[\sigma]}$$

$$d \geqslant \sqrt{\frac{4F_N}{\pi[\sigma]}} = \sqrt{\frac{4 \times 2.66 \times 10^5}{3.14 \times 120 \times 10^6}} \text{ m} = 5.31 \times 10^{-2} \text{ m}$$

取斜杆的横截面直径为 $d = 53$ mm。

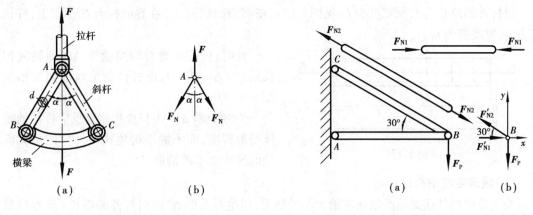

图 4.10　　　　　　　　　　　　　　　　　图 4.11

例 4.6　如图 4.11（a）所示为钢木结构，AB 杆为木杆，其横截面积 $A_1 = 1.0 \times 10^4 \text{ mm}^2$，许用应力 $[\sigma_1] = 7$ MPa，BC 杆为钢杆，其横截面面积为 $A_2 = 600 \text{ mm}^2$，许用应力为 $[\sigma_2] = 160$ MPa。试求在 B 处可吊起的许可载荷 $[F_P]$。

解　1）求轴力

以节点 B 为研究对象，画出其受力如图 4.11（b）所示。

$$\sum F_x = 0, F_{N1} - F_{N2}\cos 30° = 0$$

$$\sum F_y = 0, F_{N2}\sin 30° - F_P = 0$$

$$F_{N1} = \sqrt{3}F_P, \quad F_{N2} = 2F_P$$

2）确定许用载荷 $[F_P]$

对于木杆：

$$\sigma_1 = \frac{F_{N1}}{A_1} = \frac{\sqrt{3}F_P}{A_1} \leqslant [\sigma_1]$$

$$F_{P1} \leqslant \frac{\sigma_1 A_1}{\sqrt{3}} = \frac{7 \times 1.0 \times 10^4}{\sqrt{3}} \text{ N} = 40.4 \text{ kN}$$

对于钢杆：

$$\sigma_2 = \frac{F_{N2}}{A_2} = \frac{2F_P}{A_2} \leqslant [\sigma_2]$$

$$F_{P2} \leqslant \frac{[\sigma_2]A_2}{2} = \frac{160 \times 6 \times 10^2}{2} \text{ N} = 48 \text{ kN}$$

为了保证整个结构的安全,许可载荷$[F_P]$应取较小值,即

$$[F_P] = F_{P1} = 40.4 \text{ kN}$$

4.4 轴向拉压变形

当杆件承受轴向载荷时,其轴向与横向尺寸均发生变化。杆件沿轴线方向的变形称为轴向变形或纵向变形;垂直与轴线方向的变形称为横向变形。

4.4.1 绝对变形、相对变形与线应变

(1)轴向变形与横向变形

设杆件的原长为l,原宽度为b(见图4.12),横截面面积为A。在轴向拉力F作用下,杆长变为l_1,宽度变为b_1。

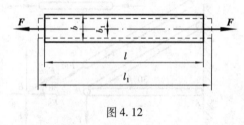

图 4.12

此时,杆件的绝对轴向变形Δl(即轴向伸长量)为$\Delta l = l_1 - l$,而杆件的绝对横向变形为$\Delta b = b_1 - b$。

绝对变形Δl,Δb只能粗略地反应杆件的整体变形程度,而不能准确地描写杆件的横截面处的变形大小的情形。

(2)线应变与泊松比μ

为了反应杆件在某点的轴向变形大小的情形,用绝对变形Δl除以杆件的原长l所得结果称为相对变形或轴向线应变,并用ε表示,即

$$\varepsilon = \frac{\Delta l}{l} \tag{4.10}$$

同样的,杆件在该点的横向线应变(或横向正应变)为

$$\varepsilon' = \frac{\Delta b}{b} \tag{4.11}$$

试验表明:轴向拉伸时,杆件沿轴向伸长,其横向尺寸减少;轴向压缩时,杆件沿轴向缩短,其横向尺寸增大。因此,横向线应变ε'与轴向线应变ε恒为异号。试验还表明:在比例极限内,横向线应变ε'与轴向线应变ε成正比。

设横向线应变ε'与轴向线应变ε之比的绝对值用μ表示,则

$$\mu = \left| \frac{\varepsilon'}{\varepsilon} \right| = -\frac{\varepsilon'}{\varepsilon}$$

或

$$\varepsilon' = -\mu\varepsilon \tag{4.12}$$

式中,比例系数μ称为泊松比。在比例极限内,μ是一个常数,其值随材料而异,由试验测定。对于绝大多数各向同性材料,$0 < \mu < 0.5$。

4.4.2 拉压杆的虎克定律

如图4.12所示杆件的横截面上的正应力为

$$\sigma = \frac{F_N}{A} = \frac{F}{A}$$

将上式与式(4.10)代入式(3.5),得

$$\Delta l = \frac{F_N l}{EA} \tag{4.13}$$

上述关系式即称为虎克定律。它表明,在比例极限内,杆件的轴向变形 Δl 与轴力 F_N 及杆长 l 成正比,与乘积 EA 成反比。乘积 EA 称为杆截面的拉压刚度。显然,在一定轴向载荷作用下,拉压刚度越大,杆的轴向变形越小。

由式(4.13)可知,轴向变形 Δl 与轴力 F_N 具有相同的正负符号,即伸长为正,缩短为负。需要指出的是,该式只适用于杆件各处均匀变形的情形。

例 4.7　如图 4.13(a)所示为一阶梯形钢杆,已知材料的弹性模量 $E = 200$ GPa,AC 段的横截面面积为 $A_{AB} = A_{BC} = 500$ mm^2,CD 段的横截面面积为 $A_{CD} = 200$ mm^2,杆各段的长度及受力见图示。试求杆件的总伸长量。

解　1)求各横截面上的内力,画轴力图

AB 段:　　　　　　　　　　$F_{N1} = F_1 - F_2 = 30 - 10 = 20$ kN

BC 段与 CD 段:　　　　　$F_{N2} = -F_2 = -10$ kN

轴力图如图 4.13(b)所示。

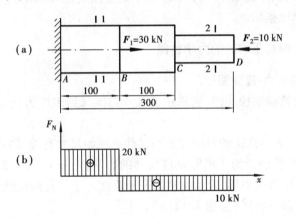

图 4.13

2)因为杆件各段的轴力不等,且横截面面积也不完全相同,因而分段计算各段的变形,然后相加求其总和。

应用式(4.13)计算各段的轴向变形分别为

AB 段:$\Delta l_1 = \dfrac{F_{N1} l_1}{EA_1} = \dfrac{20 \times 10^3 \times 100 \times 10^{-3}}{200 \times 10^9 \times 500 \times 10^{-6}}$ m $= 0.02 \times 10^{-3}$ m $= 0.02$ mm　（拉伸）

BC 段:$\Delta l_2 = \dfrac{F_{N2} l_2}{EA_2} = \dfrac{(-10) \times 10^3 \times 100 \times 10^{-3}}{200 \times 10^9 \times 500 \times 10^{-6}}$ m $= -0.01 \times 10^{-3}$ m $= -0.01$ mm　（压缩）

CD 段:$\Delta l_3 = \dfrac{F_{N3} l_3}{EA_3} = \dfrac{-10 \times 10^3 \times 100 \times 10^{-3}}{200 \times 10^9 \times 200 \times 10^{-6}}$ m $= -0.025 \times 10^{-3}$ m $= -0.025$ mm　（压缩）

杆件的总伸长量为

$$\Delta l = \Delta l_1 + \Delta l_2 + \Delta l_3 = (0.02 - 0.01 - 0.025) \text{mm} = -0.015 \text{ mm}　（压缩）$$

4.5 工程中常用材料在轴向载荷作用下的力学性能

在设计构件时,合理选用材料是一项不可忽视的问题。例如,机床的床身和箱体常选用吸振性好、浇铸性好的铸铁,而机械上的轴和齿轮等常选用强度好的优质碳素钢或合金钢,由冲、压工艺成形的零件,必须选用塑性好的金属材料等。材料的性质是多方面的,其中,在外力作用下材料在强度和变形方面所表现出的性能,称为材料的力学性能(机械性能)。材料的力学性能是强度计算和选用材料的重要依据。

在工程中,通常将处于常温(室温)下的材料分为塑性材料和脆性材料两类。塑性材料是指断裂前能产生较大塑性变形(指卸载后材料中所残留下的变形)的材料,如低碳钢、铜及铝等金属;脆性材料是指断裂前塑性变形很小的材料,如铸铁、玻璃及陶瓷等。

在不同的温度和加载速度下,材料的力学性能将发生变化。本节主要介绍低碳钢和铸铁在常温、静载(加载速度缓慢平稳)情况下,拉伸与压缩时的力学性能。

为了了解材料在常温、静载下的力学性能,将实验材料按照国家标准做成标准试样,然后在材料试验机上进行拉伸试验。在试验过程中,可同时自动记录所受到的载荷及相应的变形,进而得到自开始加载到试样破断整个过程的应力-应变曲线,从该曲线上可得到实验材料的强度指标、塑性指标和弹性指标。

4.5.1 低碳钢拉伸与压缩时的力学性能

(1)低碳钢拉伸的应力-应变图

如图 4.14 所示为低碳钢拉伸图,它描述了从开始加载到破坏为止,试样承受载荷和变形发展的全过程。

如图 4.14(a)所示 F_P 与 Δl 的对应关系与试件的原始尺寸有关,因此,拉伸图不能准确地表征拉伸时材料的力学性能。为了消除试件尺寸的影响,用 $\sigma = F_P/A$ 为纵坐标,表示材料的受力程度;用 $\varepsilon = \Delta l/l$ 作为横坐标,表示材料的变形程度。于是得到反映应力与应变关系的图线,称为应力-应变图,即 $\sigma\text{-}\varepsilon$ 图(见图 4.14(b))。

(2)低碳钢拉伸时的力学性能

由 $\sigma\text{-}\varepsilon$ 图可知,拉伸过程分为 4 个阶段,每一阶段表现出不同的力学性能。

1)弹性阶段 OA 与比例极限 σ_P

从 $\sigma\text{-}\varepsilon$ 图可知,这一阶段的应变值很小。如果将载荷卸去,则加载时产生的变形将全部消失,表明试件的变形完全是弹性变形,该阶段称为弹性阶段。

此阶段分为两部分:斜直线 OA' 和微弯曲线 $A'A$。斜直线 OA' 表示应力与应变成正比变化,即材料服从虎克定律:$\sigma = E \cdot \varepsilon$,或 $E = \sigma/\varepsilon = \tan\alpha$。直线的最高点 A' 所对应的应力,称为比例极限,用 σ_P 表示,它是材料服从虎克定律时可能承受的最大应力值。

当超过 A 点后,图线不再是直线,而呈微弯曲线,说明应力与应变不再保持正比关系。若卸载,变形仍能完全消失,表明此阶段内所产生的变形仍是弹性变形。这时 A 点所对应的应力值是弹性变形阶段的最大应力,称为弹性极限,用 σ_e 表示。弹性极限与比例极限虽然物理意义不同,但数值非常接近,通常不作区分。

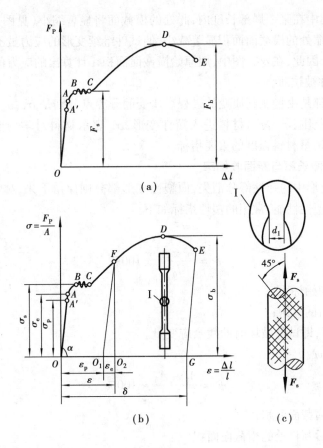

图 4.14

2) 屈服阶段 BC 与屈服强度(或称屈服点) σ_s

当应力超过 A 点, σ-ε 曲线逐渐变弯, 到达 B 点后, 图形上逐渐出现一条水平波浪线 BC, 说明应力基本保持不变, 而应变却急剧增加, 表现为材料暂时失去了对变形的抵抗能力。这种现象是低碳钢拉伸过程中的重要特征, 称为材料屈服或流动, BC 段所对应的过程称为屈服阶段。屈服阶段的最低应力值, 称为屈服强度(或称屈服点) σ_s, 它代表了材料抵抗屈服的能力, 它是衡量塑性材料强度的重要指标。

若试件表面经过抛光, 屈服时可在其表面上出现一系列与轴线成 45°角的迹线(见图 4.14 (c))。这是因为在与试件成 45°的斜截面上产生了最大切应力, 这些切应力使材料的晶粒沿此面发生了滑移, 这些迹线称为滑移线。Q235 钢的屈服极限 $\sigma_s = 235$ MPa。

3) 强化阶段 CD 与抗拉强度 σ_b

试件内所有晶粒都发生了滑移之后, 沿晶粒错动面产生了新的阻力, 屈服现象终止。要使试件继续变形, 必须增加外力, 这种现象称为材料的应变硬化。从屈服终止点 C 到曲线最高点这一阶段称为强化阶段。D 点所对应的应力称为抗拉强度, 用 σ_b 表示, 它是材料完全丧失承载能力的最大应力值, 也是材料的重要强度指标。例如, Q235 的抗拉强度 $\sigma_b = 273 \sim 461$ MPa。

4) 颈缩阶段 DE

在 D 点之前, 试件在标距范围内的变形是沿纵向均匀伸长, 沿横向均匀收缩。从 D 点开始,试件的变形将集中在某一局部长度内,此处的横截面将显著缩小(见图4.14(b)),出现了颈缩现象。由于颈缩处的横截面面积显著减小,使试件继续变形的应力虽不断增加,但所需的拉力反而逐渐减小,因此,在σ-ε图中,用原始横截面面积A计算出的应力值随之下降,直至图线下降到E点,试件被拉断。

上述每一阶段都是由量变到质变的过程。质变的分界点分别是σ_P、σ_s和σ_b。σ_P表示材料处于弹性状态的范围;σ_s表示材料进入塑性变形;σ_b表示材料对均匀变形的最大抵抗能力。故σ_s和σ_b是衡量材料强度的重要指标。

(3)塑性指标:伸长率与断面收缩率

试件断裂后,变形中的弹性部分消失,而塑性变形部分则保留下来,称为残余变形。工程上用残余变形表示塑性性能,常用的塑性指标如下:

1)伸长率δ

$$\delta = \frac{l_b - l_0}{l_0} \times 100\% \tag{4.14}$$

式中　l_0——试件初始标距;

　　　l_b——破断后的标距;

　　　δ——伸长率,即试件破坏时的残余应变量。

2)断面收缩率ψ

$$\psi = \frac{A_0 - A_b}{A_0} \times 100\% \tag{4.15}$$

式中　A_0——初始横截面面积;

　　　A_b——破断后断口处的横截面面积。

δ和ψ都表示材料拉断时其塑性变形所能达到的最大限度。δ和ψ越大,说明材料的塑性越好;反之,塑性越差,而脆性越好。在工程中,一般认为$\delta \geqslant 5\%$者为塑性材料,$\delta < 5\%$者为脆性材料。表4.1中所列的δ_5为$l_0 = 5d_0$试样的试验结果。

(4)卸载定律与冷作硬化

在强化阶段的σ-ε曲线上的任一点,如图4.14(b)的F点,开始将载荷卸去,在卸载过程中试件的应力、应变并不沿着原来的$FCBAO$恢复到原来的状态,而是沿着与弹性阶段的直线OA'平行的路径FO_1卸载返回到O_1点。这表明材料在卸载过程中应力与应变成直线变化,称为卸载定律。如图4.14(b)所示,O_1O_2所代表的应变完全消失了,属于弹性应变;OO_1所代表的应变存留下来,属于塑性应变,即残余应变。

如果对有了残余应变的试件再立即重新加载,则应力、应变又重新按正比关系增加,图线将沿着卸载曲线O_1F上升,到达F点后,仍沿原曲线FDE变化,直至断裂。这就相当于把经过屈服、强化并卸载的试件当做一个新的试件进行实验。在此过程中,不难发现在F点之前并不产生屈服,而是到了F点后,才重新出现塑性变形。这说明,经过强化后的材料的比例极限提高了,但是应变由原来的OG段,变为O_1G段,少了OO_1这一段,这表明塑性降低了。在常温下,这种经加载产生塑性变形后卸载,使材料的比例极限提高、塑性降低的现象,称为冷作硬化。在辗压、冲孔等工艺过程中,都会出现冷作硬化现象。在工程中,常用冷作硬化提高某些构件的强度,例如,对起重机的钢丝绳采用冷拔工艺,对某些型钢采用冷轧工艺,均可提高材料的强度。在冷压成形时,则要求材料具有较大的塑性变形能力。因此,应消除冷作硬化的影响,其办法是进行退火处理。

表 4.1　工程中常用金属材料的力学性能

材料名称	牌号	σ_s/MPa	σ_b/MPa	δ_5/%
普通碳素钢	Q216	186 ~ 216	333 ~ 412	31
	Q235	216 ~ 235	373 ~ 461	25 ~ 27
	Q274	255 ~ 274	490 ~ 608	19 ~ 21
优质碳素结构钢	15	225	373	27
	40	333	569	19
	45	353	598	16
普通低合金结构钢	12Mn	274 ~ 294	432 ~ 441	19 ~ 21
	16Mn	274 ~ 343	471 ~ 510	19 ~ 21
	15MnV	333 ~ 412	490 ~ 549	17 ~ 19
	18MnMoNb	441 ~ 510	588 ~ 637	16 ~ 17
合金结构钢	40Cr	785	981	9
	50Mn2	785	932	8
碳素铸钢	ZG200—400	196	392	25
	ZG275—250	274	490	16
可锻铸铁	KTZ450—60	274	441	5
	KTZ270—02	539	687	2
球墨铸铁	QT400—15	294	392	10
	QT450—10	324	441	5
	QT500—7	412	588	2
灰铸铁	HT150	—	98.1 ~ 274(拉)	—
	HT300	—	255 ~ 294(拉)	—

(5)低碳钢压缩时的力学性能

如图 4.15 所示为低碳钢压缩与拉伸时的应力-应变曲线。由图可知,低碳钢压缩时的力学性能在屈服阶段以前,拉伸与压缩两条 σ-ε 曲线重合。因此,在压缩与拉伸时,低碳钢的弹性模量 E、比例极限 σ_P、屈服强度 σ_s 基本相同。在工程实际中,碳钢是拉、压强度相等的材料。在进入强化阶段之后,两条曲线逐渐分离,压缩曲线一直在上升,即随着压力的不断增加,试件被越压越扁,横截面面积越来越大,所能承受的压力也随之提高。但是,试件也仅仅产生很大的塑

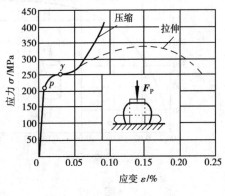

图 4.15

性变形而不断裂。因此,无法测出其压缩时的抗拉强度。一般来说,塑性材料都有上述特点。

4.5.2 铸铁拉伸与压缩时的力学性能

(1)铸铁拉伸时的力学性能

铸铁是一种常用的脆性材料。如图4.16(c)所示为铸铁试件拉伸 σ-ε 应变图。由图可知,其力学性能有以下特点:

1)从试件开始受力到被拉断,变形很小,断裂时的应变仅为原长的0.4% ~0.5%,且断口垂直于试件轴线(见图4.16(b))。

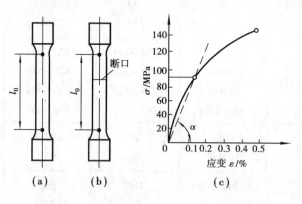

图4.16

2)拉伸过程中,既无屈服阶段,也无缩颈现象,故只能在拉断时测得抗拉强度 σ_b,其值远低于低碳钢的抗拉强度。

3)在应力不大时,应力与应变不成正比关系,在 σ-ε 曲线中,没有明显的直线阶段。但是,在实际使用的应力范围内,σ-ε 曲线的曲率很小。因此,在工程中,常以割线(图4.16(c)中的虚线)代替曲线开始部分,并认为材料近似服从虎克定律,而以割线的斜率表示铸铁的弹性模量 E,即 $E = \tan\alpha$。

(2)铸铁压缩时的力学性能

脆性材料在压缩时的力学性能与在拉伸时有较大差异。如图4.17所示为铸铁压缩时的应力-应变图。由图可知,铸铁压缩时的力学性能有如下特点:

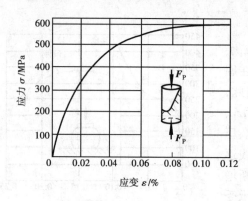

1)铸铁压缩时的抗压强度 σ_b 很高,约为其拉伸强度的3~4倍。抗压强度远大于抗拉强度,这是铸铁类脆性材料力学性能的重要特点。

2)铸铁压缩破坏是在变形很小时突然发生的,破坏前没有屈服和颈缩现象,破坏断面与轴线大致成45°角,这表明断裂是因最大切应力所致。

为了便于查阅与比较,已将几种常用金属材料的力学性能列于表4.1中。

图4.17

4.6　联接件的强度设计

4.6.1　剪切强度实用计算

（1）剪切变形的概念

铆钉、销、键和螺栓等是工程中常用的联接件（见图 4.18），其受力后的变形与拉（压）杆的变形截然不同。如图 4.18（a）所示为用铆钉联接的两块钢板。在外力 F_P 的作用下，截面 m—m 将沿着力的作用方向发生相对错动。构件在这样一对大小相等、方向相反、作用线相隔很近的外力作用下，作用力之间的截面将沿着力的作用方向发生相对错动的变形，称为剪切变形。在剪切变形中，产生相对错动的截面（如 m—m）称为剪切面。它位于方向相反的两个外力作用线之间，且平行于外力作用线。若有一个剪切面的剪切变形称为单剪；若有两个剪切面的剪切变形，则称为双剪。

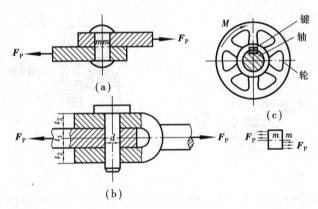

图 4.18

（2）剪切的实用计算

为了对构件进行剪切强度计算，必须先计算剪切面上的内力。受剪面上的内力称为剪力，常用符号 F_Q 表示。

如图 4.19（a）所示的铆钉联接件。取铆钉为研究对象，画受力图（见图 4.19（b））。应用截面法，假想将铆钉沿剪切面 m—m 截成两段，任取其中一段为研究对象（见图 4.19（c））。

根据保留段的平衡条件可知，剪切面上内力的合力必然与外力平行，大小由平衡方程 $\sum F_x = 0$ 确定，即

$$F_P - F_Q = 0$$
$$F_Q = F_P$$

与剪力 F_Q 相对应，受剪面上有切应力 τ 存在。切应力 τ 在剪切面上的分布情况比较复杂，因此，在工程中，通常采用以试验、经验为基础的"实用计算法"来计算，即假设切应力在受剪面内是均匀分布的，故受剪面上的切应力为

$$\tau = \frac{F_Q}{A} \tag{4.16}$$

式中　A——受剪面面积。

切应力分布规律如图4.19(d)所示,显然,截面上各点都是危险点,处于纯剪切应力状态,故剪切强度条件为

$$\tau = \frac{F_Q}{A} \leqslant [\tau] \tag{4.17}$$

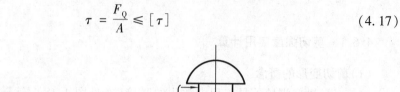

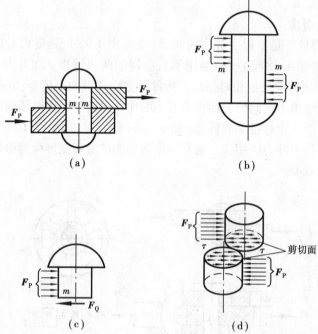

图 4.19

式中,$[\tau]$为剪切许用应力,它是用剪切试验测出剪切极限应力后,再除以安全因数 n 而得到的。常用材料的$[\tau]$,可从有关设计手册中查到,也可按如下的经验公式确定:

塑性材料:$[\tau] = (0.6 \sim 0.8)[\sigma]$

脆性材料:$[\tau] = (0.8 \sim 1.0)[\sigma]$

式中,$[\sigma]$为材料的许用拉应力。

上述的计算虽然是假定计算,但计算结果与工程实际相符,一般能满足工程要求。

4.6.2　挤压及其实用计算

构件发生剪切变形时,在其受压的侧面上,必然存在局部受挤压的现象。如图4.20(a)所示的螺母与木材及如图4.20(c)所示的铆钉与钢板之间的相互压紧,都是挤压。作用于接触面上的压力称为挤压力,并用 F_{bs} 表示。构件上发生挤压变形的表面称为挤压面。当挤压面上的挤压力较大时,就可能导致构件在挤压处产生显著塑性变形,甚至被压溃,这种破坏称为挤压破坏(见图4.20(b))。因此,对受剪切的构件,除了进行剪切强度计算外,还应进行挤压强度计算。挤压面单位面积上所受的挤压力,习惯上称为挤压应力,用 σ_{bs} 表示。由于挤压应力的分布比较复杂,往往也采用"实用计算法"。在工程中,认为挤压应力在挤压面上均匀分布。因此,挤压面上各点均为危险点,其强度条件为

$$\sigma_{bs} = \frac{F_{bs}}{A_{bs}} \leqslant [\sigma_{bs}] \tag{4.18}$$

式中　A_{bs}——挤压面的计算面积。若接触面为平面(见图 4.21),则该接触平面的面积就是挤压面的计算面积;若接触面为圆柱面(见图 4.22(a)),则该柱面的正投影面积(图 4.22(b)中带点部分的面积)为挤压面的计算面积。

　　$[\sigma_{bs}]$——材料的许用挤压应力,使用时可查相关手册,也可按如下公式近似地确定为

塑性材料:$[\sigma_{bs}] = (1.5 \sim 2.5)[\sigma]$

脆性材料:$[\sigma_{bs}] = (0.9 \sim 1.5)[\sigma]$

如果互相挤压的两个构件材料不同,应按许用应力较低的进行计算。

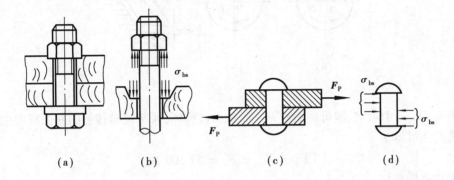

图 4.20

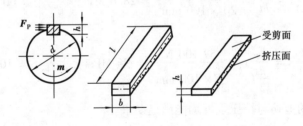

图 4.21

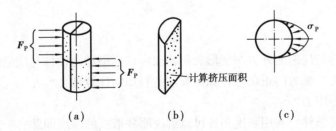

图 4.22

　　需要指出的是,挤压应力与压缩应力截然不同。压缩应力是均匀地分布在整个构件上的,而挤压应力只分布于两构件接触的表面。

　　例 4.8　如图 4.23(a)所示的齿轮用平键与轴联接(图中未画出齿轮),已知轴直径为 $d = 70\ mm$,键的尺寸为 $b = 20\ mm, l = 100\ mm, h = 12\ mm$,传递的力偶矩 $M = 2\ kN \cdot m$,键的许用应

力$[\tau] = 60$ MPa，$[\sigma_{bs}] = 100$ MPa。试校核该平键的强度。

解 键可能有两种破坏形式：剪切破坏和挤压破坏，故两种强度均需要校核。

1）选键与轴为研究对象，求键所受到的力 F_P（见图4.23(a)）。根据平衡条件

$$\sum M_O(F) = 0 \qquad F_P \cdot \frac{d}{2} - M = 0$$

$$F_P = \frac{2M}{d} = \frac{2 \times 2 \times 10^6 \text{ N} \cdot \text{mm}}{70 \text{ mm}} = 57\ 100 \text{ N}$$

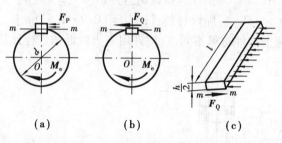

(a)   (b)   (c)

图 4.23

从图4.23(b)中可知，键可能沿着 m—m 截面被剪坏，而与键槽接触的侧面将发生挤压破坏。由截面法可得

$$F_Q = F_{bs} = F_P = 57\ 100 \text{ N}$$

2）剪切强度校核

$$\tau = \frac{F_Q}{A} = \frac{F}{bl} = \frac{57\ 100 \text{ N}}{20 \times 100 \text{ mm}^2} = 28.6 \text{ MPa} < [\tau] = 60 \text{ MPa}$$

3）挤压强度校核

$$\sigma_{bs} = \frac{F_{bs}}{A_{bs}} = \frac{F_P}{\frac{h}{2}l} = \frac{57\ 100 \text{ N}}{\frac{12}{2} \times 100 \text{ mm}^2} = 96 \text{ MPa} < [\sigma_{bs}] = 100 \text{ MPa}$$

由计算可知，键的剪切与挤压强度均能满足要求。

习 题 4

4.1 轴向拉伸与压缩的外力与变形有何特点？试列举轴向拉伸与压缩的实例。

4.2 何谓轴力？轴力的正负号是如何规定的？如何计算轴力？

4.3 何谓许用应力？

4.4 何谓强度条件？利用强度条件可以解决哪些形式的强度问题？

4.5 虎克定律有几种表现形式？该定律的应用条件是什么？何谓拉压刚度？

4.6 低碳钢在拉伸过程中表现为几个阶段？各有何特点？

4.7 何谓比例极限、屈服应力与强度极限？何谓塑性变形与弹性变形？

4.8 何谓塑性材料与脆性材料？如何衡量材料的塑性？试比较塑性材料与脆性材料的力学性能的特点。

4.9 塑性材料经过冷作硬化后，材料的力学性能发生了变化。试判断以下结论哪一个是

正确的?

　　①屈服应力提高,弹性模量降低;

　　②屈服应力提高,塑性降低;

　　③屈服应力不变,弹性模量不变;

　　④屈服应力不变,塑性不变。

　　4.10　某材料的应力-应变曲线如图 4.24 所示。图中还同时画出了低应变区的详图。试确定材料的弹性模量 E、比例极限 σ_P、屈服极限 σ_s、强度极限 σ_b 与伸长率 δ,并判断该材料属于何种类型(塑性或脆性材料)?

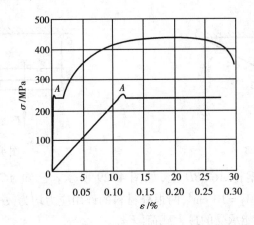

图 4.24

　　4.11　金属材料试样在拉伸与压缩时有几种破坏形式? 它们分别与何种应力有关?

　　4.12　如何计算联接件的切应力与挤压应力? 如何分析联接件的强度?

　　4.13　试计算如图 4.25 所示各杆的轴力,画轴力图,并指出危险截面的位置。

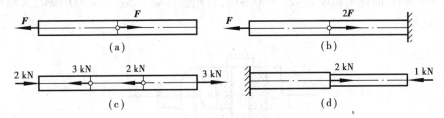

图 4.25

　　4.14　一空心圆截面杆,内径 $d = 30$ mm,外径 $D = 40$ mm,承受轴向拉力作用,且 $F = 40$ kN,试求横截面上的正应力。

　　4.15　如图 4.26 所示阶梯形圆截面杆 AC,承受轴向载荷 $F_1 = 200$ kN 与 $F_2 = 100$ kN,AB 段的直径 $d_1 = 40$ mm。如欲使 BC 与 AB 段的正应力相同,试求 BC 段的直径。

　　4.16　载荷 $F = 130$ kN 悬挂在两根杆上,如图 4.27 所示,AB 是圆截面钢杆,直径 $d_1 = 30$ mm,许用应力 $[\sigma_1] = 160$ MPa,BC 杆是圆截面铝杆,直径 $d_2 = 40$ mm,许用应力 $[\sigma_2] = 60$ MPa。已知 $\alpha = 30°$,试校核该结构的强度。

　　4.17　如图 4.28 所示的桁架,AB 杆与 AC 杆铰接于 A 点,在 A 点悬吊重物 $F = 10$ kN,两根杆材料相同,其许用应力 $[\sigma] = 100$ MPa,$\alpha = 30°$,试设计两杆的直径。

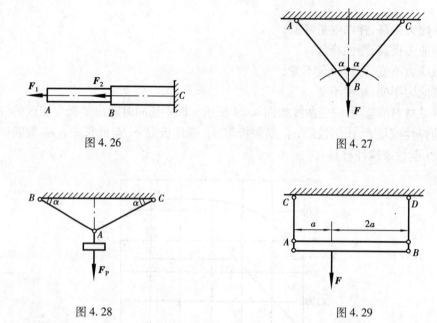

图 4.26

图 4.27

图 4.28

图 4.29

4.18 刚体悬挂于钢杆 AC, BD 上，如图 4.29 所示。已知 AC 杆的横截面积为 $A_1 =$ 20 cm^2，BD 杆的横截面积 $A_2 = 10$ cm^2，两根杆材料的许用应力均为 $[\sigma] = 160$ MPa。试按拉压杆的强度条件确定系统所能承受的最大载荷 $[F]$。

4.19 变截面直杆如图 4.25(d)所示。已知左段 $l_1 = 100$ mm，$A_1 = 8$ mm^2；右段 $l_2 = 100$ mm，$A_2 = 4$ mm^2，$E = 200$ GPa。求杆的总伸长 Δl。

4.20 如图 4.30 所示为一销钉联接件。已知 $F_P = 18$ kN，$\delta_1 = 8$ mm，$\delta_2 = 5$ mm，销钉的直径 $d = 16$ mm，销钉的许用切应力 $[\tau] = 60$ MPa，许用挤压应力 $[\sigma_{bs}] = 200$ MPa，试校核销钉的剪切和挤压强度。

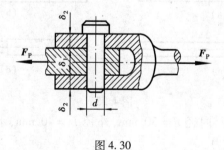

图 4.30

第**5**章
圆轴扭转

如图 5.1(a)所示驾驶盘轴,在轮盘边缘作用一对方向相反的切向力 **F** 构成一对力偶,其力偶矩为 $M = FD$。根据平衡条件可知,在轴的另一端,必存在一反作用力偶,其矩 $M' = M$。在上述力偶的作用下,各横截面绕轴线作相对旋转(见图 5.1(b))。

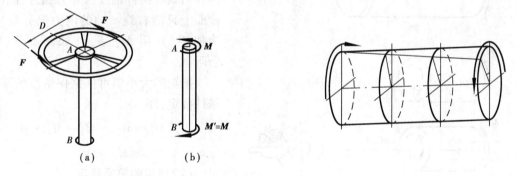

图 5.1   图 5.2

以横截面绕轴线作相对旋转为主要特征的变形形式(见图 5.2),称为扭转。截面间绕轴线的相对角位移,称为扭转角。

由此可见,在垂直于杆件轴线的平面内作用力偶时,杆件产生扭转变形。使杆件产生扭转变形的外力偶称为扭力偶,其矩称为扭力偶矩或扭力矩。以扭转变形为主要变形的杆件常为轴。

工程中最常见的轴为圆截面轴,本章将研究圆截面扭转时的外力、内力、应力与变形,并在此基础上研究其强度与刚度问题。

5.1   扭力矩、扭矩与扭矩图

5.1.1 扭力矩

在工程中,许多受扭转的构件,如传动轴等,往往并不直接给出其扭力矩之值,而是给出它所传递的功率和转速。这时,可用下式求出作用于轴上的外力偶矩的值:

1)若已知功率的单位为千瓦(kW),转速为转/分钟(r/min),则扭力矩为

$$M_e = 9\ 549\ \frac{P}{n} \qquad \text{N} \cdot \text{m} \tag{5.1}$$

2)若已知功率的单位为马力(1 马力 = 0.735 5 kW),转速为转/分钟(r/min),则扭力矩为

$$M_e = 7\ 024\ \frac{P}{n} \qquad \text{N} \cdot \text{m} \tag{5.2}$$

例如,传动轴的转速 $n = 300$ r/min,输入功率 $P = 10$ kW,则由式(5.1)可知,作用在该轴上的扭力矩为

$$M_e = 9\ 549\ \frac{P}{n} = 9\ 549 \times \frac{10}{300}\ \text{N} \cdot \text{m} = 318\ \text{N} \cdot \text{m}$$

5.1.2 扭矩与扭矩图

(1)扭矩

设某轴的计算简图如图 5.3(a)所示。现用截面法分析轴扭转时的内力。

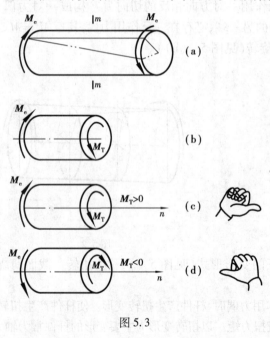

图 5.3

将轴沿指定截面 m—m 切成两段,舍去右段,保留左段。由于作用于轴上的外力只有绕杆轴线的外力偶,因此,横截面上只能有绕 x 轴的内力偶分量,称为扭矩,并用 M_T 表示,如图 5.3(b)所示。

扭矩的大小仍可依据保留段的平衡条件确定,即

$$\sum M_x = 0 \qquad M_T - M_e = 0$$
$$M_T = M_e$$

(2)扭矩的符号规定

按右手螺旋定则,将扭矩表示为矢量,即四指弯向表示力偶的转向,大拇指的指向表示扭矩矢量的方向。当扭矩矢量的方向与截面外法线方向一致时,扭矩为正(图5.3(c));反之为负(见图5.3(d))。

(3)扭矩图

如果在圆轴上同时作用有几个外力偶,不同轴段上扭矩是不相同的,各截面的扭矩可用截面法分段求出。为了清晰地反映出扭矩随截面位置的变化情况,常常根据扭矩方程,画出其函数图像,该图像称为扭矩图。其画法与轴力图类同。

下面举例说明扭矩的计算与扭矩图的绘制方法。

例 5.1 如图 5.4 所示,已知传动轴的转速为 $n = 300$ r/min,主动轮 A 输入的功率 $P_A = 400$ kW,3 个从动轮输出的功率分别为 $P_B = P_C = 120$ kW,$P_D = 160$ kW,轴处于稳定的转动状态。求轴上各截面的扭矩,并画扭矩图。

解 1)计算扭力矩

$$M_{eA} = 9\,549\,\frac{P}{n} = 9\,549 \times \frac{400}{300}\,\text{kN} \cdot \text{m} = 12.74\,\text{kN} \cdot \text{m}$$

$$M_{eB} = M_{eC} = 9\,549\,\frac{P}{n} = 9\,549 \times \frac{120}{300}\,\text{kN} \cdot \text{m} = 3.82\,\text{kN} \cdot \text{m}$$

$$M_{eD} = 9\,549\,\frac{P}{n} = 9\,549 \times \frac{160}{300}\,\text{kN} \cdot \text{m} = 5.10\,\text{kN} \cdot \text{m}$$

2)应用截面法分段求扭矩。根据扭力矩的作用位置分段,画受力图(见图5.4(b)、(c)),
列平衡方程求解如下:

BC 段: $\qquad \sum M_x = 0 \qquad M_{eB} + M_{T1} = 0$

$\qquad M_{T1} = -M_{eB} = -3.82\,\text{kN} \cdot \text{m}$

CA 段: $\qquad \sum M_x = 0 \qquad M_{eB} + M_{eC} + M_{T2} = 0$

$\qquad M_{T2} = -(M_{eB} + M_{eC}) = -(3.82 + 3.82)\,\text{kN} \cdot \text{m}$

$\qquad\qquad = -7.64\,\text{kN} \cdot \text{m}$

AD 段: $\qquad \sum M_x = 0 \qquad M_{eD} - M_{T3} = 0$

$\qquad M_{T3} = M_{eD} = 5.10\,\text{kN} \cdot \text{m}$

上述过程采用设正法。因此,由正、负号规定可知,M_{T1},M_{T2} 均为负扭矩,M_{T3} 为正扭矩。

3)画扭矩图。建立 $M_T Ox$ 坐标系,根据上述计算结果,就可画出扭矩图(见图5.4(d))。
因为在每一段内扭矩是不变的,故扭矩图由 3 段水平线段构成。由图可知,最大扭矩发生在
CA 段的横截面上,其值为 7.64 kN · m。

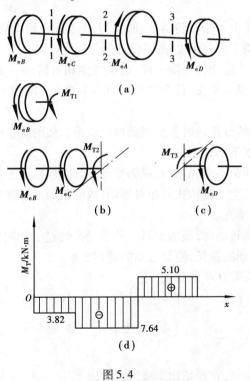

图 5.4

5.2 圆轴扭转时横截面上的切应力

5.2.1 圆轴扭转时横截面上的切应力的分布规律

分析圆轴扭转时横截面上的应力,必须综合考虑几何、物理和静力学 3 个方面。

(1)变形的几何关系

取一等截面直圆轴,将一端固定,在其表面上画出一组与轴线平行的纵向线和表示横截面的圆周线,如图 5.5(a)所示。在轴的另一端,作用一力偶矩 M_e,使轴产生扭转变形(见图 5.5(b)),在小变形的情况下,可以看到如下现象:

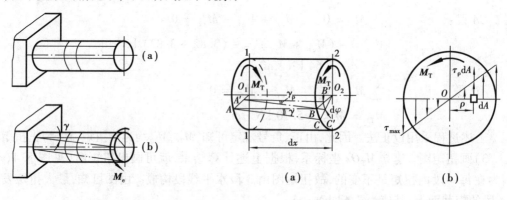

图 5.5   图 5.6

①各圆周线绕轴线发生了相对转动,但形状、大小及间距均无变化。

②所有纵向线都倾斜了同一角度 γ,但仍近似为直线。

由此可推知,各圆周线像刚性圆圈一样,绕轴线做相对转动。于是提出如下假设:变形前为平面的横截面,变形后仍为平面,且形状和大小均未改变;半径仍为直线。此假设称为平面假设。

根据这个假设可知:圆轴扭转时各横截面像刚性圆盘似的绕轴线转动,且各截面间的距离保持不变。由此可得出如下结论:

①由于相邻截面的间距不变,故没有纵向变形,因此,横截面上没有正应力。

②由于相邻横截面发生了旋转式的相对错动,故横截面上必有切应力存在;因为半径长度不变,故切应力必与半径垂直。

③由于横截面绕轴线转动时,截面上每一条半径都转过了相同的转角(见图 5.6(a)),因此,半径上每一点相对错动的弧长,便是各点的剪切变形。

由图 5.6(a)可知,圆弧 $B'C'$ 的弧长 l 为

$$l = \rho \cdot d\varphi \approx \gamma_\rho \cdot dx$$

$$\gamma_\rho = \rho \frac{d\varphi}{dx} \tag{a}$$

(2)物理关系

根据剪切虎克定律可知,在剪切比例极限范围内

$$\tau = G\gamma$$

$$\tau_{\rho} = G\rho\frac{\mathrm{d}\varphi}{\mathrm{d}x} \tag{b}$$

式(b)表明:横截面上任意点的切应力与该点到圆心的距离 ρ 成正比。因而,所有到圆心等距离的点,切应力均相同,横截面上的扭转切应力沿截面半径线性分布,其分布规律如图5.6(b)所示。

5.2.2　切应力计算公式

考虑静力关系,在如图 5.6(b)所示的横截面上任取一微面积 $\mathrm{d}A$,则其上的微内力为 $\tau_{\rho}\mathrm{d}A$,它对圆心的力矩为 $\tau_{\rho}\mathrm{d}A\rho$。整个截面上所有微力矩之和应等于该截面上的扭矩 M_{T},即

$$M_{\mathrm{T}} = \int_{A}\rho(\tau_{\rho}\mathrm{d}A) = \int_{A}G\frac{\mathrm{d}\varphi}{\mathrm{d}x}\rho^2\mathrm{d}A = G\frac{\mathrm{d}\varphi}{\mathrm{d}x}\int_{A}\rho^2\mathrm{d}A \tag{c}$$

令 $I_{\mathrm{P}} = \int_{A}\rho^2\mathrm{d}A$,$I_{\mathrm{P}}$ 称为横截面对圆心的极惯性矩,国际单位为 m^4,实用单位为 mm^4,将其代入式(c),得

$$M_{\mathrm{T}} = GI_{\mathrm{P}}\frac{\mathrm{d}\varphi}{\mathrm{d}x}$$

$$\frac{\mathrm{d}\varphi}{\mathrm{d}x} = \frac{M_{\mathrm{T}}}{GI_{\mathrm{P}}} \tag{d}$$

式(d)表示单位长度的扭转角与扭矩间的关系。将式(d)代入式(b),可得到圆轴横截面上任意点处的切应力公式为

$$\tau_{\rho} = \frac{M_{\mathrm{T}}\cdot\rho}{I_{\mathrm{P}}} \tag{5.3}$$

式中　ρ——欲求应力的点到圆心的距离,国际单位为 m,实用单位为 mm。

显然,当 $\rho = 0$ 时,$\tau = 0$;当 $\rho = D/2 = R$ 时,切应力具有最大值,即

$$\tau_{\max} = M_{\mathrm{T}}\cdot\frac{R}{I_{\mathrm{P}}} = \frac{M_{\mathrm{T}}}{W_{\mathrm{P}}} \tag{5.4}$$

式中　$W_{\mathrm{P}} = \dfrac{I_{\mathrm{P}}}{R}$——抗扭截面系数(或抗扭截面模量)。

由此可知,最大切应力 $\tau_{\max}$ 发生在圆截面外边缘上各点处,且最大切应力 $\tau_{\max}$ 与横截面上的扭矩 M_{T} 成正比,而与抗扭截面系数 W_{P} 成反比。抗扭截面系数 W_{P} 是表征圆轴抵抗破坏能力的几何参数,其国际单位为 m^3,实用单位为 mm^3。

需要指出的是式(5.3)、式(5.4)是在平面假设的基础上并应用了剪切虎克定律推导出来的,故只适用于(实心或空心)圆轴,且 $\tau_{\max}$ 不超过材料的剪切比例极限。

5.2.3　极惯性矩与抗扭截面系数

在工程中,通常采用实心圆轴和空心圆轴,它们的极惯性矩 I_{P} 与抗扭截面系数 W_{P} 按下式计算:

1)实心圆截面轴的极惯性矩与抗扭截面系数。若实心圆截面直径为 d,则

极惯性矩： $$I_P = \frac{\pi d^4}{32} \approx 0.1 d^4 \qquad (5.5)$$

抗扭截面系数： $$W_P = \frac{\pi d^3}{16} \approx 0.2 d^3 \qquad (5.6)$$

2）空心圆截面轴的极惯性矩与抗扭截面系数。若空心圆截面的外径为 D，内径为 d，则

极惯性矩： $$I_P = \frac{\pi D^4}{32} - \frac{\pi d^4}{32} = \frac{\pi D^4}{32}(1 - \alpha^4) \qquad (5.7)$$

抗扭截面系数： $$W_P = \frac{2 I_P}{D} = \frac{\pi D^3}{16}(1 - \alpha^4) \qquad (5.8)$$

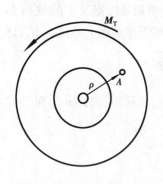

图 5.7

式中 $\alpha = \dfrac{d}{D}$——空心圆轴的内外径之比。

例 5.2 如图 5.7 所示为空心圆截面轴，外径 $D = 40$ mm，内径 $d = 20$ mm，扭矩 $M_T = 1$ kN·m，试计算 $\rho = 15$ mm 的 A 点处的扭转切应力 τ_A、横截面上的最大和最小切应力。

解 1）计算空心圆截面的极惯性矩

$$I_P = \frac{\pi D^4}{32}(1 - \alpha^4) = \frac{\pi \times 40^4}{32} \cdot \left[1 - \left(\frac{20}{40}\right)^4\right] \text{mm}^4$$

$$= 235\,600 \text{ mm}^4 = 2.356 \times 10^{-7} \text{ m}^4$$

2）计算切应力，由式（5.3）得

$$\tau_A = \frac{M_T \rho}{I_P} = \frac{1 \times 10^3 \times 15 \times 10^{-3}}{2.356 \times 10^{-7}} \text{ Pa} = 6.367 \times 10^7 \text{ Pa} = 63.67 \text{ MPa}$$

$$\tau_{max} = \frac{M_T}{W_P} = \frac{M_T}{I_P} \cdot \frac{D}{2} = \frac{1 \times 10^3 \times 20 \times 10^{-3}}{2.356 \times 10^{-7}} \text{ Pa} = 84.89 \times 10^6 \text{ Pa} = 84.89 \text{ MPa}$$

$$\tau_{min} = \frac{\frac{d}{2}}{\frac{D}{2}} \cdot \tau_{max} = \frac{20}{40} \times 84.89 \text{ MPa} = 42.44 \text{ MPa}$$

5.3　圆轴扭转的强度设计

5.3.1　危险截面与危险点的位置

等截面圆轴扭转时，绝对值最大的扭矩所在截面是危险截面；而对于变截面的阶梯轴，扭矩与抗扭截面系数之比（即每一个横截面上的 τ_{max}）最大的横截面为危险截面。由于圆轴扭转时横截面上的切应力沿半径方向呈线性分布（见图 5.6），故危险截面边缘各点均为危险点。

5.3.2　圆轴扭转的强度条件

（1）扭转失效与扭转极限应力

扭转试验是用圆截面试样在扭转试验机上进行。

试验表明：塑性材料试样在扭转过程中，先是发生屈服，这时，在试样表面的横向与纵向出

现滑移线(见图 5.8(a)),如果继续增大扭力矩,试样最后沿横截面被剪断(见图 5.8(b));脆性材料试样受扭时,变形始终很小,最后在与轴线成 45°倾角的螺旋面发生断裂。(见图 5.8(c))。

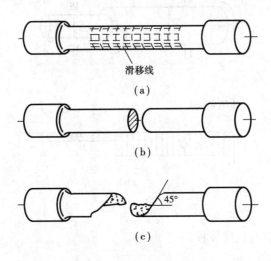

滑移线

(a)

(b)

45°

(c)

图 5.8

上述情况表明,对于受扭轴,失效标志仍为屈服与断裂。试样扭转屈服时横截面上的最大切应力,称为材料的扭转屈服应力,并用 τ_s 表示;试样扭转断裂时横截面上的最大切应力,称为材料的扭转强度极限,并用 τ_b 表示。扭转屈服应力 τ_s 与扭转强度极限 τ_b,统称为扭转极限应力,并用 τ_u 表示。

(2)圆轴扭转的强度条件

将材料的扭转极限应力 τ_u 除以安全因数 n,得材料的扭转许用切应力为

$$[\tau] = \frac{\tau_u}{n} \tag{5.9}$$

因此,为了保证圆轴工作时不致因强度不够而破坏,最大扭转切应力 τ_{max} 不得超过材料的扭转许用切应力$[\tau]$,即要求

$$\tau_{max} = \left(\frac{M_T}{W_P}\right)_{max} \leqslant [\tau] \tag{5.10}$$

即为圆轴扭转强度条件。对于等截面圆轴,上式简化为

$$\frac{M_{T max}}{W_P} \leqslant [\tau] \tag{5.11}$$

理论与试验研究均表明,材料纯剪切时的许用切应力$[\tau]$与材料的许用正应力$[\sigma]$之间存在以下关系:

塑性材料:$[\tau] = (0.5 \sim 0.577)[\sigma]$

脆性材料:$[\tau] = (0.8 \sim 1.0)[\sigma]$

另外,圆轴扭转的许用切应力$[\tau]$,可查有关设计手册。

应用式(5.10),可解决强度校核、截面设计及确定许可载荷等 3 类强度设计问题。

例 5.3　一阶梯轴如图 5.9(a)所示,已知材料的许用切应力$[\tau] = 80$ MPa,受外力偶矩为 $M_{e1} = 10$ kN·m, $M_{e2} = 7$ kN·m, $M_{e3} = 3$ kN·m,AB 段的直径为 100 mm,BC 段的直径为

60 mm。试校核该轴的强度。

解 1)计算扭矩,画扭矩图,如图5.9(b)所示。

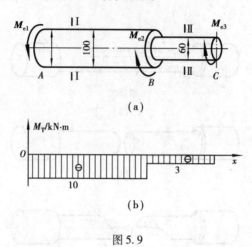

(a)

(b)

图5.9

2)计算切应力,并进行强度校核。

AB 段：$|M_{T1}| = 10 \text{ kN} \cdot \text{m}$

$$W_{P1} = \frac{\pi d_1^3}{16} = \frac{\pi \times 100^3}{16} \text{ mm}^3 = 0.196 \times 10^6 \text{ mm}^3$$

$$\tau_{max} = \frac{|M_{T1}|}{W_{P1}} = \frac{10 \times 10^6}{0.196 \times 10^6} \text{ MPa} = 50.9 \text{ MPa} \leqslant [\tau]$$

BC 段：$M_{T2} = 3 \text{ kN} \cdot \text{m}$

$$W_{P2} = \frac{\pi d_2^3}{16} = \frac{\pi \times 60^3}{16} \text{ mm} = 4.2 \times 10^4 \text{mm}^3$$

$$\tau_{max} = \frac{M_{T2}}{W_{P2}} = \frac{3 \times 10^6}{4.2 \times 10^4} \text{ MPa} = 72 \text{ MPa} < [\tau]$$

因此,该轴满足强度要求。

由计算可知,危险截面为 BC 段上的任一横截面。

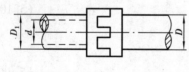

图5.10

例5.4 如图5.10所示的实心轴与空心轴通过牙嵌式离合器联接而传递扭矩,已知轴的速 $n = 96 \text{ r/min}$,传递的功率 $P = 7.5 \text{ kW}$,材料的许用切应力 $[\tau] = 40 \text{ MPa}$,空心轴的内径 d 与外径 D_1 之比为 $\alpha = d/D_1 = 0.5$。试计算实心轴的直径 D 和空心轴的外径 D_1。

解 1)计算扭力矩及扭矩

$$M_T = M_e = 9\,550 \frac{P}{n} = 9\,550 \times \frac{7.5}{96} \text{ N} \cdot \text{m} = 746.1 \text{ N} \cdot \text{m}$$

2)根据强度条件设计轴的直径

由 $\tau_{max} = \frac{M_T}{W_P} \leqslant [\tau]$,得

$$W_P \geqslant \frac{M_T}{[\tau]}$$

实心轴：

$$W_P = \frac{\pi D^3}{16} \geqslant \frac{M_T}{[\tau]}$$

$$D \geqslant \sqrt[3]{\frac{16 M_T}{\pi [\tau]}} = \sqrt[3]{\frac{16 \times 746.1}{3.14 \times 40 \times 10^6}} = 0.0456\ \text{m} = 45.6\ \text{mm}$$

空心轴：

$$D_1 \geqslant \sqrt[3]{\frac{16 M_T}{\pi \times (1 - \alpha^4) \times [\tau]}} = \sqrt[3]{\frac{16 \times 746.1 \times 10^3}{3.14 \times (1 - 0.5^4) \times 40 \times 10^6}} = 0.0466\ \text{m} = 46.6\ \text{mm}$$

依据上述结果，在机械工程中，常取 $D = 46$ mm，$D_1 = 48$ mm。

例 5.5　已知空心圆轴的外径为 $D_1 = 76$ mm，壁厚 $t = 2.5$ mm，传递的扭力矩 $M = 1.98$ kN·m，材料的许用切应力 $[\tau] = 100$ MPa。试求：1）校核轴的强度；2）如改为实心轴，且其强度不变，设计其直径 D。

解　1）校核轴的强度

$$M_T = M = 1.98\ \text{kN·m}$$

$$I_P = \frac{\pi D_1^4}{32} (1 - \alpha^4) \qquad \alpha = \frac{D_1 - 2t}{D_1} = \frac{76 - 2 \times 2.5}{76} = 0.934$$

$$I_P = \frac{\pi \times 76^4}{32} (1 - 0.934^4)\ \text{mm}^4 = 780 \times 10^3\ \text{mm}^4$$

$$W_P = \frac{2 I_P}{D} = \frac{2 \times 780 \times 10^3}{76}\ \text{mm}^3 = 20.5 \times 10^3\ \text{mm}^3$$

$$\tau_{max} = \frac{M_T}{W_P} = \frac{1.98 \times 10^6\ \text{N·mm}}{20.5 \times 10^3\ \text{mm}^3} = 96.6\ \text{MPa} < [\tau]$$

该轴满足强度要求。

2）设计实心轴的直径。实心轴与空心轴的强度相等是指两轴的最大切应力相等，即

$$\tau'_{max} = \tau_{max}$$

而

$$\tau'_{max} = \frac{M_T}{W'_P}$$

故

$$W'_P = \frac{\pi D^3}{16} = \frac{M_T}{\tau_{max}} (= W_P)$$

$$D = \sqrt[3]{\frac{16 M_T}{\pi \tau_{max}}} = \sqrt[3]{\frac{16 \times 1.98 \times 10^6}{3.14 \times 96.6}}\ \text{mm} = 47.1\ \text{mm}$$

式中　W'_P——实心轴的抗扭截面系数。

讨论　在强度不变的情况下，长度相等的两轴质量之比等于其横截面积之比，即

$$\frac{G_K}{G_S} = \frac{A_K}{A_S} = \frac{\frac{\pi}{4}(76^2 - 71^2)}{\frac{\pi}{4} \times 47.1^2} = 0.331$$

可见，空心轴的重量仅为实心轴重量的 33.1%，在工程实际中，多采用空心轴代替实心轴，不仅节约材料，还可减轻自重。

5.4　圆轴扭转变形与刚度计算

5.4.1　圆轴扭转变形公式

如前所述,轴的扭转变形用横截面间绕轴线的相对角位移(即扭转角 φ)表示。由 5.2 节中式(d)可知,微段 $\mathrm{d}x$ 的扭转变形为

$$\mathrm{d}\varphi = \frac{M_{\mathrm{T}}}{G \cdot I_{\mathrm{P}}} \cdot \mathrm{d}x$$

因此,相距 l 的两端截面间的扭转角为

$$\varphi = \int_l \mathrm{d}\varphi = \int_l \frac{M_{\mathrm{T}}}{G \cdot I_{\mathrm{P}}} \mathrm{d}x$$

由此可知,对于长为 l、扭矩 M_{T} 为常数的等截面圆轴(见图 5.11 中的 AB 段与 BC 段),则由上式可得两端横截面间的扭转角为

$$\varphi = \frac{M_{\mathrm{T}} \cdot l}{G \cdot I_{\mathrm{P}}} \tag{5.12}$$

式(5.12)表明,扭转角 φ 与扭矩 M_{T}、轴长 l 成正比,与乘积 $G \cdot I_{\mathrm{P}}$ 成反比。乘积 $G \cdot I_{\mathrm{P}}$ 称为圆轴截面的抗扭刚度。

5.4.2　圆轴扭转刚度条件

设计时,除应考虑强度要求外,对于许多轴通常对其变形有一定限制,即设计的轴应满足扭转刚度要求。

在工程实际中,通常是限制扭转角沿轴线的变化率 $\mathrm{d}\varphi/\mathrm{d}x$ 或单位长度内的扭转角,使其不超过某一规定的许用值 $[\theta]$。由 5.2 节中式(d)可知,微段 $\mathrm{d}x$ 的扭转变形为

$$\frac{\mathrm{d}\varphi}{\mathrm{d}x} = \frac{M_{\mathrm{T}}}{G \cdot I_{\mathrm{P}}}$$

故圆轴扭转的刚度条件为

$$\theta_{\max} = \left(\frac{M_{\mathrm{T}}}{GI_{\mathrm{P}}}\right)_{\max} \leqslant [\theta] \tag{5.13}$$

式(5.13)中,所有物理量均采用相应的国际单位。$[\theta]$ 代表单位长度许用扭转角,其国际单位为 rad/m(即弧度每米)。在工程实际中,$[\theta]$ 的实用单位是 $(°)/\mathrm{m}$(即度每米),注意到单位的换算与统一,式(5.13)变形为

$$\theta_{\max} = \left(\frac{M_{\mathrm{T}}}{GI_{\mathrm{P}}}\right)_{\max} \times \frac{180°}{\pi} \leqslant [\theta] \tag{5.14}$$

对于一般传动轴,$[\theta]$ 为 $0.5 \sim 1(°)/\mathrm{m}$;对于精密仪器与仪表的轴,$[\theta]$ 值可根据有关标准或规范来确定。

习 题 5

5.1　扭转的外力与变形各有何特点？试列举扭转的实例。

5.2　何谓扭矩？扭矩的正负号是如何规定的？如何计算扭矩？

5.3　扭转切应力式(5.3)的应用条件是什么？

5.4　金属材料圆轴扭转破坏有几种形式？圆轴扭转强度条件是如何建立的？如何确定扭转的许用切应力？

5.5　轴的转速、所能传递的功率与扭力矩之间有何关系？

5.6　何谓扭转角？其单位是什么？如何计算圆轴的扭转角？

5.7　何谓抗扭刚度？圆轴扭转刚度条件是如何建立的？应用该条件时应注意什么？

5.8　试计算如图 5.11 所示各轴的扭矩,画出扭矩图,并指出其最大值及其所在的横截面位置。

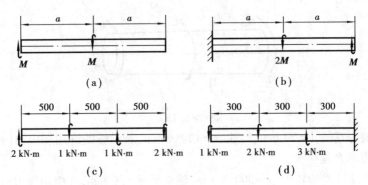

图 5.11

5.9　如图 5.12 所示的扭转切应力分布是否正确？为什么？

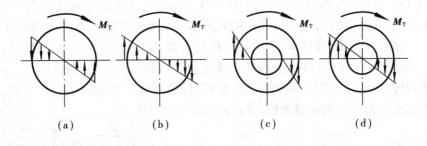

图 5.12

5.10　空心圆轴的极惯性矩和抗扭截面系数是否按下式计算？为什么？

$$I_P = \frac{\pi D^4}{32} - \frac{\pi d^4}{32} \qquad W_P = \frac{\pi D^3}{16} - \frac{\pi d^3}{16}$$

式中,D 为空心圆的外径,d 为空心圆的内径。

5.11　如图 5.13 所示实心圆截面轴,直径 $d = 50$ mm,扭矩 $M_T = 1$ kN·m。试计算横截面上的最大扭转切应力以及 A 点处($\rho_A = 20$ mm)的扭转切应力,并画出该截面上的应力

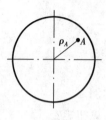

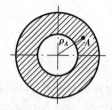

图 5.13   图 5.14

分布图。

5.12   如图 5.14 所示空心圆截面轴,外径 $D = 60$ mm,内径 $d = 40$ mm,扭矩 $M_T = -0.5$ kN·m。试计算横截面上的最大、最小扭转切应力以及 A 点处($\rho_A = 25$ mm)的扭转切应力,并画出该截面上的应力分布图。

5.13   如图 5.15 所示传动轴。已知其转速 $n = 100$ r/min,轴直径 $d = 80$ mm,主动轮 A 的输入功率 $P_A = 50$ kW,从动轮的输出功率分别为 $P_B = 30$ kW,$P_C = 20$ kW。试求轴的横截面上的最大切应力 τ_{max}。

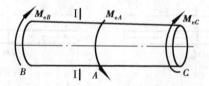

图 5.15

5.14   圆轴的直径 $d = 50$ mm,转速 $n = 120$ r/min,若设轴的许用切应力 $[\tau] = 60$ MPa,试求所能传递的功率 P 是多少?

5.15   某传动轴受的转矩 $m = 300$ N·m,轴直径 $d = 30$ mm,许用切应力 $[\tau] = 60$ MPa,试校核该轴的强度。

5.16   如图 5.16 所示传动轴受外力偶矩作用,已知 $M_{e1} = 100$ N·m,$M_{e2} = 200$ N·m,$M_{e3} = 100$ N·m,材料的许用切应力 $[\tau] = 60$ MPa,试按强度条件设计轴的直径;若将该轴改为空心轴,其内、外径直径之比为 $d/D = 0.6$,试问在相同的外力偶矩作用下,该轴外径为多少?

5.17   一级减速器中(如图 5.17 所示),齿轮齿数 $Z_2 = 3Z_1$,则(1)AB 轴的转速为 CD 轴的_____倍。(2)作用在 CD 轴上的外力偶矩为 AB 轴的_____倍,因为_____。(3)设两轴的材料相同,若按扭转强度设计,则 CD 轴的直径为 AB 轴的_____倍。因此在同一减速箱中,转速高的轴(简称高速轴)其直径较低速轴的直径_____。

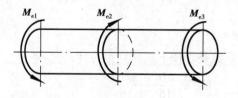

图 5.16

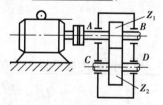

图 5.17

第 **6** 章
梁的弯曲

6.1 引 言

在工程实际中,存在大量的受弯构件。例如,如图 6.1(a) 所示的火车轮轴。

一般来说,当杆件承受垂直于其轴线的外力,或在其轴线所在平面内作用有外力偶时(见图 6.2(a)),杆的轴线将由直线变为曲线。以轴线变弯为主要特征的变形形式,称为弯曲。凡是以弯曲为主要变形的杆件,称为梁。工程结构与机械中的梁,其横截面往往具有对称轴。对称轴与梁的轴线构成纵向对称面(图 6.2(a)),若作用在梁上的外力(包括力偶)都位于纵向对称面内,且力的作用线垂直于梁的轴线。则变形后的轴线将是平面曲线,并仍位于纵向对称面内,这种弯曲称为平面弯曲。本章仅研究平面弯曲问题。在分析计算时,通常用轴线代替梁,例如,如图 6.1(a) 所示火车轮轴与如图 6.2(a) 所示梁的计算简图分别如图 6.1(b)、图 6.2(b) 所示。

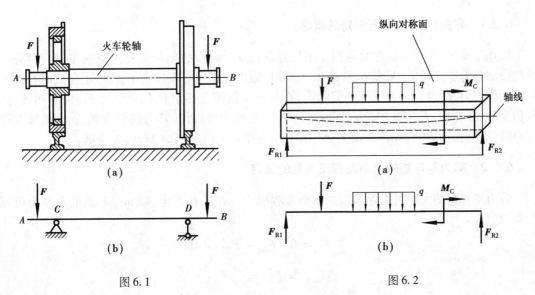

图 6.1　　　　　　　　　　　　　　　　　图 6.2

作用在梁上的外力包括外载荷与支座对梁的反作用力(或支反力)。最常见的支座为活动铰支座或辊轴支座、固定铰支座与固定端,这 3 种支座的简图及其支反力如图 6.3 所示。

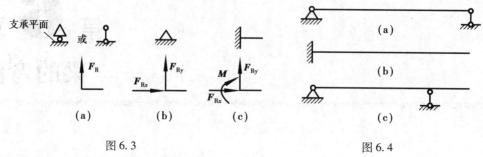

图 6.3　　　　　　　　　　　　　　　　　图 6.4

根据约束的特点,最常见的静定梁有以下 3 种:

1)简支梁　一端为固定铰支座、另一端为活动铰支座的梁(见图 6.4(a))。

2)悬臂梁　一端固定、另一端自由的梁(见图 6.4(b))。

3)外伸梁　具有一个或两个外伸部分的简支梁(见图 6.4(c)),例如,如图 6.1 所示梁。

本章主要研究梁的内力、应力、强度计算与梁的设计问题,简要介绍梁弯曲时变形的计算以及关于梁弯曲刚度的基本知识。另外,本章还研究弯曲与扭转的组合变形的强度问题。

6.2　平面弯曲梁的内力、内力方程与内力图

在工程中,常用梁的横截面都至少有一根对称轴,此对称轴与梁轴线所确定的平面称为纵向对称面,如图 6.2(a)所示。若梁上的载荷均作用在纵向对称面内,梁的轴线将在此平面内弯曲成一条平面曲线,这种弯曲变形称为平面弯曲。平面弯曲变形是最基本和最常见的变形,本章仅限于讨论这种弯曲变形。

6.2.1　弯曲内力-剪力与弯矩的概念

以如图 6.5(a)所示简支梁为例。用任意截面 m—m 假想地将简支梁截成左、右两部分,以左段部分为研究对象(见图 6.5(b))。在该段梁上除作用有支反力 F_{RA} 外,还有截面右段对左段的作用力,即内力。为保持平衡状态,在 m—m 截面上必定存在一个与 F_{RA} 大小相等、方向相反的切向内力 F_Q,称为剪力;同时 F_{RA} 与 F_Q 形成一对力偶(其力偶矩为 $F_{RA} \cdot x$,使梁左段有顺时针转动的趋势),在该截面上必然存在与它平衡的内力偶矩 M,称为弯矩。

6.2.2　剪力与弯矩的大小及其正负号的规定

剪力与弯矩的大小可由保留段的平衡方程确定。在图 6.5 中,取 m—m 截面左段为研究对象,则有

$$\sum F_y = 0 \quad F_{RA} - F_{Q左} = 0$$

$$F_{Q左} = F_{RA} = \frac{a}{l}F_P$$

$$\sum M_C(\overline{F}) = 0$$

$$M_左 - F_{RA} \cdot x = 0$$

$$M_左 = F_{RA} \cdot x = \frac{a \cdot x \cdot F_P}{l}$$

当然,也可取右段为研究对象(见图 6.5(c)),由作用力与反作用力关系得

$$F_{Q右} = F_{Q左}$$

$$M_右 = M_左$$

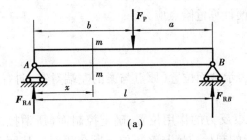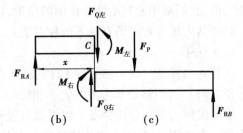

图 6.5

为了使保留左段或保留右段来研究时,同一截面上的弯曲内力不仅大小相等,而且正负号相同,对剪力与弯矩的正负号规定如下:

剪力的符号:剪力对梁保留段内任意点的力矩为顺时针方向时为正,反之为负,如图 6.6(a)、(b)所示。

弯矩的符号:使其弯曲呈凹形的弯矩为正;反之为负(或者梁顶部受压、底部受拉时弯矩为正;反之为负),如图 6.6(c)、(d)所示。

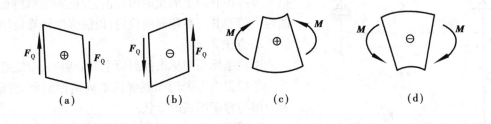

图 6.6

6.2.3　剪力方程与弯矩方程

(1)剪力方程与弯矩方程的概念

一般来说,梁的各横截面上的剪力与弯矩是不相等的,是沿梁的轴线变化的。因此,它们都是横截面所在位置的函数。

为了描述梁上各截面的剪力与弯矩沿梁轴线的变化情况,沿梁的轴线建立坐标轴 x 轴(原点与梁的左端对齐、向右为 x 轴的正方向),选取坐标 x 表示横截面的位置,并建立剪力、弯矩与坐标 x 的解析表达式,即

$$F_Q = F_Q(x) \tag{6.1}$$

$$M = M(x) \tag{6.2}$$

101

式(6.1)、式(6.2)分别称为剪力方程与弯矩方程。

(2)确定剪力方程与弯矩方程的方法

实际上,建立剪力方程与弯矩方程就是用截面法写出任一横截面上的剪力与弯矩的表达式。此即为处理这类问题的根本方法。

6.2.4 剪力图与弯矩图

为了直观形象地表示剪力与弯矩沿梁轴线的变化情况,在 F_QOx 坐标系中绘制出剪力方程的图像,称为剪力图;在 MOx 坐标系中绘制出弯曲方程的图像,称为弯矩图。在计算梁的承载能力时,它们被用来判断危险截面的位置,以便计算危险点应力。

绘制剪力图与弯矩图有以下两种方法:

1)方法1

①建立坐标系 取 x 轴平行于杆的轴线以表示截面位置(原点与梁的左端对齐、向右为 x 轴的正方向),另一轴表示内力的大小和符号。

②确定内力图的分段界限 根据载荷及约束反力的作用位置,确定控制面(所谓控制面是指集中力作用点、集中力偶作用处或分布载荷的起始位置与终止位置所在截面),从而确定要不要分段以及分几段。

③确定内力方程与各段控制面的内力值 求出各段梁上剪力、弯矩方程,确定各控制面上的内力值(包括正负号),并将控制面上的剪力、弯矩值标注在坐标系中,得到若干相应的点。

④确定内力图的形状 根据内力方程中 x 的幂次,确定该段内力图的图线形状。

⑤连线成图 将各控制面之间的点连接起来,所得图线即为内力图。

⑥标注正负号及数据 在所绘内力图中标明正、负号及各控制面上的点的内力值,并确定绝对值最大的内力值及其所在截面的位置,以供强度计算使用。

2)方法2

①在坐标系中标出控制面上点的剪力、弯矩值。

②根据内力图的图线规律来确定控制面之间的剪力图与弯矩图线的形状。

③以突变规律验证剪力图与弯矩图。

方法2无须建立剪力方程与弯矩方程。

下面举例说明绘制剪力、弯矩图的方法与过程。

例6.1 试画出如图6.7(a)所示在集中力 F_P 作用下的简支梁的剪力图与弯矩图。

解 1)求支座反力

$$R_A = \frac{bF_P}{l} \qquad R_B = \frac{aF_P}{l}$$

2)分两段建立剪力方程与弯矩方程

AC 段: $F_Q = \dfrac{bF_P}{l}$ $(0 < x_1 < a)$ ①

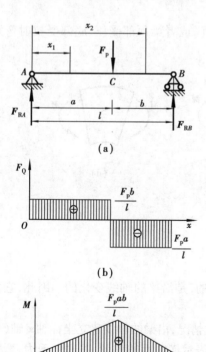

图6.7

$$M_1 = F_{RA} \cdot x_1 = \frac{bF_P}{l}x_1 \qquad (0 \leqslant x_1 \leqslant a) \qquad ②$$

CB 段：
$$F_Q = \frac{bF_P}{l} - F_P = -\frac{aF_P}{l} \qquad (a < x_2 < l) \qquad ③$$

$$M_2 = F_{RA} \cdot x_2 - F_P(x_2 - a) = \frac{aF_P}{l}(l - x_2) \qquad (a \leqslant x_2 \leqslant l) \qquad ④$$

3）画剪力图与弯矩图

由方程①、方程③可知，AC 段和 CB 段的剪力方程均为常数，故它们的剪力图均为水平直线；由方程②、方程④可知：AC 和 CB 段的弯矩方程均为 x 的一次函数，故它们的弯矩图均为倾斜直线。只要确定各控制面上的内力值及其正负号（见表 6.1），就可画出内力图。根据这些数据便可画出此梁的剪力图与弯矩图，如图 6.7(b)、(c)所示。

表6.1

区　段	AC 段		CB 段	
控制面	A^+	C^-	C^+	B^-
剪力 F_Q	$\dfrac{b}{l}F_P$	$\dfrac{b}{l}F_P$	$-\dfrac{a}{l}F_P$	$-\dfrac{a}{l}F_P$
弯矩 M	0	$\dfrac{ab}{l}F_P$	$\dfrac{ab}{l}F_P$	0

显然，横截面 C（集中力作用处）上的弯矩最大，其值为 $|M_{max}| = \dfrac{ab}{l}F_P$。若 C 点可在 AB 之间移动，当且仅当 $a = b = l/2$ 时，$|M_{max}|$ 最大。

例 6.2　如图 6.8(a)所示为一受集中力偶 M 作用的简支梁。试画出其剪力图与弯矩图。

解　1）求支反力
$$F_{RA} = F_{RB} = \frac{M}{l}$$

2）分段建立剪力方程与弯矩方程

AC 段：
$$F_Q = F_{RA} = \frac{m}{l} \qquad (0 < x_1 < a) \qquad ①$$

$$M_1 = F_{RA} \cdot x_1 = \frac{m}{l}x_1 \qquad (0 \leqslant x_1 < a) \qquad ②$$

BC 段：
$$F_Q = F_{RB} = \frac{m}{l} \qquad (a < x_2 < l) \qquad ③$$

$$M_2 = -F_{RB} \cdot (l - x_2) \qquad (a < x_2 \leqslant l) \qquad ④$$

3）画剪力图与弯矩图

由式①、式③可知：AC 和 CB 两段的剪力方程均为常数，故剪力图为一条水平直线；由式②、式④可知：AC 和 CB 两段的弯矩方程均为 x 的一次函数，故知它们的弯矩图均为倾斜直线。只要确定各控制面上的内力值及其正负号（见表 6.2），就可画出内力图。

表6.2

区 段	AC 段		CB 段	
控制面	A^+	C^-	C^+	B^-
剪力 F_Q	$\dfrac{M}{l}$	$\dfrac{M}{l}$	$\dfrac{M}{l}$	$\dfrac{M}{l}$
弯矩 M	0	$\dfrac{M \cdot a}{l}$	$-\dfrac{M \cdot b}{l}$	0

据此可以画出各段的剪力图与弯矩图(见图 6.8(b)、(c))。当 $a > b$ 时,$|M_{max}| = \dfrac{M}{l}a$ 位于外力偶 M 作用处的左极限截面位置。

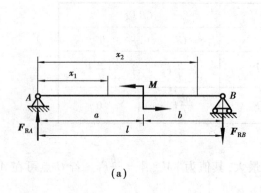

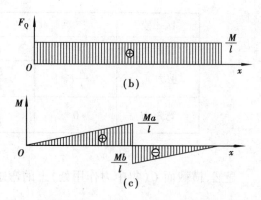

图 6.8

例 6.3 如图 6.9(a)所示,载荷集度为 q 的均布载荷作用于简支梁上。试画出梁的剪力图与弯矩图。

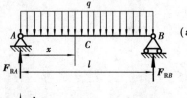

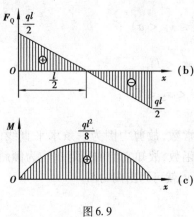

图 6.9

解 1)求支反力。由于梁和载荷都是对称的,则

$$F_{RA} = F_{RB} = \frac{1}{2}ql$$

2)建立剪力方程与弯矩方程。从距梁左端为 x 的任意截面处将梁截开,保留左段为研究对象,则

$$F_Q = \frac{1}{2}ql - qx \qquad (0 < x < l) \qquad ①$$

$$M = \frac{1}{2}qlx - \frac{1}{2}qx^2 \qquad (0 \leq x \leq l) \qquad ②$$

3)画剪力图与弯矩图。由式①②可知,剪力方程为 x 的一次函数,故剪力图是一条倾斜直线;弯矩方程为 x 的二次函数,故弯矩图为二次抛物线,需知道 3 点才能大致画出弯矩图。通常,选择控制面上的点和抛物线的极值点来画抛物线。由数学知识可知,在弯矩对位置的一阶导数等于零(即剪力为零)的点,弯矩取得极

值(本题在 $x = l/2$ 处)。现将各控制面的内力值见表 6.3。

表 6.3

控制面	A^+ $(x=0)$	$C\left(x=\dfrac{l}{2}\right)$	B^- $(x=l)$
F_Q	$\dfrac{1}{2}ql$	0	$-\dfrac{1}{2}ql$
M	0	$\dfrac{ql^2}{8}$	0

根据表中所列控制面的数据,画出内力图如图 6.9(b)、(c)所示。

抛物线开口的确定方法:若均布载荷集度箭头向下,即 $q < 0$,则抛物线开口朝下;若均布载荷集度箭头向上,即 $q > 0$,则抛物线开口朝上。

由上述各例可以归纳出绘制弯曲内力图图线的一般规律如下:

1)形状规律:内力图形状可根据内力方程是位置的几次函数来判断,也可根据梁上各段载荷集度的情况直接判断(见表 6.4)。

表 6.4

项　目		形　状　规　律				
		$q=0$		$q \neq 0$		
		线　形	斜率	线　形	斜率	
					$q>0$	$q<0$
内力图	F_Q 图	水平直线	$q=0$ ———	斜直线	$q>0$ ／	$q<0$ ＼
	M 图	斜直线	$F_Q>0$ ／ $F_Q<0$ ＼	抛物线	∪ 开口向上的抛物线	∩ 开口向下的抛物线

2)突变规律(见表 6.5)。

表 6.5

项　目		集中力作用处	集中力偶作用处
F_Q 图	突变方向	与集中力方向相同	剪力图无突变
	突变数值	等于集中力的大小	
M 图	突变方向	弯矩图无突变、但有拐折	顺时针方向的集中力偶,使弯矩图由下向上突变;反之,向下突变
	突变数值		等于集中力偶矩的数值

例 6.4　如图 6.10(a)所示组合梁,由梁 *AC* 与梁 *CD* 并用铰链 *C* 连接而成。试画出组合梁的剪力图和弯矩图。

解 1)计算支反力

梁 AC 与梁 CD(带铰链 C)的受力如图6.10(b)所示,由平衡方程求得

$$F_{Ay} = F_{Cy} = F/2, F_{Dy} = 3F/2, M_D = 3Fa/2$$

2)确定各控制面上的剪力、弯矩(见表6.6)

表6.6

控制面	A^+	B^-	B^+	C^-	C^+	D^-
F_Q	$-F/2$	$-F/2$	$-F/2$	$-F/2$	$-3F/2$	$-3F/2$
M	0	$-Fa/2$	$Fa/2$	0	0	$-3Fa/2$

3)各段图线形状(见表6.7)

表6.7

区　段	AB 段	BC 段	CD 段
F_Q 图	水平直线	水平直线	水平直线
M 图	斜直线	斜直线	斜直线

本题中全段上的载荷集度 $q = 0$。

4)分别在 $F_Q Ox$ 坐标系与 MOx 坐标系中标注各控制面上的剪力与弯矩,并连点成线得 F_Q 图与 M 图(见图6.10(c)、(d))。

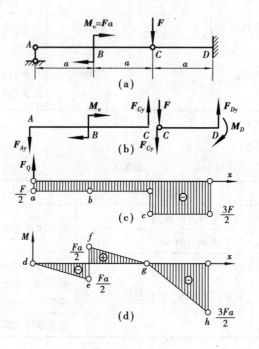

图6.10

6.3 平面弯曲时梁横截面上的正应力

梁平面弯曲时横截面上既有弯矩又有剪力。在工程中,当梁的跨度远远大于其横截面的高度时,试验与理论研究表明弯矩是影响梁强度的主要因素,而剪力的影响可忽略不计。因此,为了研究的方便,先从横截面上只有弯矩而无剪力的纯弯曲梁研究起,再将所得结论推广到既有弯矩又有剪力的横力弯曲梁的情形。

6.3.1 纯弯曲时梁横截面的正应力

分析纯弯曲时梁横截面上的正应力,必须考虑梁的几何、物理与静力学关系。

(1)纯弯曲时梁横截面的变形(几何关系)

在如图 6.11(a)所示的梁表面画上与其轴线平行的纵向线和垂直于轴线的横向线,在梁的纵向对称面内施加等值、反向的力偶,使之发生纯弯曲(见图 6.11(b))。可观察到如下现象:

①变形后横向线仍为直线,仍与轴线垂直,只是横线间做相对转动。

②纵向线都弯成圆弧线。靠近底部的伸长,靠近上部的缩短,而位于中间的一条纵向线 OO 既不伸长,也不缩短。

③矩形平面 $aabb$ 变成上窄下宽的 $a'a'b'b'$。

根据上述现象,对梁的内部变形与受力做出如下的假设:变形前为平面的横截面,变形后仍为平面且仍垂直于梁的轴线,只是绕截面内的某轴旋转了一个角度,称为纯弯曲的平面假设。如果设想,梁由无数条纵向纤维所组成,每条纵向纤维仅承受轴向拉应力或压应力,而中间一层 OO 既不伸长,也不缩短,称为中性层。中性层与横截面的交线称为中性轴(见图 6.11(c))。在平面弯曲时,中性轴垂直于梁的纵向对称面。

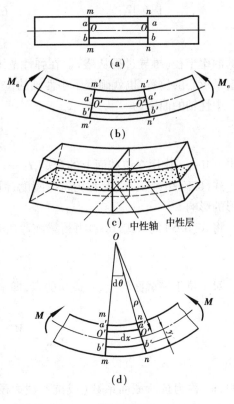

图 6.11

由于梁的材料是均匀连续的,因此,纵向纤维由伸长到缩短也是连续变化的。由图 6.11(d)可知,距中性层为 y 处的纵向纤维的线应变为

$$\varepsilon = \frac{(y+\rho)\mathrm{d}\varphi - \rho\mathrm{d}\varphi}{\rho\mathrm{d}\varphi} = \frac{y}{\rho} \tag{6.3}$$

式中 ρ——中性层的曲率半径。

式(6.3)表明,线应变随 y 按线性规律变化。

107

（2）纯弯曲时横截面上的正应力分布规律（物理关系）

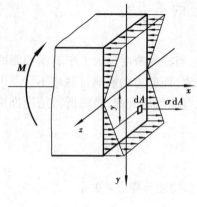

图 6.12

由于每条纵向纤维都只受拉伸或压缩作用，而无挤压作用，因此，横截面上只有正应力，而无切应力。由拉压虎克定律可知

$$\sigma = E\varepsilon = E\frac{y}{\rho} \tag{6.4}$$

式中　E——材料的弹性模量。

可见，横截面上的正应力沿横截面高度呈线性分布，横截面上同一高度各点的正应力相等；距中性轴最远点有最大拉应力和最大压应力；中性轴上各点正应力为零。横截面上的正应力分布如图 6.12 所示。

6.3.2　纯弯曲正应力公式

运用横截面上静力关系可确定中性轴的位置与轴线的曲率半径（推导过程从略）。在弹性范围内，梁横截面的中性轴必过横截面的形心。只要确定了形心的位置，也就确定了中性轴的位置。

中性轴的曲率为

$$\frac{1}{\rho} = \frac{M}{EI_z} \tag{6.5}$$

式中　M——作用在该截面上的弯矩；I_z——该横截面对中性轴的惯性矩，单位是 m⁴ 或 mm⁴。

式（6.5）中乘积 $E \cdot I_z$ 称为抗弯刚度，惯性矩 I_z 综合地反映了横截面的形状与尺寸对弯曲变形的影响。

将式（6.5）代入式（6.4）可得梁纯弯曲时横截面上距中性轴为 y 的点的正应力为

$$\sigma = \frac{M \cdot y}{I_z} \tag{6.6}$$

对于位于横截面的上、下边缘的点，即 $y = y_{max}$ 时，有

$$\sigma_{max} = \frac{M \cdot y_{max}}{I_z} = \frac{M}{\dfrac{I_z}{y_{max}}} = \frac{M}{W_z} \tag{6.7}$$

式中，W_z 称为抗弯截面系数（或抗弯截面模量），仅与截面形状和尺寸有关的，单位是 m³ 或 mm³。抗弯截面系数 W_z 综合地反映了横截面的形状与尺寸对弯曲正应力的影响。

计算时，M_z 和 y 均以绝对值代入。至于弯曲正应力是拉应力还是压应力，则由所求点处于受拉侧还是受压侧来判断。受拉侧的弯曲正应力为正，受压侧的弯曲正应力为负。

在工程中，常见的弯曲问题多为横力弯曲。这时，梁横截面上除有正应力外，还有弯曲切应力。按弹性力学分析的结果表明，在有些情况下，横力弯曲正应力的分布规律与式（6.6）完全相同。有些情况下虽略有差异，但当梁的跨度 l 与横截面高度 h 之比大于或等于 5 时（即细长梁），式（6.6）的误差也非常微小。因此，把纯弯曲的正应力计算公式（6.6）用于横力弯曲正应力的计算，已有足够的精度，可以满足工程上的要求。

6.3.3　常见截面的惯性矩和抗弯截面模量的计算

(1)中性轴的位置

横截面的中性轴通过横截面的形心。简单图形的形心位置均为已知,可查附录;组合截面形心位置可通过组合法求得。

(2)常见截面对中性轴的惯性矩 I_z

截面对任意轴的惯性矩被定义为

$$I_z = \int_A y^2 \mathrm{d}A \tag{6.8}$$

根据式(6.8)即可求出各种不同形状的截面对任意轴的惯性矩。

例6.5　矩形截面悬臂梁如图6.13所示,$F_P = 1$ kN。试计算 1—1 截面上 A,B,C,D 4 点的正应力,并指明是拉应力还是压应力。

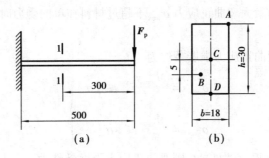

图 6.13

解　1)求1—1截面的弯矩,由截面法得

$$M_1 = -1 \times 10^3 \times 300 \times 10^{-3} \text{ N} \cdot \text{m}$$
$$= -300 \text{ N} \cdot \text{m}$$

2)计算截面惯性矩

$$I_z = \frac{bh^3}{12} = \frac{18 \times 30^3}{12} \text{ mm}^4 = 4.05 \times 10^4 \text{ mm}^4$$

3)计算各点的应力

A 点:　$y_A = 15$ mm

$$\sigma_A = \frac{M_1 y_A}{I_z} = \frac{300 \times 15 \times 10^{-3}}{4.05 \times 10^4 \times 10^{-12}} \text{ Pa} = 111 \text{ MPa} \quad (\text{拉应力})$$

B 点:　$y_B = 5$ mm

$$\sigma_B = \frac{M_1 y_B}{I_z} = \frac{300 \times 5 \times 10^{-3}}{4.05 \times 10^4 \times 10^{-12}} \text{ Pa} = 37.0 \text{ MPa} \quad (\text{压应力})$$

C 点:　$y_C = 0$

$$\sigma_C = 0$$

D 点:　$y_D = 15$ mm

$$\sigma_D = \frac{M_1 y_D}{I_z} = \frac{300 \times 15 \times 10^{-3}}{4.05 \times 10^4 \times 10^{-12}} \text{ Pa} = 111 \text{ MPa} \quad (\text{压应力})$$

6.4 平面弯曲梁的正应力强度设计

6.4.1 危险截面与危险点的位置

对于等截面直梁,最大弯矩(绝对值)所在截面是危险截面,其位置可由弯矩图直接确定。但对于变截面梁,最大弯矩所在截面不一定是危险截面,要看 M/W_z 的比值,比值最大的那个截面才是危险截面。由于弯曲正应力在横截面上关于中性轴呈线性分布,故危险点为离中性轴最远的点,即危险点位于梁横截面的上、下边缘处。

6.4.2 弯曲正应力强度条件

平面弯曲时,梁内的最大弯曲正应力 σ_{max} 不超过材料在单向受力时的许用应力 $[\sigma]$,称为弯曲正应力强度条件。

对于等截面直梁,弯曲正应力强度条件为

$$\left.\begin{array}{l} \sigma_{max} = \dfrac{M_{max} y_{max}}{I_z} \leqslant [\sigma] \\[3mm] \sigma_{max} = \dfrac{M_{max}}{W_z} \leqslant [\sigma] \end{array}\right\} \tag{6.9}$$

对于变截面梁,由于 W_z 不为常数,则弯曲正应力强度条件为

$$\sigma_{max} = \left(\dfrac{M}{W_z}\right) \leqslant [\sigma] \tag{6.10}$$

通常,铸铁类脆性材料的许用压应力 $[\sigma_c]$ 远大于许用拉应力 $[\sigma_t]$,材料的抗拉、抗压强度不相等,应按拉伸与压缩分别进行强度计算,即

$$\sigma_{t\,max} = \dfrac{M \times y_1}{I_z} = \dfrac{M}{W_{z1}} \leqslant [\sigma_t] \tag{6.11}$$

$$\sigma_{c\,max} = \dfrac{M \times y_2}{I_z} = \dfrac{M}{W_{z2}} \leqslant [\sigma_c] \tag{6.12}$$

式中,$[\sigma_t]$ 与 $[\sigma_c]$ 分别为材料的拉伸与压缩许用应力。y_1 与 y_2 分别为受拉与受压侧危险点到中性轴的距离。

一般细长的非薄壁截面梁中,最大弯曲正应力远大于最大弯曲切应力。因此,对于一般细长的非薄壁截面梁,通常按弯曲正应力强度条件进行分析即可。

应用弯曲正应力强度条件可以解决 3 类问题:强度校核、设计截面尺寸以及确定许可载荷。

例 6.6 空心矩形截面悬臂梁受均布载荷作用(见图 6.14),已知 $l = 1.2$ m,均布载荷 $q = 20$ kN/m,$H = 120$ mm,$B = 60$ mm,$h = 80$ mm,$b = 30$ mm,材料的许用正应力 $[\sigma] = 120$ MPa。试校核该梁的强度。

解 1)画弯矩图。固定端有最大弯矩,即

$$M_{max} = \dfrac{1}{2} q l^2 = 14.4 \text{ kN} \cdot \text{m}$$

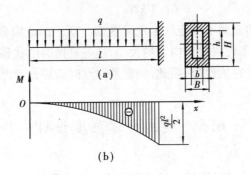

图 6.14

2)求 I_z, W_z,即

$$I_z = \frac{1}{12}(BH^3 - bh^3) = \frac{1}{12}(60 \times 120^3 - 30 \times 80^3) \text{ mm}^4$$

$$= 7.36 \times 10^6 \text{ mm}^4$$

$$W_z = I_z/y_{max} = \frac{7.36 \times 10^6}{60} = 1.227 \times 10^5 \text{ mm}^3$$

3)强度校核。最大应力在固定端横截面上、下边缘处,即

$$\sigma_{max} = \frac{M_{max}}{W_z} = \frac{14.4 \times 10^3}{1.227 \times 10^5 \times 10^{-9}} \text{ Pa} = 117.4 \text{ MPa} < [\sigma] = 120 \text{ MPa}$$

故梁的强度足够。

例 6.7　一吊车梁由 45a 工字钢制造(见图 6.15(a)),梁的跨度为 $L = 10.5$ m,材料为 Q235 钢,许用应力 $[\sigma] = 140$ MPa,电动葫芦重 $G = 15$ kN,梁的自重不计,求该梁能承受的最大载荷 $[F_P]$。

解　1)求 M_{max}。吊车梁简化为受集中力($F_P + G$)作用的简支梁(见图 6.15(b)),最大弯矩位于梁中点(详见例 6.1),且

$$M_{max} = \frac{(F_P + G)l}{4}$$

2)求许可载荷 $[F_P]$。则

$$\sigma_{max} = \frac{M_{max}}{W_z} \leqslant [\sigma]$$

$$M_{max} \leqslant [\sigma]W_z$$

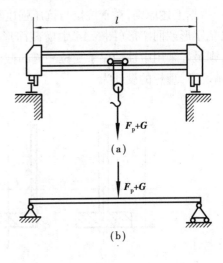

图 6.15

由附录查型钢表得 45a 工字钢的 $W_z = 1\,430$ cm³

$$M_{max} = [\sigma]W_z = 140 \times 1\,430 \times 10^3 \text{ N} \cdot \text{mm}$$

$$= 200 \text{ kN} \cdot \text{m}$$

$$[F_P] = \frac{4M_{max}}{l} - G = \left(\frac{4 \times 200}{10.5} - 15\right)\text{kN}$$

$$= 61.3 \text{ kN}$$

必须指出,内力最大的截面不一定就是危险截面。真正的危险截面应该是危险点所在截面。由于危险点的应力值不仅取决于内力的大小,还与截面的形状和尺寸有关,而且在判断危险点的强度时,还需考虑材料的性质,因此,确定危险点时应综合考虑上述因素。

6.5 梁的合理强度设计

由 6.4 节分析可知,在一般情况下,设计梁的主要依据是弯曲正应力强度条件。从该条件可知,梁的弯曲强度与其所用材料、横截面的形状与尺寸以及由外力引起的弯矩有关。因此,为了合理地设计梁,可从以下多方面进行考虑。

6.5.1 选择梁的合理横截面

从弯曲强度方面考虑,比较合理的横截面形状是以较小的面积却能获得较大抗弯截面系数的横截面。

在一般截面中,抗弯截面系数与截面高度的二次方成正比。因此,当截面面积一定时,宜将较多的材料放置在远离中性轴的部位。实际上,由于弯曲正应力沿截面高度线性分布,当最远点的正应力达到许用应力时,靠近中性轴的点的应力还远没有接近许用应力。因此,将较多的材料放置在远离中性轴的部位可大大地提高材料的利用率。

根据上述原则,对于抗拉与抗压强度相同的塑性材料梁,宜采用对中性轴对称的截面,例如,工字形或回字形(图 6.14 中横截面形状)等横截面。对于抗拉低于抗压强度的脆性材料梁,则最好采用中性轴偏于受拉一侧的截面,例如,T 字形与槽形等横截面(见图 6.16)。在后述情况下,理想的设计为

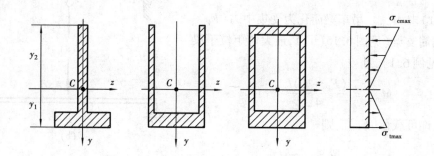

图 6.16

$$\frac{\sigma_{t\,max}}{\sigma_{c\,max}} = \frac{[\sigma_t]}{[\sigma_c]}$$

即

$$\frac{y_1}{y_2} = \frac{[\sigma_t]}{[\sigma_c]} \tag{6.13}$$

式中 y_1, y_2 ——受拉侧与受压侧危险点到中性轴的距离。

在设计梁时,应注意的另一个重要问题是尽量减少应力集中。因此,应尽量减少截面尺寸的急剧变化,包括截面尺寸沿轴线的急剧变化。在截面尺寸急剧变化处,配置过渡圆角,对于减少应力集中是一种非常有效的措施。

6.5.2　变截面梁与等强度梁

一般情况下,梁内不同的截面其弯矩是不同的。因此,在按最大弯矩所设计的等截面梁中,除最大弯矩所在的截面外,其余截面的材料强度均未得到充分利用。因此,在工程实际中,常根据弯矩沿梁轴的变化情况,将梁设计为变截面梁。

从弯曲强度方面考虑,理想的变截面梁是使所有截面上的最大弯曲正应力均相等,并等于许用应力,即

$$\sigma_{max} = \frac{M(x)}{W_z(x)} = [\sigma]$$

由此式得

$$W_z(x) = \frac{M(x)}{[\sigma]} \tag{6.14}$$

例如,对于如图 6.17(a)所示矩形截面悬臂梁,在集中载荷 $\boldsymbol{F}$ 作用下,弯矩方程为

$$M(x) = Fx$$

按照上述观点,如果截面宽度 b 沿梁轴保持不变,则可得截面高度为

$$h(x) = \sqrt{\frac{6Fx}{b[\sigma]}} \tag{a}$$

即沿梁轴按抛物线规律变化(见图 6.17(b))在固定端处 h 最大,其值为

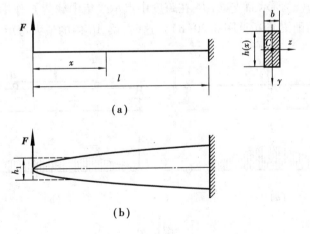

(a)

(b)

图 6.17

$$h_{max} = \sqrt{\frac{6Fl}{b[\sigma]}} \tag{b}$$

由式(a)可知,当 $x=0$ 时,$h=0$,即自由端的截面高度为零。在工程实际中,这是行不通的。考虑到剪切强度所要求的最小截面高度 h_1(由弯曲切应力强度条件可得 $h_1 =$

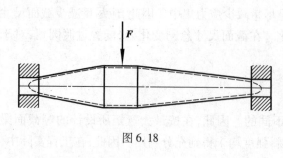

图 6.18

$3F/(2b[\tau]))$，梁端应设计为如图 6.17(b) 所示虚线形状。

各横截面具有同样强度的梁称为等强度梁，等强度梁是一种理想化的变截面梁。但是，考虑到加工制造以及构造上的需要等，实际构件往往设计成近似等强度的。例如，如图 6.18 所示的梁，即为近似等强度梁。

6.5.3 梁的合理受力

提高梁强度的另一个重要措施是合理安排梁的约束与加载方式。

例如，如图 6.19(a) 所示的简支梁，承受均布载荷 q 作用，如果将梁两端的铰支座各向内移动少许，例如，移动 $0.2l$（见图 6.19(b)），则后者的最大弯矩仅为前者的 0.2 倍。

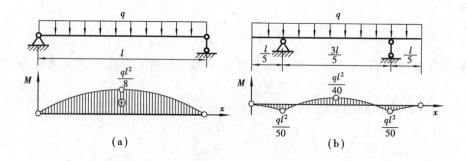

图 6.19

又如，如图 6.20(a) 所示简支梁 AB，在跨度中点承受集中载荷 F 作用，如果在梁的中部设置一个长为 $l/2$ 的辅助梁 CD（见图 6.20(b)），这时，梁 AB 内的最大弯矩将减小 $1/2$。

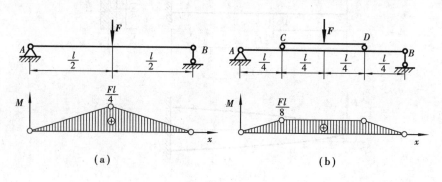

图 6.20

上述实例说明，合理地安排约束与加载方式，将显著地减小梁内的最大弯矩。

此外，增加静定梁的约束使之成为静不定梁也可明显提高梁的强度。关于静不定梁的分析，本书不予讨论。

6.6　弯曲变形

研究梁的变形是解决梁的额刚度问题与求解静不定梁的基础,也是研究压杆稳定等问题的基础。本节主要介绍梁变形的基本方程与求解方程的叠加法。

6.6.1　基本概念

(1)挠度与挠曲轴方程

在外力作用下,梁的轴线(即横截面形心的连接线)由直线变为曲线。变弯后的梁轴线称为挠曲轴,它是一条连续而光滑的曲线。由 6.2 节可知,如果作用在梁上的外力均位于梁的同一纵向对称面内,则挠曲线为一平面曲线,并位于该对称面内(见图 6.21)。

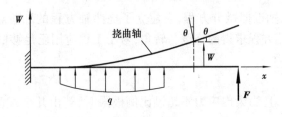

图 6.21

研究表明,对于细长梁,剪力对其变形的影响一般可忽略不计。因此,当梁弯曲变形时,各横截面仍保持为平面,仍与变弯后的中性轴正交,并绕中性轴转动。因此,梁的变形可用横截面形心的线位移及截面的角位移来描述。

横截面形心在垂直于梁轴方向的位移,称为挠度,并用 w 表示。不同位置截面的挠度一般不同,因此,如果沿变形前的梁轴建立坐标轴 x,则

$$w = w(x) \tag{6.15}$$

当梁弯曲时,由于梁的轴线的长度保持不变,因此,截面形心沿梁的轴线方向也存在位移。在小变形的条件下,截面形心的轴向位移远小于其横向位移,因而可忽略不计。式(6.15)代表挠曲轴的解析表达式,称为挠曲轴方程。

(2)转角与转角方程

横截面的角位移称为转角,用 θ 表示。如上所述,由于忽略剪力对变形的影响,梁弯曲时横截面仍保持平面并与挠曲轴正交。因此,任一横截面的转角 θ 也等于挠曲轴在该截面处的切线与 x 轴的夹角(见图 6.21)。

在工程实际中,梁的转角 θ 一般均很小,例如,不超过 $1°$ 或 $0.017\ 5$ rad,于是得

$$\theta \approx \tan \theta = \frac{\mathrm{d}w}{\mathrm{d}x} \tag{6.16}$$

即横截面的转角等于挠曲轴在该截面处的斜率。可见,转角与挠度相互关联。显然,转角 θ 仍然是随截面位置 x 变化的,式(6.16)代表转角的解析表达式,称为转角方程。

应该指出,挠度与转角的正负号与所选坐标系有关。在图 6.21 中,规定向上的挠度为正,反之为负;逆时针的转角为正,反之为负。

6.6.2 梁变形基本方程

在工程实际中,平面弯曲时梁的变形程度往往通过梁上的最大挠度与最大转角来限制。如果已知梁的挠曲轴方程与转角方程,就可轻而易举地确定梁上的最大挠度与最大转角。

纯弯曲时,可根据式(6.5)计算梁的中性层曲率。如果忽略剪力对梁变形的影响,式(6.5)同样可用于一般非纯弯曲。在这种情况下,由于弯矩 M 与曲率半径 ρ 均为 x 的函数,式(6.5)变为

$$\frac{1}{\rho(x)} = \frac{M(x)}{EI}$$

式中 EI——梁的抗弯刚度。

结合高等数学中关于平面曲线 $w = w(x)$ 上任一点的曲率的计算公式,可得

$$\frac{\mathrm{d}^2 w}{\mathrm{d}x^2} = \frac{M(x)}{EI} \tag{6.17}$$

式(6.17)称为挠曲轴近似微分方程,它建立了挠曲轴方程的二阶导数与弯矩、抗弯刚度的关系。实践表明,由此方程求得的挠度与转角,对于工程应用已足够精确了。

6.6.3 叠加法

在小变形的条件下,且当梁内应力不超过比例极限时,若由几个载荷同时作用在梁上,挠曲轴近似微分方程的解必等于各载荷单独作用时挠曲轴近似微分方程的解的线性组合。这种计算梁的位移的方法称为叠加法。

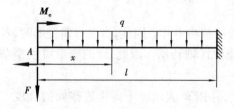

图 6.22

例如,对于如图 6.22 所示梁,若载荷 q,F 与 M_e 单独作用时横截面 A 的挠度分别为 w_q, w_F 与 w_{M_e},则当它们同时作用时该截面的挠度为

$$w = w_q + w_F + w_{M_e}$$

几种常见梁的变形公式,详见附录 B 梁的挠度与转角表。

例 6.8 试用叠加法求图 6.23(a)所示悬臂梁 A 截面的挠度。该梁的抗弯刚度 EI 为常量。

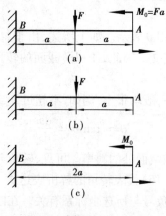

图 6.23

解 梁上有 F 和 M_0 两个外载荷,可分别计算 F 单独作用时和 M_0 单独作用时 A 处的挠度,然后叠加得二载荷同时作用 A 处的挠度。

F 单独作用时,由附录 C 可知

$$(y_A)_F = -\frac{Fa^2}{6EI}(3 \times 2a - a) = -\frac{5Fa^2}{6EI}$$

M_0 单独作用时,由附录 C 可知

$$(y_A)_{M_0} = \frac{M_0(2a)^2}{2EI} = \frac{2Fa^2}{EI}$$

叠加后得二载荷同时作用 A 处的挠度。

$$y_A = (y_A)_F + (y_A)_{M_0} = -\frac{5Fa^3}{6EI} + \frac{2Fa^3}{EI} = \frac{7Fa^3}{6EI}$$

6.6.4 梁的刚度条件

对于机械和工程结构中的许多梁,除应满足强度条件外,具备足够的刚度也是非常重要的。例如,机床主轴的变形过大,将影响加工精度;齿轮轴的变形过大,将影响齿轮间的啮合;传动轴的支承处的转角过大,将加速轴承的磨损,等等。

设以 $[\delta]$ 表示许用挠度,$[\theta]$ 表示许用转角,则梁的刚度条件为

$$|w|_{max} \leqslant [\delta] \tag{6.18}$$

$$|\theta|_{max} \leqslant [\theta] \tag{6.19}$$

即要求梁的最大挠度与最大转角分别不超过各自的许用值。许用挠度与许用转角可通过查阅有关设计手册或规范获得。

6.7 组合变形的强度设计

在前面章节中,研究了杆件在拉(压)、剪切、扭转和弯曲等基本变形时的强度设计问题。在工程实际中,有许多杆件在外力作用下会产生两种或两种以上的基本变形。例如,如图 6.24 所示的摇臂钻,钻头上的力 F_P 不通过立柱轴线,因而立柱将同时产生拉伸与弯曲两种变形;如图 6.25 所示的传动轴在齿轮啮合力 F_r,F_t 和电机转矩 M_e 的作用下,将同时产生弯曲和扭转两种变形。在外力作用下,杆件同时产生两种或两种以上的基本变形的情况称为组合变形。

在工程实际中,构件的变形大多数都属于弹性范围内的小变形。因此,可根据叠加原理,将组合变形分解为几种基本变形,或将外力进行适当的简化或分解,使它们能各自对应地产生一种基本变形。例如,将图 6.24 中的力 F_P 简化成通过立柱轴线的力 F'_P 和力偶矩 M_0,其中,F'_P 产生拉伸变形,M_0 产生弯曲变形;然后,分别计算每一种基本变形的应力,并进行叠加;再根据危险点的应力进行强度设计。

在工程中,常见的组合变形有斜弯曲(两个平面弯曲的组合)、拉(压)与弯曲的组合变形及弯曲与扭转的组合变形。本节只讨论弯扭组合变形的强度计算。

机械中的转轴除了产生扭转变形外,通常还会产生弯曲变形,这是机械工程中常见的一种

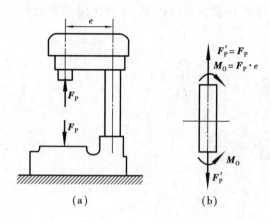

（a）　　　　　　（b）

图 6.24

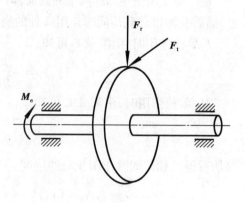

图 6.25

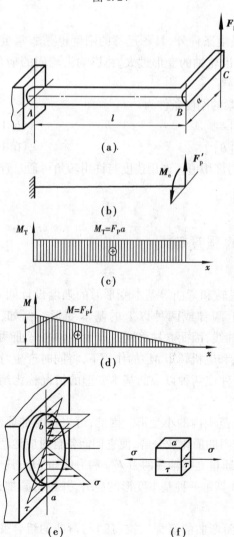

（a）

（b）

（c）

（d）

（e）　　　　（f）

图 6.26

弯扭组合变形。现以圆截面曲拐轴 ABC（见图 6.26（a））的轴 AB 的强度问题为例，说明弯曲与扭转组合变形时的强度计算方法。

（1）**外力分析**

在分析 AB 轴段的内力和变形时，可将 BC 段看做刚体。根据力的平移定理，将力 F_P 移至 B 点，得一横向力 F'_P 和一扭转力偶矩 M_e（见图 6.26（b）），其值分别为

$$F'_P = F_P$$
$$M_e = F_P a$$

其中，力 F'_P 使轴 AB 产生平面弯曲变形，力偶矩 M_e 使轴 AB 产生扭转变形，故轴 AB 的变形为弯曲与扭转的组合变形。

（2）**内力分析**

分别作出轴 AB 的扭矩图和弯矩图如图 6.26（c）、（d）所示。由图可知，固定端截面 A 的弯矩最大而扭矩与其他截面相同，故该截面为危险截面。危险截面上的弯矩和扭矩的绝对值分别为

$$M = F_P l$$
$$M_T = M_e = F_P a$$

（3）**应力分析**

弯矩 M 引起的正应力 σ 在高度方向上为线性分布；而扭矩 M_T 引起的切应力 τ 在任一直径上为线性分布。它们的分布规律如图 6.26（e）所示。由图可知，a，b 两点处的弯曲正应力和扭转切应力同时为最大值，故 a，b 两点

都是危险点。危险点的正应力和切应力的值分别为

$$\left.\begin{array}{l} \sigma = \dfrac{M}{W} \\[2mm] \tau = \dfrac{M_{\mathrm{T}}}{W_{\mathrm{P}}} \end{array}\right\} \qquad\qquad (\mathrm{a})$$

（4）强度计算

对于由塑性材料制成的轴,因其抗拉能力和抗压能力相同,故可只取 a（或 b）点进行强度设计。考虑到轴多采用塑性材料,故根据第三强度理论,可得强度条件为

$$\sqrt{\sigma^2 + 4\tau^2} \leqslant [\sigma] \qquad\qquad (6.20)$$

将式（a）代入式（6.20）,并注意到圆截面轴的 $W_{\mathrm{P}} = 2W$,可得弯扭组合变形的强度条件为

$$\frac{\sqrt{M^2 + M_{\mathrm{T}}^2}}{W} \leqslant [\sigma] \qquad\qquad (6.21)$$

根据第四强度理论可得强度条件为

$$\sqrt{\sigma^2 + 3\tau^2} \leqslant [\sigma] \qquad\qquad (6.22)$$

将式（a）及 $W_{\mathrm{P}} = 2W$ 代入式（6.22）,可得弯扭组合变形的强度条件为

$$\frac{\sqrt{M^2 + 0.75M_{\mathrm{T}}^2}}{W} \leqslant [\sigma] \qquad\qquad (6.23)$$

注意:式（6.21）、式（6.23）只适用于圆截面轴。

例 6.9　如图 6.27 所示传动轴 AB,由电机带动。已知电机的输出力偶矩为 $M_{\mathrm{e}} = 1 \ \mathrm{kN \cdot m}$,皮带紧边张力是松边张力的 2 倍,即 $F_2 = 2F_1$,轴承 B,C 相距 $l = 200 \ \mathrm{mm}$,皮带轮直径 $D = 400 \ \mathrm{mm}$,轴用 45 号钢制成,其许用应力 $[\sigma] = 120 \ \mathrm{MPa}$。试按第三强度理论设计轴 AB 的直径。

解　1）外力分析

将皮带张力 $\boldsymbol{F}_1$ 和 $\boldsymbol{F}_2$ 向轴 AB 的轴线平移,得横向力 $\boldsymbol{F}_{\mathrm{P}}$ 和力偶 $\boldsymbol{T}'$,轴的计算简图如图 6.27（b）所示。

$$F_{\mathrm{P}} = F_1 + 2F_1 = 3F_1$$

$$T' = \frac{F_2 D}{2} - \frac{F_1 D}{2} = \frac{F_1 D}{2}$$

其中,$\boldsymbol{F}_{\mathrm{P}}$ 产生弯曲变形,而 $\boldsymbol{T}'$ 和 $\boldsymbol{M}_{\mathrm{e}}$ 产生扭转变形,故轴 AB 产生弯、扭组合变形。

根据平衡条件可得

$$\left\{\begin{array}{lll} \sum M_C = 0 & F_B l - 3F_1 \dfrac{l}{2} = 0 \\[3mm] \sum F_y = 0 & F_C + F_B - 3F_1 = 0 \\[3mm] \sum M_x = 0 & \dfrac{F_1 D}{2} - M_{\mathrm{e}} = 0 \end{array}\right.$$

将 $M_{\mathrm{e}} = 1 \ \mathrm{kN \cdot m}$,$D = 400 \ \mathrm{mm}$ 代入以上方程组,可解得

$$F_B = F_C = 7\ 500 \ \mathrm{N}$$

$$F_1 = 5\ 000 \ \mathrm{N}$$

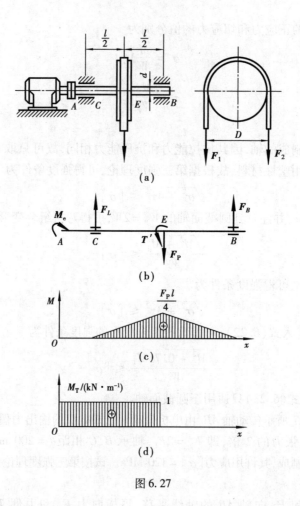

图 6.27

2)内力分析

根据轴上外力,画出其弯矩图和扭矩图(见图 6.27(c)、(d)),可知横截面 E 为危险截面,该截面的弯矩和扭矩分别为

$$M = \frac{F_P l}{4} = \frac{3F_1 l}{4} = \frac{3 \times 5\,000 \times 0.2}{4} = 750 \text{ N} \cdot \text{m}$$

$$M_T = M_e = 1\,000 \text{ N} \cdot \text{m}$$

3)设计轴径

根据式(6.21),得

$$\frac{32 \sqrt{M^2 + M_T^2}}{\pi d^3} \leqslant [\sigma]$$

轴的直径为

$$d \geqslant \sqrt[3]{\frac{32 \sqrt{M^2 + M_T^2}}{\pi [\sigma]}} = \sqrt[3]{\frac{32 \sqrt{750^2 + 1\,000^2}}{3.14 \times 120 \times 10^6}} =$$

$$0.047\,4 \text{ m} = 47.4 \text{ mm}$$

取 $d = 48$ mm。

习 题 6

6.1 如何计算剪力与弯矩？如何确定其正负号？

6.2 如何建立剪力、弯矩方程？如何画剪力、弯矩图？

6.3 在集中力与集中力偶作用处，梁的剪力图、弯矩图各有何特点？

6.4 在无均布载荷作用的梁段，梁的剪力图、弯矩图各有何特点？在有均布载荷作用的梁段，梁的剪力图、弯矩图又有何特点？

6.5 何谓中性层？何谓中性轴？如何确定中性轴的位置？

6.6 平面弯曲梁的正应力计算公式是怎样的？如何计算最大弯曲正应力？

6.7 如何计算矩形截面梁的横截面对中性轴的惯性矩及其抗弯截面系数？

6.8 圆形截面梁对其中性轴的惯性矩与极惯性矩有何关系？

6.9 试区别下列概念：中性轴与形心轴；纯弯曲与横力弯曲；抗弯刚度与抗弯截面系数。

6.10 矩形截面梁弯曲时，横截面上的弯曲正应力是如何分布的？试画图说明。

6.11 弯曲正应力的强度条件是如何建立的？

6.12 弯扭组合变形时，按第三强度理论如何建立其强度条件？若按第四强度理论如何建立其强度条件？对于圆截面梁又有何特殊计算公式？

6.13 梁的截面为 T 字形，z 轴通过截面形心，其弯矩图如图 6.28 所示。则

1）横截面上的最大拉应力和最大压应力位于同一截面 c 或 d 上；

2）最大拉应力位于截面 c 上，最大压应力位于截面 d 上；

3）最大拉应力位于截面 d 上，最大压应力位于截面 c 上。

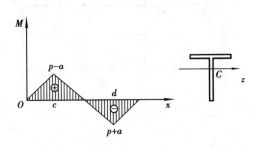

图 6.28

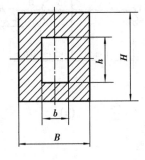

图 6.29

6.14 如图 6.29 所示截面的惯性矩为 $I_z = \dfrac{BH^3}{12} - \dfrac{bh^3}{12}$，其抗弯截面系数正确的是（ ）。

A. $W_z = \dfrac{BH^2}{6} + \dfrac{bh^2}{6}$

B. $W_z = \dfrac{BH^2}{6} - \dfrac{bh^2}{6}$

C. $W_z = \dfrac{BH^2}{12} - \dfrac{bh^2}{12}$

D. $W_z = \dfrac{BH^2}{6} - \dfrac{bh^3}{6H}$

6.15 计算如图 6.30 所示各横截面 C 的剪力与弯矩。

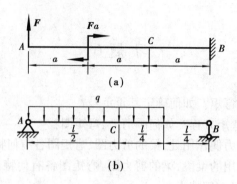

图 6.30

6.16　试建立如图 6.31 所示各梁的剪力、弯矩方程,并画剪力、弯矩图,指出 $|M|_{max}$ 的大小及其所在截面。

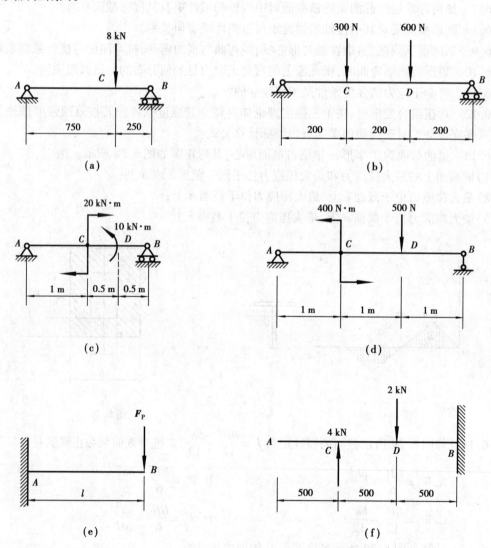

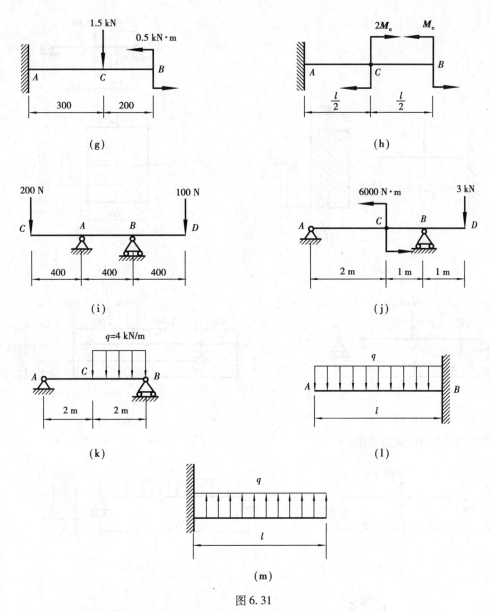

图 6. 31

6. 17　试求如图 6. 32 所示悬臂梁中的最大正应力,并指出其位置。

6. 18　求如图 6. 33 所示简支梁 k—k 截面上的 a,b,c,d 4 点的正应力,并指出是拉应力还是压应力。

6. 19　一吊车梁受力如图 6. 34 所示,跨度为 8 m,梁由 32a 工字钢制成,$[\sigma]=100$ MPa。试校核其强度。

6. 20　如图 6. 35 所示矩形截面梁,许用应力 $[\sigma]=10$ MPa。

1)试根据强度条件确定截面尺寸 b;

2)若在截面 A 处钻一直径为 $d=60$ mm 的圆孔(不考虑应力集中),试问是否安全。

6. 21　如图 6. 36 所示简支梁由钢材制造,其许用应力 $[\sigma]=170$ MPa。

1)若其横截面为矩形,高宽比 $h/b=1.5$,试确定尺寸 b;

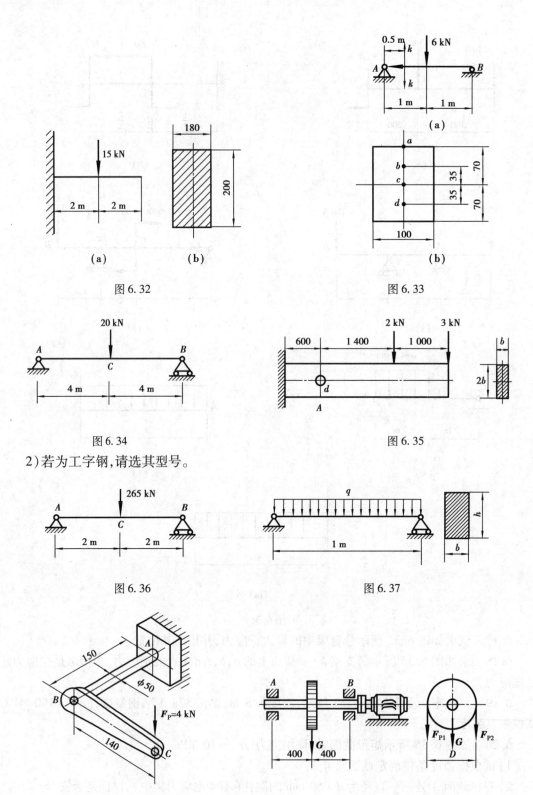

图 6.32

图 6.33

图 6.34

图 6.35

2)若为工字钢,请选其型号。

图 6.36

图 6.37

图 6.38

图 6.39

6.22　如图6.37所示的简支梁受均布载荷作用,横截面为 $b \times h = 120 \text{ mm} \times 180 \text{ mm}$ 的矩形,$[\sigma] = 10 \text{ MPa}$。试求允许的载荷集度 $[q]$。

6.23　曲拐圆轴部分 AB 的直径 $d = 50 \text{ mm}$,受力如图6.38所示,若杆的许用应力 $[\sigma] = 100 \text{ MPa}$。试校核此杆的强度。

6.24　带轮轴由电机通过联轴器带动,如图6.39所示。已知电机的功率为 $P = 16 \text{ kW}$,转速 $n = 960 \text{ r/min}$,带轮直径 $D = 400 \text{ mm}$,重量 $G = 750 \text{ N}$,胶带紧边、松边拉力比为 $F_{P1}/F_{P2} = 2$。轴的直径 $d = 50 \text{ mm}$,材料为45号钢,许用应力 $[\sigma] = 120 \text{ MPa}$。试校核轴的强度。

6.25　如图6.40所示钢制圆截面轴受载荷 $F_P = 2 \text{ kN}$ 和 $M_e = 4.8 \text{ kN} \cdot \text{m}$ 作用,$[\sigma] = 120 \text{ MPa}$。试确定圆轴的直径 d。

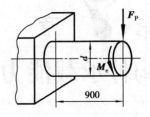

图6.40

第 **7** 章
构件承载能力的其他问题

7.1 疲劳强度

7.1.1 交变应力

在前面各章中所研究的构件强度问题都是指静力强度,即它们的工作应力是基本上保持不变的,但在机器设备和工程机构中,许多构件的工作应力常常是随时间做周期性变化的,这种应力称为交变应力。例如,如图7.1(a)所示火车轮轴,受载荷 F 作用,当车轴以角速度 ω 旋转时,横截面上任一点 A 处(见图7.1(b))的弯曲正应力为

$$\sigma = \frac{M}{I_z} y_A = \frac{MR}{I_z} \sin \omega t$$

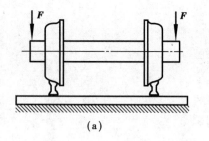
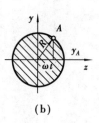
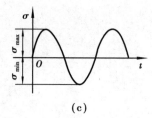

(a)　　　　　　　　　(b)　　　　　　　　　(c)

图7.1 交变应力概念

上式表明,车轮每旋转一圈,A 点处的材料即经历一次由拉伸到压缩的应力循环(见图7.1(c))。应力变化重复一次的过程称为一个应力循环,重复变化的次数称为应力循环次数 N。应力-时间曲线(见图7.1(c))称为应力循环曲线。应力循环中最小应力 σ_{min} 和最大应力 σ_{max} 之比表征着应力的变化特点,称为应力循环特性,用 r 表示,即

$$r = \frac{\sigma_{\min}}{\sigma_{\max}} \qquad (7.1)$$

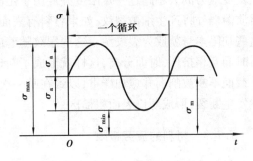

图 7.2　交变应力的应力循环图

如图 7.2 所示为某交变应力的变化曲线。图中最大应力和最小应力的代数平均值称为平均应力,用 σ_{m} 表示,即

$$\sigma_{m} = \frac{\sigma_{\max} + \sigma_{\min}}{2} \qquad (7.2)$$

最大应力与最小应力代数差的 1/2 称为应力幅,用 σ_{a} 表示,即

$$\sigma_{a} = \frac{\sigma_{\max} - \sigma_{\min}}{2} \qquad (7.3)$$

在工程实际中,最常见的交变应力有以下两种:

1)对称循环应力

这种应力的应力循环特性曲线如图 7.3(a)所示,其应力循环特性 $r = -1$,即 $\sigma_{\max} = -\sigma_{\min}$。如图 7.1 所示轴的弯曲正应力,即为其一例。

2)脉动循环应力

这种应力的应力循环特性曲线如图 7.3(b)所示,其中 $\sigma_{\min} = 0$,$\sigma_{\max} > 0$,$r = 0$。当齿轮单向转动时轮齿的弯曲正应力,即为其一例。

此外,不随时间变化的静应力可视为交变应力的一种特殊情况(如图 7.3(c)),其 $\sigma_{\max} = \sigma_{\min}$,$\sigma_{a} = 0$,$r = +1$。

杆件在交变切应力下工作时,上述概念同样适用,只需将正应力 σ 改为切应力 τ 即可。

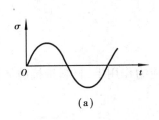　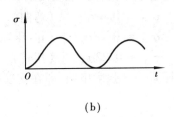　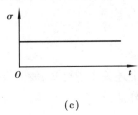

(a)　　　　　　　　(b)　　　　　　　　(c)

图 7.3　典型的交变应力

7.1.2　疲劳破坏的特点

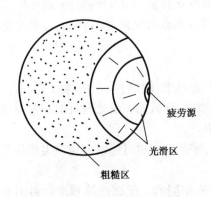

图 7.4　疲劳断口

实践表明,在交变应力作用下的构件,虽然所受应力小于材料的静强度极限,但经过应力的多次重复后,构件将产生可见裂纹而突然断裂,而且,即便是塑性很好的材料,断裂时也无显著的塑性变形。在交变应力作用下,构件产生可见裂纹而突然断裂的现象,称为疲劳破坏。

从试验中可知,在疲劳破坏的断口上,通常呈现两个区域,一个是光滑区域,另一个是粗粒状区域,如图 7.4 所示。

以上现象可通过疲劳破坏的形成加以说明。原来,当交变应力的大小超过一定限度并经历了足够多次的交替重复后,在构件内的应力最大处或材质薄弱处将产生细微裂纹;如果材料有表面损伤、夹杂物或加工造成的细微裂纹等缺陷,则这些缺陷本身就成为裂纹源。这些裂纹随着应力交变次数增加而不断扩展,裂纹两表面的材料时而互相挤压,时而分离,这样就形成了断口上的光滑区;另一方面,由于裂纹不断扩展,构件截面不断被削弱并愈加严重,以致在某一次偶然振动或冲击下,构件就会沿削弱了的截面突然发生断裂,形成断口表面粗糙区。

7.1.3　材料的疲劳极限

材料在交变应力作用下的力学性能也可通过试验确定。同一材料的试件直至疲劳破坏时所经历的循环次数除与应力大小有关外,还与循环特性和变形形式等有关。在工程实际中,一般采用比较容易进行的对称循环下的弯曲疲劳试验,即在弯曲疲劳试验机上,用一组

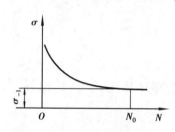

图 7.5　碳钢在对称循环下的
弯曲疲劳曲线

(6~10根)标准光滑小试件,逐根进行加载试验,所加载荷各不相同,即各试件在不同应力 σ 下试验,分别测得其断裂时所经历的循环次数 N,于是可作出以 σ 为纵坐标,N 为横坐标的 σ-N 曲线,称为疲劳曲线。如图 7.5 所示为用上述方法测得的碳钢的疲劳曲线,由图可知,在 $N=N_0=10^7$ 处出现水平渐近线,这说明试件经 10^7 次应力循环而不破坏时,则经无限多次循环也不会破坏,N_0 称为循环基数,对应于 N_0 的应力值称为材料的疲劳极限,材料在对称循环($r=-1$)时的疲劳极限用 σ_{-1} 表示。在脉动循环($r=0$)时的疲劳极限用 σ_0 表示。

试验表明,钢材的疲劳极限与静载下的抗拉强度极限 σ_b 之间存在下列近似关系:

$$\sigma_{-1} \approx 0.4\sigma_b \qquad (弯曲)$$

$$\sigma_{-1} \approx 0.28\sigma_b \qquad (拉-压)$$

$$\tau_{-1} \approx 0.22\sigma_b \qquad (扭转)$$

从上述关系中可知,疲劳极限远小于强度极限,即在交变应力作用下,材料抵抗破坏的能力显著降低。

7.1.4　影响构件疲劳极限的主要因素

材料的疲劳极限是用较为光滑的规定尺寸和形状的标准试件进行实验测定的,而实际构件的形状、尺寸和表面质量却常与标准试件不同。因此,两者的疲劳极限是不同的,需要考虑影响实际构件疲劳极限的主要因素。

(1)应力集中

在工程中,由于实际需要常在一些构件上钻孔、开槽(退刀槽、键槽)及车削螺纹等,从而使横截面形状及尺寸突然改变,如图 7.6 所示。试验研究表明,在截面突变处附近的小范围内应力并非均匀分布,而是突然增加,这种现象称为应力集中。

截面尺寸变化越急剧,应力集中的程度越严重。因此,零件上应尽可能地避免带尖角的孔和槽,阶梯轴的轴肩处要用半径较大的圆弧过渡。

在静载荷作用下,各种材料对应力集中的敏感程度是不相同的。低碳钢等塑性材料因有屈服阶段存在,当局部的最大应力达到屈服点 σ_s 时,该处的变形可以继续增加,而应力却不再

增大;载荷继续增加时,增加的载荷就由尚未屈服的材料来承受,使其他各点的应力相继达到 σ_s,这就使整个截面的应力又重新趋于均匀(见图7.6(c)),从而降低了应力的不均匀程度,也限制了最大应力的数值。可见,材料的屈服具有缓和应力集中的作用。因此,塑性材料在静载荷作用下可不必考虑应力集中的影响。

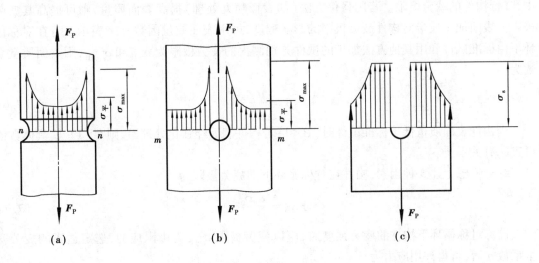

图7.6　应力集中

对于脆性材料,由于没有屈服阶段,当截面突变处的最大应力达到抗拉强度 σ_b 时,该处材料便开始出现裂纹,而裂纹尖端又会引起更加严重的应力集中,使整个构件由于裂纹的扩展而断裂。因此,应力集中对于脆性材料的承载能力影响很大。但是,像灰铸铁这样的脆性材料,由于其本身就存在应力集中的因素,反而使因构件外形的改变而引起的应力集中成为次要因素,对构件的承载能力不一定造成明显的影响。

综上所述,研究构件静载荷下的承载能力,可以不计应力集中的影响。但是,应力集中对构件的疲劳强度却影响极大。试验表明,应力集中促使疲劳裂缝的形成,从而使构件的疲劳极限显著降低。

应力集中对构件疲劳极限的影响,一般用有效应力集中因数 K_σ(切应力时用 K_τ)来表示。若在对称循环下由标准试件和有应力集中的试件分别测得的疲劳极限为 σ_{-1} 和 σ_{-1K},则有效应力集中系数为

$$K_\sigma = \frac{\sigma_{-1}}{\sigma_{-1K}} \tag{7.4}$$

式中,K_σ 是一个大于 1 的系数,其具体数据可以查阅有关手册。

(2)构件的尺寸

实验表明,虽然材料相同但尺寸大小不同的试件,其疲劳极限也不同。试件的疲劳极限随其尺寸的增大而降低,这主要是由于尺寸越大,试件内部所包含的杂质、缺陷就会增多,因此,更易形成疲劳裂纹,使其疲劳极限降低。截面尺寸对构件疲劳极限的影响,用尺寸因数 ε_σ(切应力时用 ε_τ)表示。若在对称循环下由标准试件和大试件分别测得的疲劳极限为 σ_{-1} 和 $\sigma_{-1\varepsilon}$,则尺寸系数为

$$\varepsilon_\sigma = \frac{\sigma_{-1\varepsilon}}{\sigma_{-1}} \tag{7.5}$$

式中,$\varepsilon_\sigma(\varepsilon_\tau)<1$,其具体数值可查阅有关资料。

（3）构件的表面质量

通过大量的试验表明,表面加工质量对构件的静强度没有影响,但对疲劳强度影响就很大,这是由于当构件表面质量较差时,例如,有刀痕、擦伤等缺陷,容易引起不同程度的应力集中,降低构件的疲劳极限。若用强化方法(如表面喷丸处理)提高表面质量,则可提高其疲劳极限。表面加工质量对构件疲劳极限的影响程度,可用表面质量因数 β 来表示。若在对称循环下由标准试件和用其他方法加工的试件分别测得的疲劳极限为 σ_{-1} 和 $\sigma_{-1\beta}$,则表面质量系数为

$$\beta = \frac{\sigma_{-1\beta}}{\sigma_{-1}} \tag{7.6}$$

当构件表面质量低于标准试件时,$\beta<1$;若构件表面经强化处理后,则 $\beta>1$。其具体数值可查阅有关手册。

综合考虑上述 3 种因素,构件在对称循环下的疲劳极限为

$$\sigma_{-1e} = \frac{\varepsilon_\sigma \beta}{K_\sigma} \sigma_{-1} \tag{7.7}$$

计算对称循环下构件的疲劳强度时,应以疲劳极限 σ_{-1e} 为极限应力,选定适当的疲劳安全系数 n 后,可得许用应力为

$$[\sigma_{-1}] = \frac{\sigma_{-1e}}{n} \tag{7.8}$$

对称循环下的强度条件为

$$\sigma_{max} \leq [\sigma_{-1}] = \frac{\sigma_{-1e}}{n} \tag{7.9}$$

式中　σ_{max}——构件危险截面上危险点处的最大应力。

7.2　压杆稳定

前面讨论受压杆件时,认为只要满足压缩强度条件,就能保证压杆正常工作。事实上,这仅仅对于粗短杆件才是正确的,而对于细长的压杆或柱,就不能单纯从强度方面考虑了。例如,有一根截面尺寸为 5 mm × 15 mm 的木杆,长 30 mm,其强度极限 $\sigma_b =40$ MPa,承受轴向压力,如图 7.7 所示。若要将它压坏所需的压力为 $P_1 = \sigma_b A = 3$ kN。但是,如果截面尺寸相同,而压杆长度为 1 m 时,则情况就大不一样,只要用 $P_2 = 16$ N 的压力就会将它压弯,如继续增大压力就会折断。这就说明细长压杆丧失工作能力不是压缩破坏,而是受压时它不能保持原有直线形状的平衡状态,而发生弯曲。这种不能维持原有平衡形式而丧失稳定性的现象称为失稳。

为了更深刻地理解压杆稳定概念,可进行如下实验:取一细长直杆,一端固定,如图 7.8 所示,在其自由端施加一轴向压力 F,当压力不超过某一临界值 F_{cr} 时,压杆受到横向力干扰后,杆即恢复其原状,这时的压杆称为稳定的。如果施加的 F 力逐渐增大,达到某一临界值 F_{cr} 时,则该杆受到一微小横向力干扰后,杆就产生弯曲变形,去掉横向力也不能恢复其原状,这时的

压杆称为不稳定的,当压力超过该临界值 F_{cr} 时,压杆会突然弯曲从而导致折断。力 F_{cr} 是使压杆丧失稳定的最小轴向压力,称为临界压力。即

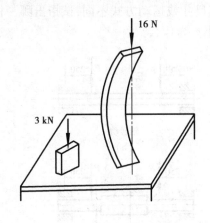

图 7.7　细长杆受压易失稳

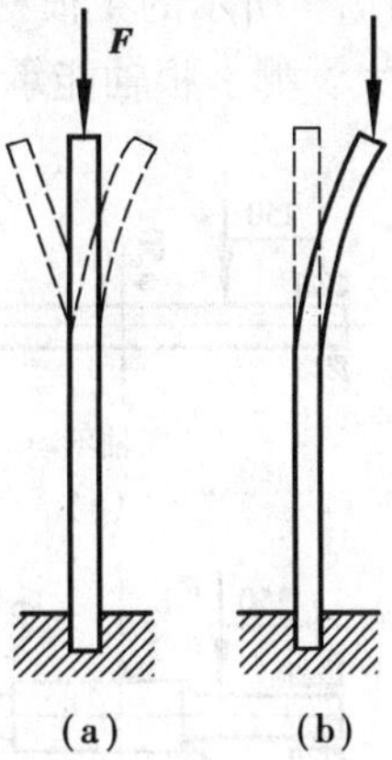

图 7.8　压杆稳定和失稳概念

当 $F \leqslant F_{cr}$ 时,是稳定平衡状态;

当 $F = F_{cr}$ 时,是临界平衡状态;

当 $F > F_{cr}$ 时,是不稳定平衡状态。

可以认为临界压力是压杆丧失稳定性的极限载荷,研究稳定性的关键在于确定临界压力的数值。

压杆稳定性计算,应满足以下条件

$$F \leqslant \frac{F_{cr}}{S} \tag{7.10}$$

式中　S——稳定安全系数。

临界压力 F_{cr} 除与杆件的粗细和长短有关外,还与安装的支承形式、杆件的截面形状、杆件材料的弹性模量等诸多因素有关,较为复杂。因此,这里不作定量计算,需要时可查阅有关书籍。

在机械工程中,有许多构件需要考虑其稳定性。例如,螺旋千斤顶的螺杆,内燃机的连杆和桥梁桁架中的压杆等,都必须具有足够的稳定性,才能保证正常的工作。由于压杆稳定破坏是突然发生的,往往会给机械或工程结构造成很大危害,历史上就有过不少由于压杆失稳而引起严重事故的实例。因此,在设计细长压杆时,进行稳定计算是非常必要的。

习　题　7

7.1　何谓疲劳破坏?有何特点?疲劳破坏是如何形成的?

7.2　何谓应力集中?在静应力和交变应力两种情况下,应力集中对塑性材料和脆性材料分别有什么影响?

7.3　材料的疲劳极限与构件的疲劳极限有何区别?材料的疲劳极限与抗拉强度有何区别?

7.4 提高构件疲劳强度的措施有哪些?

7.5 何谓失稳? 何谓稳定平衡与不稳定平衡?

7.6 如图7.9所示的4根材质相同的轴,其尺寸或运动方式不同,试指出哪一根轴能承受的载荷 F 最大? 哪一根轴能承受的载荷 F 最小? 为什么?

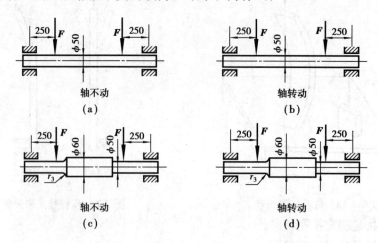

图7.9

第3篇
机构及机械零件

机器工作时传递运动和动力。从运动上看,机器由若干机构组成。机器的种类虽然很多,但常用机构的种类却并不太多。这些常用机构(如平面连杆机构、凸轮机构、齿轮机构等)的工作原理、特性和设计方法,是认识和设计各种机器的共同基础。

从结构上看。机器由若干零件组成。各种机器都采用的零件称为通用零件,如齿轮、轴、轴承等。零件应满足强度、刚度、寿命、工艺性和经济性等方面的要求。

本篇以常用机构和通用零件为研究对象,讨论其工作原理、受力分析和运动分析以及设计中的一些共性问题。为便于叙述,以下先讨论常用机构,再研究通用零件,其中第11章将齿轮机构和齿轮传动结合起来叙述。

第 **8** 章

平面机构的结构分析

8.1 机构及其组成

8.1.1 机器与机构

为减轻人的劳动和提高生产效率,人们创造了各式各样的机器,如汽车、拖拉机、起重机、各种机床、内燃机、发电机、缝纫机和洗衣机等。在金属切削机床中,电动机通过带及齿轮等传动装置驱动主轴和工作台,完成工件的切削加工;在发电机中,外力驱动转子旋转,把机械能变成电能。由这些实例可知,机器是一种人为实物的组合,其各部分之间具有确定的相对运动,

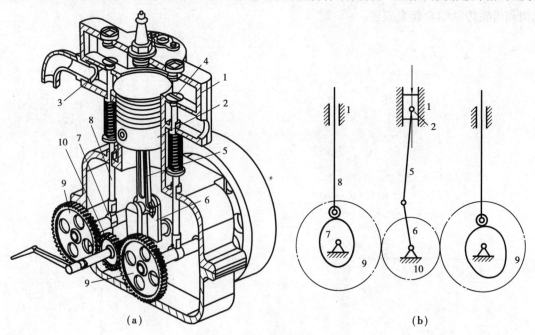

(a)　　　　　　　　　(b)

图 8.1　机器、机构及运动简图

并能完成有用的机械功(如起重机和各类机床)或转换机械能(如内燃机和发电机)。

机器通常由几个机构组成,每个机构实现一定的运动变换。机构也是人为实物的组合,其各部分之间的相对运动也是确定的。例如,如图 8.1 所示的内燃机由曲柄滑块机构、齿轮机构和凸轮机构组成。燃气推动活塞 2 在汽缸体(即机体 1)中做直线移动,通过连杆 5 使曲轴 6 转动,上述物体组成曲柄滑块机构。曲轴的转动通过齿轮 9 和 10 组成的齿轮机构传给凸轮 7,推动顶杆 8 定时打开和关闭气门,凸轮和顶杆等组成凸轮机构。燃气的热能转换为曲轴的机械能的全过程,是由这些机构共同完成的。

8.1.2　构件与零件

组成机构的各个相对运动部分称为构件。构件可以是单一的整体,也可以是几个元件的刚性组合。如图 8.2 所示的齿轮用键与轴刚性地联接在一起,则键、轴、齿轮之间便无相对运动,成为一个运动的整体,即一个构件。组成这个构件的 3 个元件则称为零件。构件是运动的单元体,零件是制造的单元体。

机构中驱动力所作用的构件称为主动件,其余被推动的构件称为从动件,支持各运动构件的构件称为机架。在如图 8.1(a)所示的曲柄滑块机构中,活塞 2 是主动件,其他运动构件均为从动件,汽缸 1 是机架。同一机构,在用于不同的机器时,其主动件可以不同。

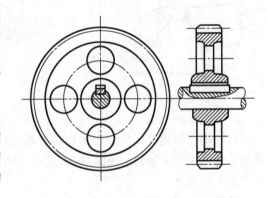

图 8.2　齿轮

如上述曲柄滑块机构应用于冲床或空气压缩机时,则以曲柄为主动件。

8.2　运动副及其分类

8.2.1　运动副

机构的重要特征是各个构件间具有确定的相对运动,为此必须对各个构件的运动加以限制。在机构中,每个构件都以一定的方式来与其他构件相互接触,两者之间形成一种可动的联接,从而使两个互相接触的构件之间的相对运动受到限制。两构件之间的这种可动联接称为运动副。

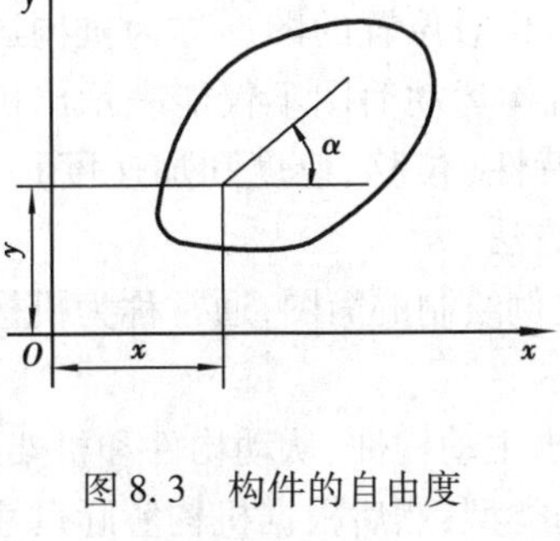

8.2.2　自由度和运动副约束

一个做平面运动的构件有 3 个独立运动的参数:沿 x 轴、y 轴的移动和绕垂直于 xOy 平面的轴的转动。可用 3 个独立的参数 x,y,α(见图 8.3)来描述。把构件相对于参考系具有的独立运动参数的数目称为自由度。两个构件通过运动副连接以后,相对运动受到了某些限制,即失去一定的自

图 8.3　构件的自由度

由度,这种限制称为约束。引入 1 个约束条件将减少 1 个自由度,而约束的多少及约束的特点取决于运动副的形式。

根据运动副接触形式的不同,可将运动副分为两类:

1)高副 两构件构成点线接触的运动副称为高副。如图 8.4 所示,在曲线构成的高副中构件 2 相对于构件 1 既可沿接触点处切线 t-t 方向移动,又可绕接触点 A 转动,运动副保留了 2 个自由度,带进了 1 个约束。高副由于以点或线相接触,其接触部分压强较高,故易磨损。

2)低副 两构件组成面接触的运动副称为低副。如图 8.5(a)、(b)均为低副。平面低副按其相对运动形式分为转动副和移动副。

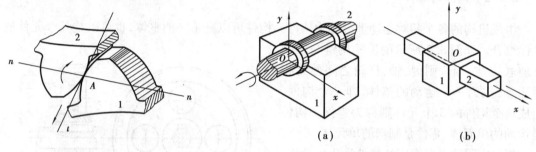

图 8.4 高副　　　　　　　　　　　　　图 8.5 低副

①转动副 两构件间只能产生相对转动的运动副称为转动副。如图 8.5(a)所示的转动副限制了轴颈 2 沿 x 轴和 y 轴的移动,只允许轴颈绕轴线相对转动,转动副引入了 2 个约束,保留了 1 个自由度。

②移动副 两构件间只能产生相对移动的运动副称为移动副。如图 8.5(b)所示滑块与导向装置的联接。如图 8.5(b)所示的移动副,构件之间只能沿 x 轴做相对移动,移动副也具有 2 个约束,保留了 1 个自由度。

转动副和移动副由于都是面接触,在承受载荷时压强较低,不易磨损。

8.3 平面机构运动简图

实际的机器或机构比较复杂,构件的外形和构造也各式各样。但是机构的相对运动只与运动副的数目、类型、相对位置及某些尺寸有关,而与构件的截面尺寸、组成构件的零件数目、运动副的具体结构等无关。因此,在研究机器或机构运动时,可不考虑与运动无关的因素,只需用简单的线条和符号来代表构件和运动副,如表 8.1 所示。这种用简单的线条和符号表示机构各构件间相对运动关系,并按一定的比例确定各运动副的相对位置的图形称为机构运动简图,例如,如图 8.1(b)所示单缸内燃机的机构运动简图。机构运动简图不仅能表示出机构的传动原理,而且还可用图解法求出机构上各有关点的运动特性(位移、速度和加速度)。它是一种在分析机构和设计机构时表示机构的简便而又科学的方法。

对于只为了表示机构的结构及运动情况,而不严格按照比例绘制的简图,通常称为机构示意图。表 8.1 列出了机构运动简图的常用符号。

在绘制机构运动简图时,首先要观察机构的运动情况,找出主动构件、从动构件和机架;根据相联两构件的相对运动性质和接触情况,确定各个运动副的类型;然后根据机构实际尺寸和

图纸大小确定适当的比例尺 μ_t,即

$$\mu_t = \frac{\text{实际长度}}{\text{图示长度}} \quad \frac{m}{mm}$$

表 8.1　机构运动简图符号

名　称		符　号
低副	转动副	
	移动副	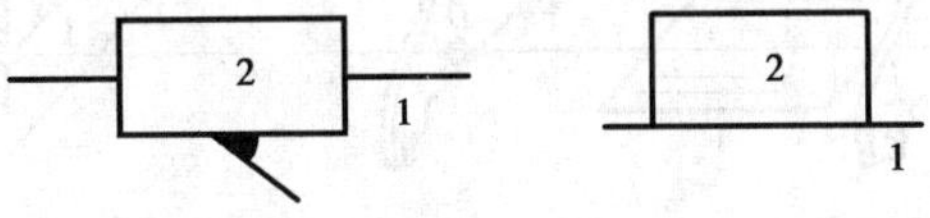
	螺旋副	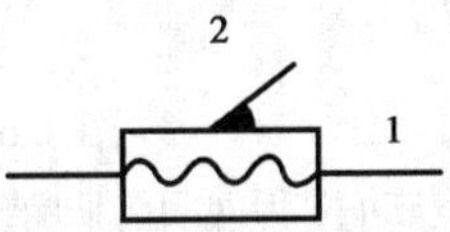
高副	凸轮副	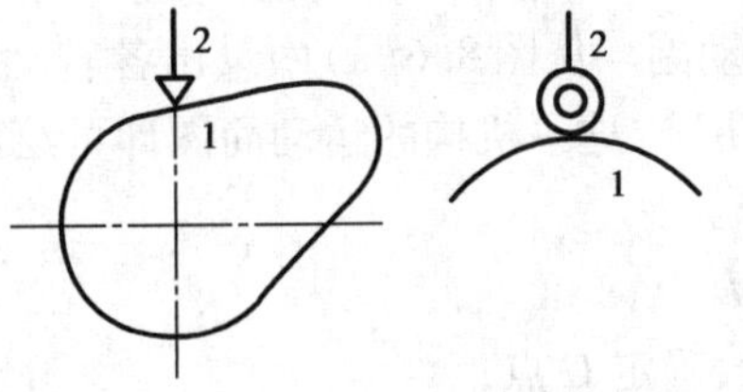
	齿轮副	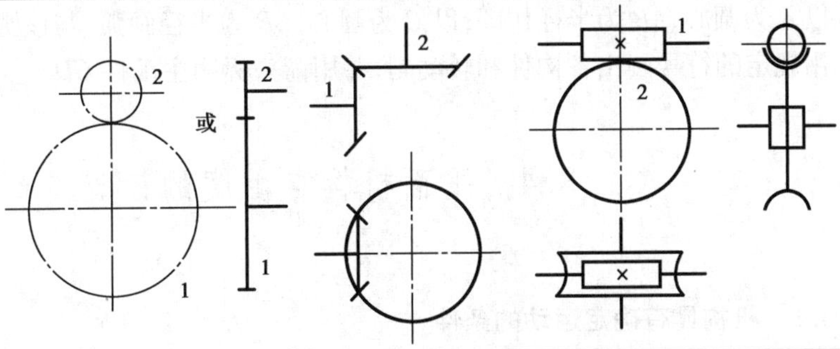
构件	带有运动副元素的活动构件	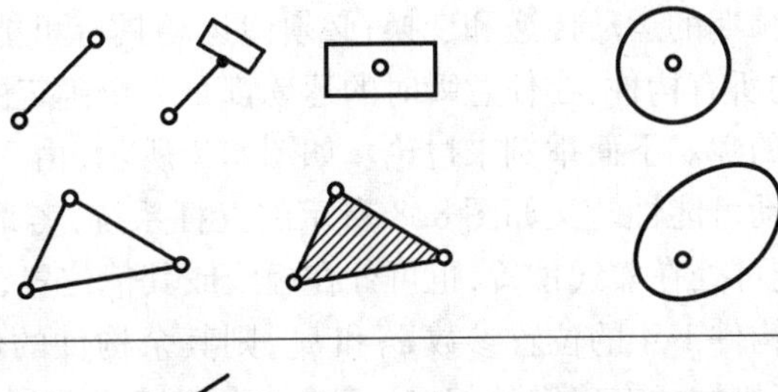
	机架	

按照各运动副间的距离和相对位置,以规定的符号将各运动副表示出来;最后用直线或曲线将同一构件上的运动副联接起来,即为所要画的机构运动简图。

例8.1 试绘制如图8.6所示缝纫机驱动机构的运动简图。

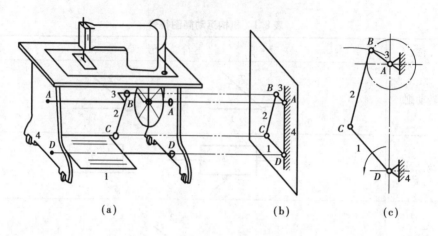

(a)　　　　　　(b)　　　　　(c)

图8.6

解 如图8.6(a)所示的传动过程如下:脚踏板1绕轴D摆动时,通过连杆2带动曲轴3绕轴A连续转动。脚踏板1是主动件,连杆2和曲柄3是从动件,4为机架,这4个构件组成曲柄摇杆机构,A,B,C,D均为转动副。从图8.6(a)中量出各转动副间的中心距,选取侧平面为运动简图的投影面(见图8.6(b)),这一机构的运动简图即可绘出,如图8.6(c)所示。

绘制运动简图的步骤如下:

①选定比例尺,确定A和D点;

②任意选定主动件的位置,确定C点;

③以A为圆心、AB为半径作圆;以C为圆心,CB为半径画弧,与该圆交于B点;

④用规定的符号画出各构件和转动副,并用箭头标明主动件CD。

8.4　平面机构自由度的计算

8.4.1　机构具有确定运动的条件

机构要实现预期的运动传递和变换,必须使运动具有可能性和确定性。所谓运动的确定性,是指机构中的所有构件,在任意瞬时的运动都是完全确定的。那么,机构应具备什么条件,其运动才是确定的呢。下面举例来讨论。如图8.7所示,由3个构件通过3个转动副联接而成的系统没有运动可能性。又如图8.8所示的五杆系统,若取构件1作为主动件,当给定φ_1时,构件2,3,4既可处在实线位置,也可处在虚线或其他位置,因此,其从动件的运动是不确定的。但如果给定构件1,4的位置参数φ_1和φ_4,则其余构件的位置就被确定下来了,即需要两个原动构件,五杆机构才有确定的相对运动。如图8.9所示的曲柄滑块机构,给定构件1的位置时,其他构件的位置就被确定下来,即只需要一个原动构件,机构就有确定的相对运动。

机构的自由度也就是机构具有的独立运动的个数。为了使机构具有确定的相对运动,这些独立运动必须是给定的,由于只有原动件才能做给定的独立运动,因此,机构的原动件数必须与其自由度相同,机构具有确定运动的条件是:机构的原动件数等于机构的自由度数。显然,机构的自由度必须大于零,这样机构才能运动。

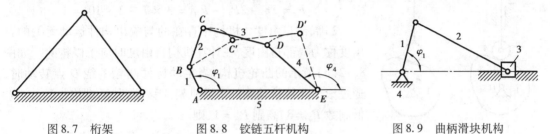

图 8.7 桁架　　　　图 8.8 铰链五杆机构　　　　图 8.9 曲柄滑块机构

8.4.2 平面机构自由度的计算

(1)平面机构自由度的计算公式

设一个平面机构包含 N 个构件,其中必有一个机架,因机架为固定件,其自由度为零,故活动构件数 $n = N - 1$。这 n 个活动构件在没有通过运动副联接时,应该共有 $3n$ 个自由度,当用运动副将构件联接起来组成机构之后,则自由度就要减少,当引入一个低副,自由度就减少两个。当引入一个高副,自由度就减少一个。如果上述机构中引入了 P_L 个低副,P_H 个高副;则自由度减少的总数就为 $2P_L + P_H$,则该机构所剩的自由度数(用 F 表示)为

$$F = 3n - 2P_L - P_H \tag{8.1}$$

式中　　F——平面机构的自由度;n——机构中的活动构件的个数。

由式(8.1)可知,机构的自由度 F 取决于活动构件的数目以及运动副的性质(低副或高副)和数目。

例 8.2　求如图 8.8 所示五杆铰链机构的自由度。

解　该机构的活动构件数 $n = 4$。低副数 $P_L = 5$,高副数 $P_H = 0$,故

$$F = 3n - 2P_L - P_H = 3 \times 4 - 2 \times 5 - 0 = 2$$

因此,该机构需要两个原动件便具有确定的相对运动。

(2)计算机构的自由度时应注意的问题

在应用机构的自由度计算公式时,对以下几种情况必须加以注意:

1)复合铰链　两个以上的构件同时在一处以转动副相联这就构成复合铰链。如图 8.10(a)所示是 3 个构件在一处构成复合铰链,从侧视图 8.10(b)中可知,构件 1 分别与构件 2、构件 3 构成两个转动副。依此类推,如果有 k 个构件同时在一处以转动副相联,必然构成 $(k-1)$ 个

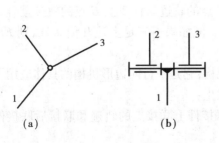

图 8.10 复合铰链

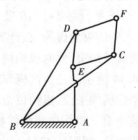

图 8.11 直线机构

转动副。

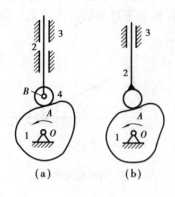

图 8.12 局部自由度

例 8.3 计算如图 8.11 所示直线机构的自由度。

解 图示机构中其活动机构数 $n=7$，$P_L=10$，$P_H=0$，故

$$F = 3n - 2P_L - P_H = 3 \times 7 - 2 \times 10 = 1$$

2）局部自由度 机构中存在的与输出构件运动无关的自由度称为局部自由度，在计算机构自由度时应予以排除。如图 8.12（a）所示的凸轮机构，当主动构件凸轮 1 绕 O 点转动时，通过滚子 4 使从动构件 2 沿机架 3 移动，其活动构件数 $n=3$，低副数 $P_L=3$，高副 $P_H=1$，则

$$F = 3n - 2P_L - P_H = 3 \times 3 - 2 \times 3 - 1 = 2$$

这说明此机构应有两个主动构件，而实际上只有一个主动构件，这是因为此机构中有一个局部自由度——滚子 4 绕 B 点的转动，它与从动件 2 的运动无关，只是为了减少从动件与凸轮间的磨损而增加了滚子。由于局部自由度与机构运动无关，故计算自由度时应去掉局部自由度。如图 8.12（b）所示，假设把滚子与从动杆焊在一起，这时机构的运动并不改变，则图 8.12（b）中 $n=2$，$P_L=2$，$P_H=1$，由式（8.1）得

$$F = 3n - 2P_L - P_H = 3 \times 2 - 2 \times 2 - 1 = 1$$

即此机构自由度为 1，这说明应有一个主动件，机构运动就能确定，这与实际情况完全相符。

3）虚约束 在机构中，有些运动副引入的约束与其他运动副引入的约束相重复，因而这种约束形式上存在但实际上对机构的运动并不起独立限制作用，这种约束称为虚约束。如图 8.13（a）所示机构中，AB 平行且等于 CD，称为平行四边形机构。该机构中，连杆 2 做平动，其上各点的轨迹均为圆心在 AD 线上而半径等于 AB 的圆弧，根据式（8.1）得该机构的自由度为

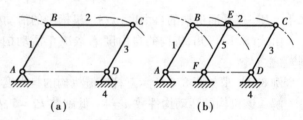

图 8.13 虚约束

$$F = 3 \times 3 - 2 \times 4 = 1$$

若如图 8.13（b）所示，则该机构的自由度为

$$F = 3 \times 4 - 2 \times 6 = 0$$

式中，$F=0$ 则表明此机构是不能运动的，这显然和实际情况不符。这是由于引入了杆 EF 的结果。由于 EF 平行并等于 AB 及 CD，故杆 5 上 E 点的轨迹与杆 2 上 E 点的轨迹重合，因此，EF 杆所引入的约束为虚约束，计算时先将其去掉。但如果不满足上述几何条件，则 EF 杆引入的约束为有效约束，此时机构的自由度为 0。

如图 8.14 所示的是蒸汽机车动力轮的联动机构，它是平行四边形机构的具体应用。

对于平面机构来说，虚约束常在下列情况下发生：

1）轨迹重合。机构中两构件相联，联接前被联接件上联接点的轨迹和联接后联接件上联接点的轨迹重合，如图 8.13（b）所示。

2）两构件同时在几处接触并构成几个移动副，且各移动副的导路互相平行或重合。如

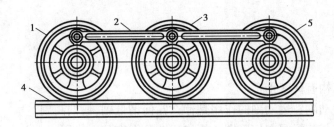

图 8.14 机车联动机构

图 8.12所示,只计一个移动副,其余是虚约束。

3)两构件间在几处构成转动副且各转动副轴线重合时,只有一个转动副起作用,其余为虚约束。例如,一根轴上安装多个轴承。

4)机构中对传递运动不起独立作用的对称部分。例如,如图 8.15 所示轮系,中心轮 1 经过两个对称布置的小齿轮 2 和 2′驱动内齿轮 3,其中有一个小齿轮对传递运动不起独立作用。这是为了改善受力情况而装设的,实际上只需要一个小轮就能满足运动要求。

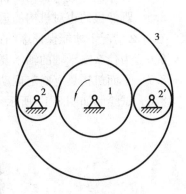

图 8.15 轮系

虚约束对机构运动虽然不起作用,但可增加构件的刚性,改善受力情况,故在机构中经常出现。

在计算机构的自由度时,应先分析一下,如有局部自由度和虚约束时,可先除去,然后用式(8.1)计算。

例 8.4 试计算如图 8.16 所示大筛机构的自由度。

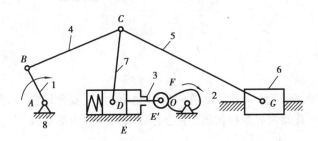

图 8.16 大筛机构

解 图中滚子具有局部自由度。E 和 E'为两构件组成的两个导路平行的移动副,其中之一为虚约束,C 处为复合铰链。在计算自由度时,将滚子 F 与构件 3 看成是联接在一起的整体,即消除局部自由度,再去掉移动副 E, E'中的任一个虚约束,则可得该机构的可动构件数 $n = 7$,低副数 $P_L = 9$,高副数 $P_H = 1$,按式 (8.1)得

$$F = 3n - 2P_L - P_H = 3 \times 7 - 2 \times 9 - 1 \times 1 = 2$$

故此机构应当有两个主动件。

习 题 8

8.1 机器与机构有何区别?

8.2 什么是运动副? 运动副的作用是什么? 何谓低副,何谓高副?

8.3 运动简图与装配图有何区别? 机构运动简图有什么作用?

8.4 若原动件数与机构的自由度数不相等,将会出现什么现象?

8.5 既然虚约束对机构的运动不起直接的限制作用,为什么在实际的机械中常出现虚约束? 在什么情况下才能保证虚约束不能成为有效约束?

8.6 为什么支承轴的轴承要用两个或两个以上?

8.7 平面机构具有确定运动的条件是什么?

8.8 试绘制如图 8.17 所示平面机构的运动简图。

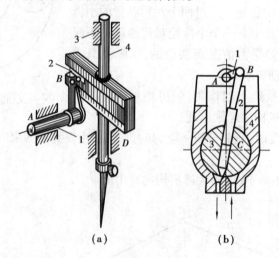

(a)　　　　　　　(b)

图 8.17

8.9 试计算如图 8.18 所示各运动链的自由度(若含有复合铰链、局部自由度或虚约束,应明确指出),并判断其能否成为机构(图中绘有箭头的构件为原动件)。

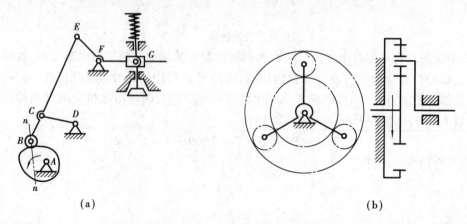

(a)　　　　　　　　　　　(b)

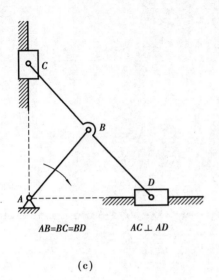

$AB=BC=BD$　　$AC \perp AD$

(c)

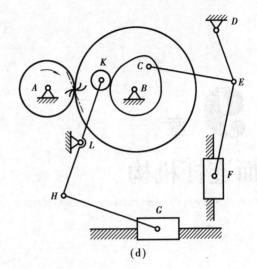

(d)

图 8.18

第**9**章
平面连杆机构

9.1 概　述

　　各构件均以低副相联接的机构称为连杆机构。它们广泛地用于各种机械和仪器设备中,例如,常见的内燃机、印刷机、缝纫机等都包含着连杆传动。

　　连杆传动的特点为运动副都是低副,面接触,压强较小,磨损小,利于承受较大的载荷;其接触表面为平面或圆柱、圆孔,加工方便,故制造简单,易于获得较高的精度;联接处多为闭合型运动副,无须其他的锁合装置就能保证各构件间联接的可靠性。但低副接触面间有间隙存在,位置精度低;构件和运动副数目较多时,设计比其他机构困难和繁复,并且制造积累误差也较大;由于连杆传动的惯性力平衡问题比较难解决,在高速时易于引起较大的振动和动载荷,因此,连杆传动常用于低速的场合。

　　本章只讨论连杆机构中最简单、最基本且应用最广泛的平面四杆机构。

9.2　平面四杆机构的基本形式及其应用

　　铰链四杆机构和曲柄滑块机构是平面四杆机构的基本形式,下面分别予以介绍。

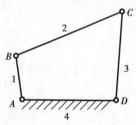

图 9.1　铰链四杆机构

9.2.1　铰链四杆机构

　　铰链四杆机构是由转动副联接起来的其中一个杆为机架的平面四杆机构。如图 9.1 所示,被固定的杆称为机架,不直接与机架相连的杆称为连杆,与机架相连的杆 1 和杆 3 称为连架杆。凡能做整周回转的连架杆称为曲柄,只能做往复摆动的连架杆称为摇杆。根据两个连架杆的运动形式不同,可将铰链四杆机构分为曲柄摇杆机构、双曲柄机构和双摇杆机构 3 种基本形式。

(1) 曲柄摇杆机构

两连架杆中一个为曲柄另一个为摇杆的四杆机构,称为曲柄摇杆机构。如图 9.2 所示的液体搅拌器,当主动曲柄 AB 回转时,摇杆 CD 做往复摆动,利用连杆上 E 点的轨迹实现对液料的搅拌。

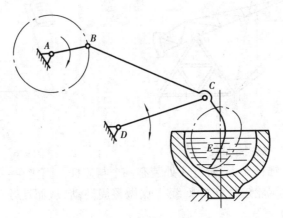

图 9.2　液体搅拌器

(2) 双曲柄机构

两连架杆均为曲柄的四杆机构称为双曲柄机构,如图 9.3 所示的惯性筛,即为双曲柄机构。惯性筛机构中,主动曲柄 AB 等速回转一周时,曲柄 CD 变速回转一周,使筛子 EF 获得加速度,从而将被筛选的材料分离。

在双曲柄机构中,若主动曲柄为等速转动,从动曲柄一般为变速转动。只有当两个曲柄长度相等,机架与连杆的长度也相等时(见图 9.4),两曲柄的角速度才在任何瞬时都相等,这种双曲柄机构称为平行双曲柄机构。

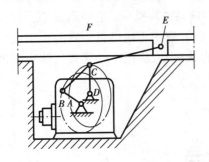

图 9.3　惯性筛机构

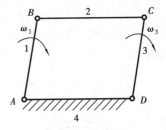

图 9.4　平行双曲柄机构

如图 8.14 所示的蒸汽机车联动机构,是平行双曲柄机构的应用实例。平行双曲柄机构的两个曲柄与机架共线时可能由于某些偶然因素的影响而使两个曲柄反向回转,机车车轮联动机构采用 3 个曲柄的目的就是为了防止其反转。

(3) 双摇杆机构

两连架杆均为摇杆的四杆机构称为双摇杆机构,如图 9.5 所示的起重机及如图 9.6 所示电扇的摇头机构,均为双摇杆机构。

在起重机中,CD 杆摆动时,连杆 CB 上悬挂重物的点 M 在近似水平直线上移动。在电扇

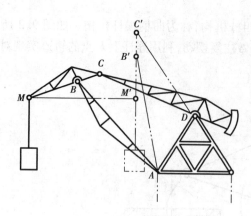

图9.5 鹤式起重机

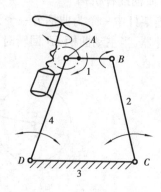

图9.6 摇头机构

摇头机构中,电机安装在摇杆4上,铰链 A 处装有一个与连杆1固接在一起的蜗轮。电机转动时,电机轴上的蜗杆带动蜗轮迫使连杆1绕 A 点做整周转动,从而使连架杆2和4做往复摆动,达到风扇摇头的目的。

9.2.2 曲柄滑块机构

在如图9.1所示的机构中,摇杆3是在某一角度内来回摆动,即 C 点的运动轨迹为一段圆弧。如果把摇杆3改为一环形滑块并在具有环形槽的机架上滑动(见图9.7(a)),设该环形槽的曲率半径等于构件3的长度,则原机构的运动特性并没有变化。如果再把环形槽的曲率半径增至无穷大时,则转动副 D 的中心将增至无穷远处,此时环形槽将变为直槽,而转动副 D 便转化成移动副,如图9.7(b)所示。这时构件3称为滑块,构件4称为导杆。图中 e 为曲柄中心 A 至直槽中心线的垂直距离,称为偏心距。这种机构称为偏置曲柄滑块机构。当 $e=0$ 时,便是对心曲柄滑块机构,如图9.7(c)所示,一般称为曲柄滑块机构。它应用很广,可将主动滑块的往复直线运动,经连杆转换为从动曲柄的连续转动,应用于内燃机等发动机中;也可将主动曲柄的连续转动,经连杆转变为从动滑块的往复直线运动,应用于往复式气体压缩机、往复式液体泵中。

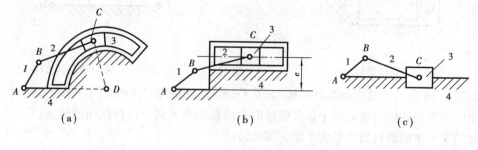

图9.7

9.3　铰链四杆机构的基本特性

9.3.1　铰链四杆机构中曲柄存在的条件

由上述可知,铰链四杆机构运动形式的不同,主要在于机构中是否存在曲柄,而曲柄是否存在则取决于各构件相对长度关系和选取哪个构件作机架。下面首先来分析各杆的相对尺寸与曲柄存在的关系。

设如图 9.8(a)所示的铰链四杆机构 1 为曲柄,2 为连杆,3 为摇杆,4 为机架,各杆的长度分别为 a,b,c,d,且 $a<d$。则在其回转过程中杆 1 和杆 4 一定可实现拉直共线和重叠共线两个特殊位置,即构成三角形 BCD(见图 9.8(b)、(c))。由三角形的边长关系可得

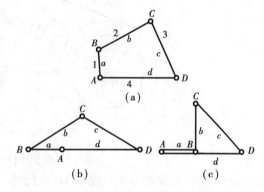

图 9.8　铰链四杆机构的演化

$a+d<b+c$　(见图 9.8(b))

$d-a+b>c$　(见图 9.8(c))

即　　　　　　　$a+c<b+d$

$d-a+c>b$(见图 9.8(c))

则　　　　　　　　　　　　　$a+b<c+d$

当运动过程中四构件出现四线共线情况时,上述不等式则变为等式,因此,以上 3 个不等式改写为

$$a+d\leqslant b+c$$
$$a+c\leqslant b+d$$
$$a+b\leqslant c+d$$

将以上 3 式的任意两式相加,可得

$$a\leqslant b\quad a\leqslant c\quad a\leqslant d \tag{9.1}$$

同理,当设 $a>d$ 时,可得

$$d\leqslant a\quad d\leqslant b\quad d\leqslant c$$

由式(9.1)可知,曲柄 AB 必为最短杆,BC,CD,AD 杆中必有一个最长杆。因此,可推出铰链四杆机构中,曲柄存在的尺寸条件如下:

①连架杆和机架中必有一杆是最短杆,称为最短杆条件。

②最长杆与最短杆的长度之和小于或等于其余两杆长度之和;称为杆长之和条件。

从上述曲柄存在的两个条件可得如下推论:铰链四杆机构到底属于哪一种基本形式,除满足杆长之和条件外,还与选取哪一杆为机架有关,即:

①最短杆为机架时得到双曲柄机构。

②最短杆的相邻杆为机架时得到曲柄摇杆机构。

③最短杆的对面杆为机架时得到双摇杆机构。

如果各杆的相对长度关系不满足杆长之和条件时,曲柄不存在。故不管以哪一杆为机架,只能得到双摇杆机构。

9.3.2 急回特性

在如图9.9所示的曲柄摇杆机构中,设曲柄为原动件,以等角速度顺时针转动,曲柄回转

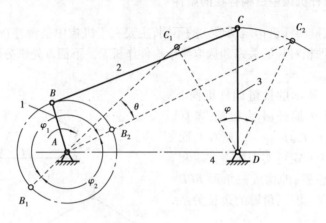

图9.9 曲柄摇杆机构的急回特性

一周,摇杆 CD 往复摆动一次。曲柄 AB 在回转一周的过程中,有两次与连杆 BC 共线,使从动件 CD 相应地处于两个极限位置 C_1D 和 C_2D,此时原动件曲柄 AB 相应的两个位置之间所夹的锐角 θ 称为极位夹角。当曲柄 AB 由 AB_1 位置转过 φ_1 角至 AB_2 位置时,摇杆 CD 自 C_1D 摆至 C_2D,设其所需时间为 t_1,则点 C 的平均速度即为 $v_1 = (C_1C_2)/t_1$;当曲柄由 AB_2 位置继续转过 φ_2 角至 AB_1 位置时,摇杆自 C_2D 摆回至 C_1D,设其所需时间为 t_2,则点 C 的平均速度即为 $v_2 = (C_1C_2)/t_2$,由于 $\varphi_1 (= 180° + \theta) > \varphi_2 (= 180° - \theta)$,可知 $t_1 > t_2$,则 $v_1 < v_2$;当曲柄等速回转时,摇杆来回摆动的平均速度不同,由 C_1D 摆至 C_2D 时平均速度 v_1 较小,一般为工作行程;由 C_2D 摆至 C_1D 时平均速度 v_2 较大,为返回行程。这种特性称为机构的急回特性,或者说摇杆具有急回作用。为了表示机构急回作用的相对程度,设

$$k = \frac{v_2}{v_1} = \frac{\text{从动件空回行程平均速度}}{\text{从动件工作行程平均速度}}$$

式中,k 称为行程速比系数。

根据上述可得

$$k = \frac{v_2}{v_1} = \frac{t_1}{t_2} = \frac{\varphi_1}{\varphi_2} = \frac{180° + \theta}{180° - \theta} \tag{9.2}$$

由上面分析可知,连杆机构有无急回作用取决于极位夹角。不论曲柄摇杆机构或者是其他类型的连杆机构,只要机构在运动过程中具有极位夹角 θ,则该机构就具有急回作用。极位夹角愈大,行程速比系数 k 也愈大,机构急回作用愈明显,反之亦然。若极位夹角 $\theta = 0$,则 $k = 1$,机构无急回作用。

在设计机器时,利用这个特性可以使机器在工作行程速度小些,以减小功率消耗;而空回行程时速度大些,以缩短工作时间,提高机器的生产率。通常根据工作要求预先选定行程速比系数 k,再确定机构的极位夹角 θ 为

$$\theta = \frac{k-1}{k+1} \times 180° \tag{9.3}$$

9.3.3　压力角和传动角

在如图 9.10 所示的曲柄摇杆机构中,如不考虑构件的重量和摩擦力,则连杆是二力杆,主动曲柄通过连杆传给从动杆的力 F 沿 BC 方向,F 可分解成两个分力 F_1 和 F_2,即

$$\left.\begin{array}{l} F_1 = F\cos\alpha = F\sin\gamma \\ F_2 = F\sin\alpha = F\cos\gamma \end{array}\right\} \tag{9.4}$$

式中,α 为力 F 的作用线与其作用点(C 点)速度(v_C)方向所夹的锐角,称为压力角,它的余角 γ 称为传动角。显然,α 角越小,或者 γ 角越大,使从动杆运动的有效分力就越大,对机构传动越有利。α 和 γ 是反映机构传动性能的重要指标。由于 γ 角便于观察和测量,在工程中常以 γ 角来衡量连杆机构的传动性能。机构运转时其传动角是变化的,为了保证机构传动性能良好,设计时一般应使 $\gamma_{\min} \geq 40°$。对于高速大功率机械,应使 $\gamma_{\min} \geq 50°$。为此,必须确定 $\gamma = \gamma_{\min}$ 时机构的位置,并检验 $\gamma_{\min}$ 的值是否不小于上述的许用值。

铰链四杆机构运转时,其最小传动角出现的位置可由下述方法求得。如图 9.10 所示,当连杆与从动件的夹角 δ 为锐角时,则 $\gamma = \delta$;若 δ 为钝角时,则 $\gamma = 180° - \delta$。因此,这两种情况下分别出现 $\delta_{\min}$ 及 $\delta_{\max}$ 的位置,即为可能出现 $\gamma_{\min}$ 的位置。又由图可知,在 $\triangle BCD$ 中,BC 和 CD 为定长,BD 随 δ 而变化,即 δ 变大,则 BD 变长,δ 变小,则 BD 变短。因此,当 $\delta = \delta_{\max}$ 时,$BD = BD_{\max}$;当 $\delta = \delta_{\min}$ 时,$BD = BD_{\min}$。对于如图 9.10 所示的机构,$BD_{\max} = AD + AB_2$,$BD_{\min} = AD - AB_1$,即此机构在曲柄与机架共线的两位置处出现最小传动角。

如图 9.11 所示的曲柄滑块机构,曲柄为主动件,当曲柄在与偏距方向相反的一侧且垂直于导路的位置时,将出现最小传动角。对于如图 9.12 所示的导杆机构,由于在任何位置时主动曲柄通过滑块传给从动杆的力的方向与从动杆上受力点的速度方向始终一致,因此,传动角始终等于 90°。

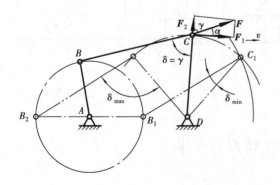

图 9.10　压力角和传动角

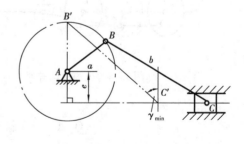

图 9.11　曲柄滑块机构的最小传动角

9.3.4　死点

如图 9.13 所示为以摇杆作主动件的曲柄摇杆机构,在从动曲柄与连杆共线的两个位置之一时,出现了机构的传动角 $\gamma = 0°$,压力角 $\alpha = 90°$ 的情况。这时连杆对从动曲柄的作用力恰好通过其回转中心,不能推动曲柄转动。机构的这种位置称为死点。此外,机构在死点位置时由

于偶然外力的影响,也可能使曲柄转向不定。

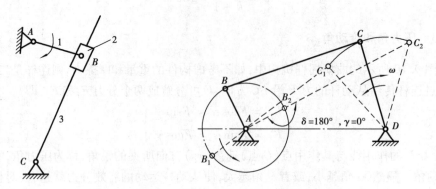

图 9.12　导杆机构的传动角　　　　　　　　图 9.13　死点

在曲柄摇杆机构中,只有摇杆为原动件时才存在死点位置。当曲柄为原动件时由于连杆与从动件不可能共线,就不存在死点位置。在判断四杆机构有无死点位置时,可看从动件与连杆是否有可能共线。

死点对于传动机构是不利的,为使机构能顺利通过死点而正常运转,一般采用安装飞轮以加大从动件的惯性,利用惯性来通过死点。也可采用机构错位排列的方法。如图 9.14 所示为蒸汽机车车轮联动机构,它是使两组机构的死点相互错开,靠位置差的作用通过各自的死点。同任何事物一样,死点有它不利的一面,也有它可利用的一面,例如,如图 9.15 所示的夹具,就是利用死点进行工作的。当工件被夹紧后,BCD 成一直线,机构处于死点位置,即使工件的反力很大,夹具也不会自动松脱。

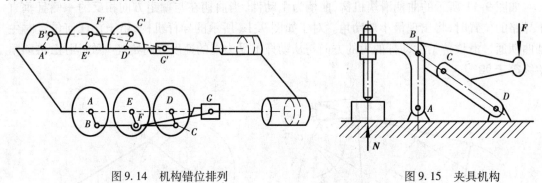

图 9.14　机构错位排列　　　　　　　　图 9.15　夹具机构

9.4　图解法设计四杆机构

平面四杆机构的运动设计有实现预定的运动规律和实现预定的运动轨迹两类问题。这里只介绍第一类问题的设计,并采用简单易行的图解法。

9.4.1　按连杆预定的位置设计四杆机构

如图 9.16 所示,设已知连杆的长度和依次占据的 3 个预定位置为 B_1C_1,B_2C_2,B_3C_3,要求设计此铰链四杆机构。

由于连杆的长度已知,而 B,C 为连杆上运动副的中心,也是连架杆上活动端运动副的中心。故机构在运动中,连杆上运动副的中心 B 和 C,必将分别在圆弧 K_B 和圆弧 K_C 上做圆周运动,此二圆弧的圆心即为两连架杆与机架相联的运动副中心 A 和 D。如果运动副 A,D 的位置已经确定,则该机构各杆的长度即可求得。因此,按给定 3 个连杆位置设计铰链四杆机构,实质上是已知圆弧上 3 点确定圆心的问题。具体的作法和步骤如下:

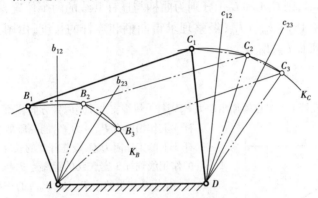

图 9.16　给定连杆的三个位置设计四杆机构

1）根据实际尺寸选择适当的长度比例尺,画出给定的连杆位置。

2）作线段 $\overline{B_1B_2}$ 的中垂线 b_{12},则圆弧 K_B 的圆心应在直线 b_{12} 上。再作线段 $\overline{B_2B_3}$ 的中垂线 b_{23},而圆弧 K_B 的圆心又应在直线 b_{23} 上。因此,b_{12} 和 b_{23} 的交点 A 必为圆弧 K_B 的圆心。同理,可得圆弧 K_C 的圆心 D。

3）以点 A 和点 D 作为两连架杆与机架的铰链中心,连接 AB_1 和 DC_1 并连 AD 作机架,即可量得各构件的长度。

9.4.2　按给定的行程速比系数设计四杆机构

已知曲柄摇杆机构的行程速度变化系数 k,摇杆的长度 l_{CD} 及摆角 ϕ,要求确定机构中其余构件的尺寸。

分析:如图 9.17 所示,曲柄铰链中心 A 应在弦 $\overline{C_1C_2}$ 的圆周角为 θ 的辅助圆 m 上。求出 A 点后,即可根据摇杆处于极限位置时的尺寸关系求解。

设计步骤如下:

①由公式 $\theta = \dfrac{k-1}{k+1} \times 180°$ 算出极位夹角 θ。

②选定转动副 D 的位置;选择比例尺 μ_l,按给定的摇杆长度及摆角 ϕ 绘出摇杆的两个极限位置 C_1D 和 C_2D。

③由 C_1,C_2,作 $\angle C_1C_2O = \angle C_2C_1O = 90° - \theta$,得交点 O。

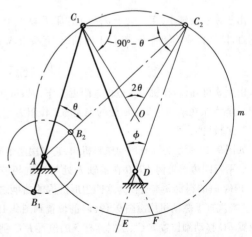

图 9.17　按 k 设计曲柄摇杆机构

151

④以 O 点为圆心,OC_1 为半径作圆 m,则弧 $\overset{\frown}{C_1 C_2}$ 所对的圆周角为 θ,因此,结合考虑从动件工作行程方向和曲柄转向,在弧 $\overset{\frown}{C_1 E}$ 或 $\overset{\frown}{C_2 F}$ 上任选一点为曲柄 AB 的固定铰链中心 A。其解有无数个,A 点位置不同,机构传动角的大小也不同。欲获得良好的传力性能,还需借助其他辅助条件来确定 A 点位置。

⑤连接 $C_1 A$ 和 $C_2 A$,则 $C_1 A$ 和 $C_2 A$ 分别为曲柄与连杆共线的两个位置,$AC_1 = B_1 C_1 - AB_1 = l_{BC} - l_{AB}$,$AC_2 = B_2 C_2 + AB_2 = l_{BC} + l_{AB}$,经整理求得曲柄和连杆的长度,由图上量得机架 AD 长度,换算后得各构件实长 l_{AB},l_{BC},l_{AD}。

阅读材料:

1. 增力机构

如图9.18所示,若在杆1的 T 点施加驱动力 P,则杆1将绕支点 A 逆时针方向转动,并通过连杆2在从动杆3上作用以力 P_{23}。力 P_{23} 能克服剪切或破碎时加于从动杆3上的工作阻力 Q,设连杆2的长度 $l_{BC} = l_{AB}$,工作阻力 Q 的作用线到杆3支点 D 的距离为 d,机构增力的情形分析如下:由力 P 产生的力 P_{12}(或 P_{21})的作用线顺着连杆2的轴线 BC 方向,将力 P 和 P_{21} 对点 A 取矩得

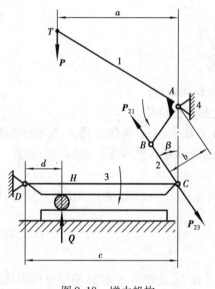

图9.18 增力机构

$$P_{21} \cdot b = P \cdot a$$

式中,a 和 b 分别为力 P 和 P_{21} 的作用线到支点 A 的垂直距离。

因

$$b = l_{AB} \sin 2\beta$$

则

$$P_{21} = \frac{a}{l_{AB} \sin 2\beta} \cdot P$$

由于 a 很大,b 较小,故 P_{21} 大于 P,这就造成了力的一次放大。

作用在杆3上的外力有:连杆2对它的作用力 P_{23}($= P_{12}$)和工作阻力 Q,若对支点 D 取矩,可得

$$P_{23} \cos \beta \cdot c = Q \cdot d$$

$$Q - \frac{c \cos \beta}{d} \cdot P_{23} = 0$$

由于 β 一般较小,而 C 大于 d,故工作阻力 Q 大于 P_{23},这就造成力的二次放大。特别当机构处于死点位置附近,即连杆2的轴线 BC 和杆1的轴线 AB 接近成一直线时,β 较小,合并上列两式得

$$Q = \frac{ac}{2d \cdot l_{AB} \sin \beta} \cdot P$$

由上式可知,若在机构死点位置附近工作,因 $\sin \beta = 0$,故当杆长一定时,施加于主动杆上的很小的驱动力 P 就能克服在从动杆3上所受的很大的工作阻力 Q。这种机构常用于剪切机、破碎机等机械中。

2. 送料机

如图9.19所示为冲孔用的送料机构,它利用两个平行四边形机构的组合来完成待加工工件4的移动和摆动。平行四边形机构 $ABCD$ 在销轴 B 处与汽缸相铰接,另一个平行四边形机构为 $EFGC$,装有工件4(见图9.19(c))的料盘3本身作为这四边形机构的曲柄之一。这一机构无固定构件,两组机构的公共构件为5和6。当汽缸1驱动机构由图9.19(a)的位置到图9.19(b)所示的铅垂位置时,构件5平行于机架线 AD,且由位置 EC 移动到位置 $E'C'$,这时连杆5的位置 $E'C'$ 刚好与下模的上端面 KK' 相一致;与此同时,由于杆6由位置 DG 摆至铅垂位置 DG',故料盘3上销轴线 $E'F'$ 也呈铅垂状态,即料盘绕 E' 点回转了一个 θ 角,使工件上待冲孔面紧贴于下模。因此,用两个平行四边形机构,既可使工件平行移动,又可使工件摆动一个转角 θ,转

角 θ 的大小由工件形状决定。冲完一个孔后,须在料盘上转位分度再冲第二个孔。件 7 和 8 为限程块,以保证准确地移送工件到预定位置。

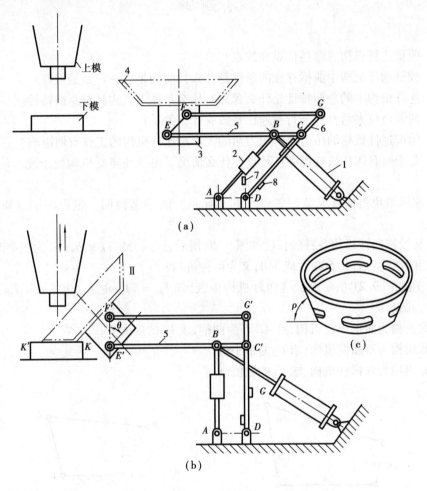

图 9.19 送料机构
1—汽缸;2—弹性装置;3—料盘;4—工件;5,6—曲柄;7,8—限位块

习 题 9

9.1 曲柄连杆机构有哪些优点和缺点？

9.2 铰链四杆机构中曲柄存在的条件是什么？曲柄是否一定是最短杆？

9.3 连杆机构中的急回特性是什么含义？什么条件下机构具有急回特性。

9.4 何谓极位夹角？它与行程速比系数有什么关系？

9.5 何谓连杆机构的压力角？压力角的大小对连杆机构的工作有何影响？

9.6 是否所有四杆机构都存在死点？什么情况下出现死点？机构处于死点位置时有何特征？

9.7 曲柄滑块机构有无急回特性？有无死点？试举例说明。偏置曲柄滑块机构情况如何？

9.8 某铰链四杆机构各杆的长度如图 9.20 所示，试问分别以 a,b,c,d 为机架时，将各得到什么类型的机构？若将 500 改成 560，又为何种机构？

9.9 在如图 9.21 所示的铰链四杆机构中，已知 $l_{BC} = 50$ mm，$l_{CD} = 35$ mm，$l_{AD} = 30$ mm，AD 为机架。试求：

1）若此机构为曲柄摇杆机构，且 AB 杆为曲柄，求 l_{AB} 的最大值；

2）若此机构为双曲柄机构，求 l_{AB} 的最小值；

3）若此机构为双摇杆机构，求 l_{AB} 的数值。

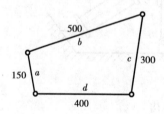

图 9.20

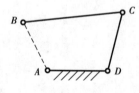

图 9.21

9.10 标注如图 9.22 所示机构在图示位置的压力角和传动角。

9.11 已知一偏置曲柄滑块机构如图 9.23 所示，其中偏心距 $e = 10$ cm，曲柄长度 $AB = 15$ cm，连杆长度 $BC = 50$ cm，用图解法试求：

1）滑块的行程长度；

2）曲柄作为原动件时的最大压力角；

3）曲柄作为原动件时的极位夹角；

4）滑块作为原动件时机构的死点位置。

*9.12 试设计一铰链四杆机构，已知机架长度 $l_{AD} = 80$ mm，摇杆长度 $l_{CD} = 100$ mm，摇杆摆角 $\phi = 40°$，行程速比系数 $k = 1.5$，摇杆为输出构件，要求校验 γ_{min}。

*9.13 试设计一铰链四杆机构，已知其摇杆 CD 的长度 $l_{CD} = 75$ mm，行程速比系数 $k = 1.5$，机架 AD 的长度为 $l_{AD} = 100$ mm，摇杆的一个极限位置与机架间的夹角 $\varphi = 45°$，求曲柄的

长度 l_{AB} 和连杆的长度 l_{BC}。

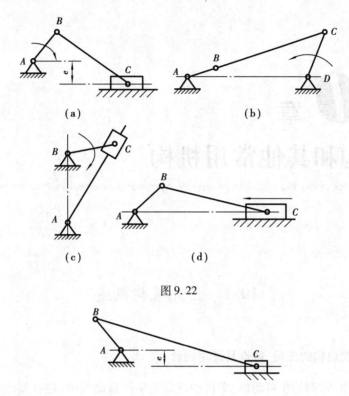

(a)　　　　　　　　　　(b)

(c)　　　　　　(d)

图 9.22

图 9.23

第 *10* 章
凸轮机构和其他常用机构

10.1 凸轮机构概述

10.1.1 凸轮机构的应用、特点及适用场合

在生产实际中,特别是在自动机、半自动机以及生产自动线中,往往要求机构实现某种特殊的或复杂的运动规律,或要求从动件的位移、速度和加速度按照预定的规律变化。对于这种运动规律,通常多采用凸轮机构,若采用连杆机构或其他机构来实现就很困难,或使得设计方法特别烦琐。

凸轮机构是由凸轮、从动件和机架所组成的高副机构。凸轮是一个具有曲线轮廓或凹槽的主动件,一般做等速连续转动,或往复移动。从动件则做往复直线运动或摆动。当凸轮连续运动时,由于其轮廓曲线上各点具有不同大小的向径,通过其曲线轮廓与从动件之间的高副接触,推动从动件按所规定的运动规律进行往复运动。

如图 10.1 所示为内燃机配气机构。盘形凸轮 1 做等速转动,通过其向径的变化可使从动件 2 按预期规律做上、下往复移动,从而达到控制气阀开闭的目的。如图 10.2 所示为靠模车削机构,工件 1 回转时,移动凸轮(靠模板)3 和工件 1 一起往右移动,刀架 2 在靠模板曲线轮廓的推动下做横向移动,从而切削出与靠模板曲线一致的工件。如图 10.3 所示为自动送料机构,带凹槽的圆柱凸轮 1 做等速转动,槽中的滚子带动从动件 2 做往复移动,将工件推至指定的位置,从而完成自动送料任务;如图 10.4 所示为分度转位机构,蜗杆凸轮 1 转动时,推动从动件 2 做间歇转动,从而完成高速、高精度的分度动作。

由以上实例可知:凸轮机构主要用于转换运动形式。它可将凸轮的转动,变成从动件的连续或间歇的往复移动或摆动;或者将凸轮的移动转变为从动件的移动或摆动。

凸轮机构的主要优点是:只要适当地设计凸轮轮廓,就可使从动件实现生产所要求的运动规律,且结构简单紧凑、易于设计,因此,在工程中得到广泛应用。

凸轮机构的缺点是:凸轮与从动件是以点或线相接触,压强较大,不便润滑,容易磨损;凸

156

轮具有曲线轮廓,它的加工比较复杂,并需要考虑保持从动件与凸轮接触的锁合装置;由于受凸轮尺寸的限制,从动件工作行程较小。因此,凸轮机构多用于需要实现特殊要求的运动规律而传力不大的控制与调节系统中。

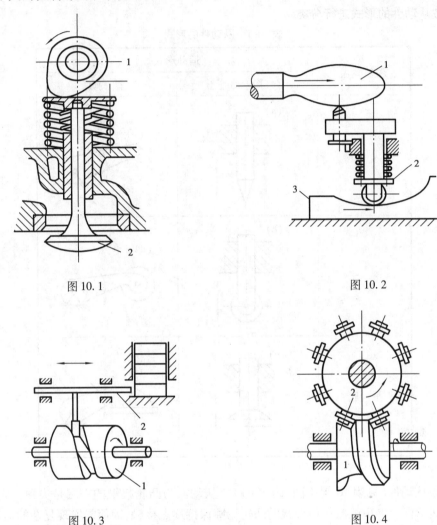

图 10.1　　　　　　　　　　　　　　图 10.2

图 10.3　　　　　　　　　　　　　　图 10.4

10.1.2　凸轮机构的分类

凸轮机构的类型繁多,常见的分类方法如下:

(1)按凸轮的形状进行分类

1)盘形凸轮(见图 10.1)　凸轮是一个径向尺寸变化且绕固定轴转动的盘形构件。盘形凸轮机构的结构比较简单,应用较多,是凸轮中最基本的形式。但从动件的行程不能太大,否则凸轮的径向尺寸变化过大,对凸轮机构的工作不利。

2)移动凸轮(见图 10.2)　凸轮相对机架做直线平行移动。它可看做是回转半径无限大的盘形凸轮。凸轮做直线往复运动时,推动从动件在同一运动平面内也做往复直线运动。有时可将凸轮固定,使从动件导路相对于凸轮运动。

3)圆柱凸轮(见图 10.3)　在圆柱体上开有曲线凹槽或制有外凸曲线的凸轮,圆柱绕轴线旋转,曲线凹槽或外凸曲线推动从动件运动。圆柱凸轮可使从动件得到较大行程,因此,可用于要求行程较大的传动中。

4)曲面凸轮(见图 10.4) 当圆柱表面用圆弧面代替时,便演化成曲面凸轮。

（2）按从动件的形式进行分类

表 10.1 从动件的形式

接触形式	运动形式	
	移 动	摆 动
尖 顶	(a) 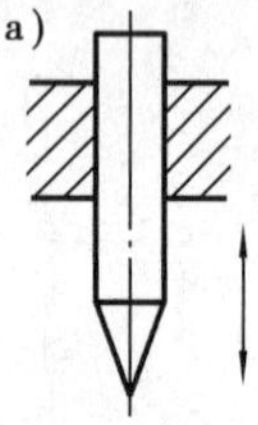	(b) 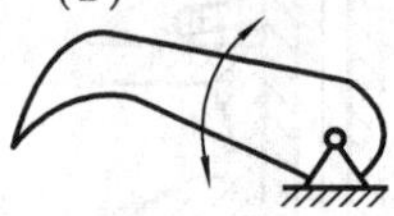
滚 子	(c) 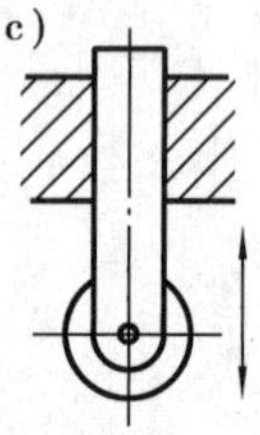	(d) 
平 底	(e) 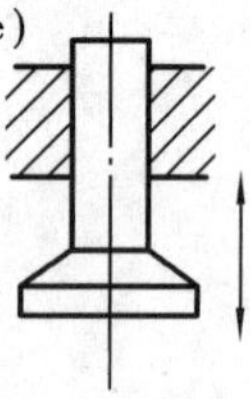	(f) 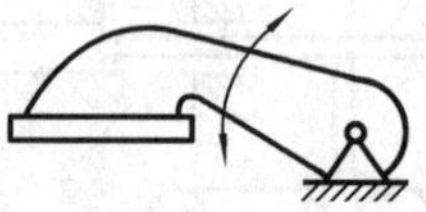

1)尖顶从动件(见表 10.1 中图(a)、(b)) 从动件与凸轮接触的一端是尖顶。它是结构最简单的从动件。尖顶能与任何形状的凸轮轮廓保持逐点接触,因而能实现复杂的运动规律。但因尖顶与凸轮是点接触,滑动摩擦严重,接触表面易磨损,故只适用于受力不大的低速凸轮机构。

2)滚子从动件(见表 10.1 中图(c)、(d)) 它是用滚子来代替从动件的尖顶,从而把滑动摩擦变成滚动摩擦,摩擦阻力小,磨损较少,因此,可用于传递较大的动力。由于它的结构比较复杂,滚子轴磨损后有噪声,故只适用于重载或低速的场合。

3)平底从动件(见表 10.1 中图(e)、(f)) 它是用平面代替尖顶的一种从动件。若忽略摩擦,凸轮对从动件的作用力垂直于从动件的平底,接触面之间易于形成油膜,有利于润滑,因而磨损小,效率高,常用于高速凸轮机构,但不能与内凹形轮廓接触。

（3）按从动件的运动形式和相对位置进行分类

做往复直线运动的称为移动从动件;做往复摆动的称为摆动从动件。移动从动件的导路中心线通过凸轮的回转中心的称为对心移动从动件;否则称为偏置移动从动件。

（4）按凸轮与从动件维持高副接触的方法进行分类

为保证凸轮机构能正常工作，必须保证从动件与凸轮轮廓始终相接触，根据维持高副接触的方法不同，凸轮机构可分为以下两类：

1）力封闭型凸轮机构　所谓力封闭，是指利用重力、弹簧力或其他外力使从动件与凸轮始终保持接触。如图 10.1 所示的凸轮机构就是弹簧力来维持高副接触的一个实例。

2）形封闭型凸轮机构　所谓形封闭，是指利用高副元素本身的几何形状使从动件与凸轮轮廓始终保持接触。如图 10.3 所示，凸轮轮廓曲线做成凹槽，从动件的滚子置于凹槽中，依靠凹槽两侧的轮廓曲线使从动件与凸轮始终保持接触。

本章主要讨论工程中最常见的对心式尖顶和滚子移动从动件盘形凸轮机构。

10.2　从动件的常用运动规律

从动件运动规律全面地反映了从动件的运动特性及其变化的规律性。在设计凸轮机构时，一个重要的问题就是根据工作要求和条件选择从动件的运动规律。下面简单地讨论一下从动件常用的运动规律及其选择。

10.2.1　平面凸轮的基本尺寸和运动参数

现以如图 10.5 所示的凸轮机构为例阐述常用的名词术语。

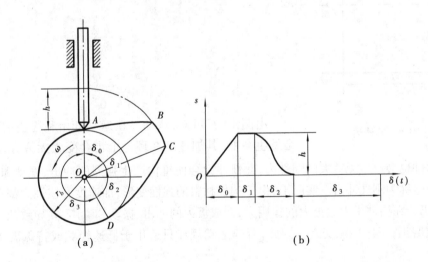

图 10.5　凸轮机构的运动过程

基圆——以凸轮轮廓的最小向径 r_b 为半径、凸轮转动中心为圆心所作的圆称为基圆，r_b 为基圆半径。

推程与推程运动角 δ_0——随着凸轮的转动，凸轮轮廓线上各点的向径逐渐增大，从动件从起始位置 A 开始，逐渐被凸轮推到离凸轮转动中心最远的位置 B 的运动过程称为推程。与从动件推程相对应的凸轮的转角 δ_0 称为推程运动角。

远停程与远停程角 δ_1——凸轮转动而从动件在远离凸轮转动中心处停止不动的过程称

为远停程。与从动件远停程相对应的凸轮的转角 δ_1 称为远停程角。

回程与回程运动角 δ_2——经过轮廓的 *CD* 段,从动件由最高位置回到最低位置,这个行程称为回程。与从动件回程相对应的凸轮的转角 δ_2 称为回程运动角。

近停程与近停程角 δ_3——从动件在离凸轮转动中心最近处停止不动的过程称为近停程。与从动件近停程相对应的凸轮的转角 δ_3 称为近停程角。

位移——在推程或回程中,从动件运动的最大距离称为位移,通常以 h 表示。

10.2.2 从动件的运动线图

对于凸轮机构,从动件在一个运动循环中位移、速度、加速度的变化规律可以函数的形式表示,称为从动件的运动方程;也可以图像表示,以凸轮的转角 δ(或者对应的时间)为横坐标,以从动件的位移 s、速度 v、加速度 a 为纵坐标绘制出的表示从动件的位移、速度、加速度随凸轮转角的变化关系的曲线称为从动件的运动线图。采用作图法绘制凸轮轮廓曲线以及在分析研究凸轮机构的运动过程和动力性能时,都需要利用从动件的运动线图。

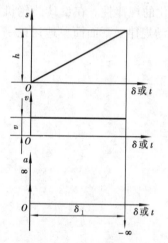

图 10.6 等速运动

10.2.3 从动件常用的运动规律

(1)等速运动

从动件做等速运动时的位移线图为一斜直线,如图 10.6 所示。

其运动线图的表达式为(推程)

$$s = \frac{h}{\delta_0}\delta$$

$$v = \frac{h}{\delta_0}\omega$$

$$a = 0$$

由图 10.6 可知,从动件在运动开始和终止的瞬时,速度会发生突变,其加速度在理论上也会变为无穷大,此时,在理论上从动件也会产生无穷大的惯性力,此惯性力会使机构产生强烈的冲击、振动和噪声,这种类型的冲击称为刚性冲击。实际上,由于构件材料的弹性变形,加速度和惯性力都不会达到无穷大,但仍会在构件中引起极大的作用力,造成极大的冲击、振动和噪声,并导致凸轮轮廓和从动件严重磨损,工作性能变差。因此,等速运动规律只适用于低速轻载或特殊需要的凸轮机构中。

(2)等加速等减速运动规律

这种运动规律是指从动件在一个推程或者回程中,前半程做等加速运动,后半程做等减速运动。通常,加速度和减加速度的绝对值相等,在推程中从动件的运动方程如下:

等加速段($0 \leqslant \delta \leqslant \frac{\delta_0}{2}$):

$$s = \frac{2h}{\delta_0^2}\delta^2$$

$$v = \frac{4h}{\delta_0^2}\omega\delta$$

$$a = \frac{4h}{\delta_0^2}\omega^2$$

等减速段 $(\frac{\delta_0}{2} \leqslant \delta \leqslant \delta_0)$：

$$s = h - \frac{2h}{\delta_0^2}(\delta_0 - \delta)^2$$

$$v = \frac{4h}{\delta_0^2}\omega(\delta_0 - \delta)$$

$$a = -\frac{4h}{\delta_0^2}\omega^2$$

由以上两组方程可知,这种运动规律的位移曲线均由两段抛物线所组成,只是两段抛物线有上凹与下凹的不同而已。如图 10.7 所示为从动件等加速等减速运动规律的运动线图。

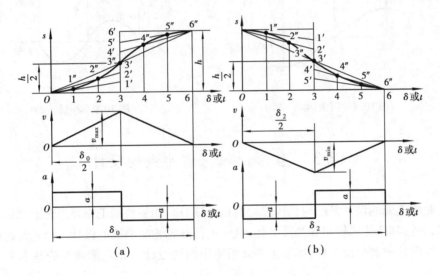

图 10.7　等加速、等减速运动规律

由加速度线图可知,这种运动规律当有远停程和近停程时,在推程或回程的两端及中点,其加速度只是有限值,因而所产生的惯性力也为有限值,由此而产生的冲击较刚性冲击要小,称为柔性冲击。尽管如此,这种运动规律也不适用于高速凸轮机构,而多用于中、低速及轻载的场合。

*(3) 余弦加速度运动规律(简谐运动规律)

这种运动规律的加速度是按余弦曲线变化,故称为余弦加速度运动规律,从动件的运动线图如图 10.8 所示。

由加速度曲线可知,这种运动规律在推程或回程的始点及终点,从动件有停歇时(停程角不为零),该点仍产生柔性冲击,因此,它只适用于中、低速工作的场合。如果从动件做无停歇的往复运动时(停程角为零),则得到连续余弦曲线,运动中完全消除了柔性冲击,在这种情况下可适用于高速。

[*]**（4）正弦加速度运动规律（摆线运动规律）**

这种运动规律的加速度方程是整周期的正弦曲线,从动件的运动线图如图10.9所示。从动件按正弦加速度规律运动时,在全行程中无速度和加速度的突变。因此,既无刚性冲击,也无柔性冲击,在中间部分加速度变化平缓,故机构传动平稳,振动、噪声和磨损较小,适用于高速场合。

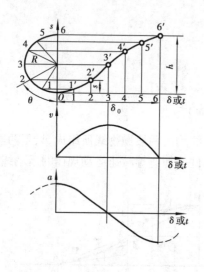

图 10.8　简谐运动

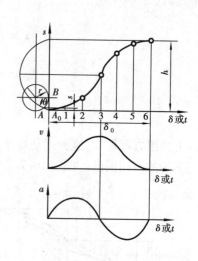

图 10.9　摆线运动

10.3　盘形凸轮轮廓曲线的设计

凸轮轮廓曲线的设计是凸轮机构设计的重要环节。如果根据工作要求已经选定从动件的运动规律,并已知凸轮的转向和基圆半径,就可进行凸轮轮廓曲线的设计。凸轮轮廓曲线的设计方法有作图法和解析法两种,本节主要介绍用作图法设计凸轮轮廓曲线的基本方法和具体步骤。

为便于绘制凸轮轮廓曲线,应使运动的凸轮与图纸保持相对静止,因此,在设计时采用反转法。反转法的原理是:给凸轮机构加上一个与凸轮角速度大小相等、转向相反的角速度$-\omega$,这时从动件与凸轮间的相对运动关系并未改变。于是,凸轮静止不动,而从动件一方面随导路以角速度$-\omega$绕凸轮的轴心转动,另一方面又按已知的运动规律在导路中做相对移动。由于从动件的尖顶始终与凸轮廓线相接触,故反转后尖顶的运动轨迹即为凸轮的轮廓曲线(见图10.10)。

10.3.1　尖顶对心移动从动件盘形凸轮的设计

如图10.11所示,凸轮以等角速度ω逆时针转动,其基圆半径为r_b。从动件的运动规律为:凸轮转过180°,从动件等速上升一个位移h;凸轮再转动120°,从动件等加速等减速下降回到原处;凸轮继续转过其余的60°,从动件停止不动。

试设计此凸轮的轮廓曲线。根据反转法,该凸轮的轮廓曲线的作图步骤如下:

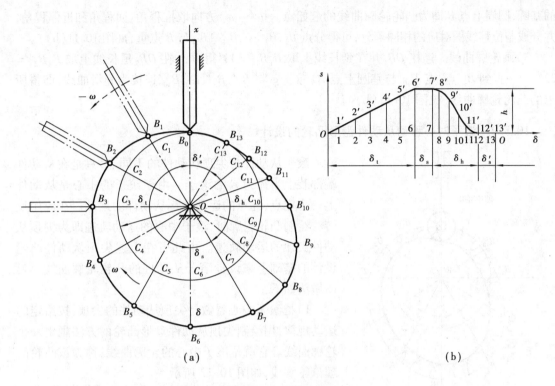

图 10.10　反转法原理

1)选取适当的比例尺(位移:μ_L和角度:μ_δ),作出从动件的位移线图。在横坐标轴上按一定间隔(间隔小则较精确,图中每一间隔为30°)等分推程和回程,得 1,2,3,$\cdots$,10 各点,停程不必取分点。自这些分点作垂线交位移线图于 1′,2′,3′,$\cdots$,10′各点,即得与凸轮各转角相对应的从动件的位移 11′,22′,$\cdots$,99′,1 010′(见图 10.11(a))。

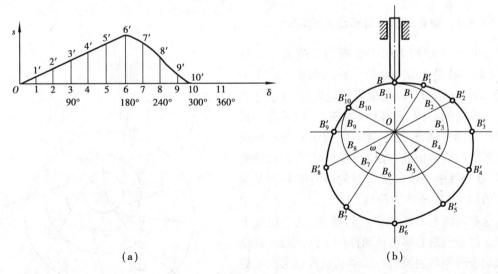

图 10.11

2)用与位移线图相同的比例尺,作基圆取分点。任取一点 O 为圆心,$OB = r_\mathrm{b}$为半径作凸轮的基圆,圆周上点 B 即为凸轮轮廓曲线的起始点。按($-\omega$)方向取推程角、回程角和近停程角,并分成与位移线图对应的相同等分,可得分点 $B_1,B_2,\cdots,B_{11}$。B_{11} 与 B 点重合(图10.11(b))。

3)画轮廓曲线。连接 OB_1 并在延长线上取 $B_1B_1' = 11'$得 B_1',在 OB_2 延长线上取 $B_2B_2' = 22'$、……直到 B_9'点,点 B_{10}' 与基圆上点 B_{10} 重合。将 $B_1',B_2',\cdots,B_{10}'$连接为光滑曲线,即得所求的凸轮轮廓曲线(见图10.11(b))。

10.3.2　滚子对心移动从动件盘形凸轮的设计

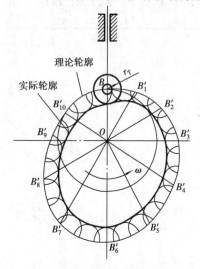

图 10.12　滚子对心移动从动件盘形凸轮轮廓的设计

滚子从动件与尖顶从动件的不同点,只是在从动件端部装上半径为 r_T 的滚子。由于滚子的中心是从动件上一个定点,此点的运动就是从动件的运动。在应用反转法绘制凸轮轮廓时,滚子中心的运动轨迹即为尖顶从动件尖顶的运动轨迹。由此可在上述尖顶从动件凸轮设计的基础上来设计滚子从动件的凸轮轮廓曲线。具体做法如下:

1)把滚子中心看做是尖顶从动件的尖顶,按给定的运动规律,用绘制尖顶从动件盘形凸轮的方法画出一个轮廓曲线。它就是滚子中心的轮廓曲线,称为该凸轮的理论轮廓线,如图10.12所示。

2)在理论轮廓曲线上选一系列点为圆心,以滚子半径为半径,画一系列圆。这些圆的内包络线即为所求的凸轮轮廓曲线。它是与滚子接触的凸轮轮廓,称为凸轮的实际轮廓线。由图可知,滚子从动件盘形凸轮的基圆,仍然指的是理论轮廓的基圆,即以理论轮廓的最小向径为半径所作的圆。

*10.3.3　偏置从动件盘形凸轮的设计

有时由于结构上的需要或为了改善受力情况,可采用偏置从动件盘形凸轮。如图10.13所示,从动件导路的中心线偏离凸轮回转中心 O 的距离 e 称为偏心距。若以 O 为圆心、以 e 为半径作偏距圆,则凸轮转动时从动件的中心线必始终与偏距圆相切。因此,在应用反转法绘制凸轮轮廓时,从动件中心线依次占据的位置必然都是偏距圆的切线,从动件的位移(A_1A_1',A_2A_2',…)也应从这些切线与基圆的交点起始,在这些切线上量取。这是与对心移动从动件的不同之处。其余的作图步骤则与尖顶对心移动从动件盘形凸轮轮廓线的作法相同。如为滚子从动件时,则上述方法求的廓线即是其理论廓线,只要如前所述,作出它们的内包络线,便可求出相应的实际轮廓曲线。

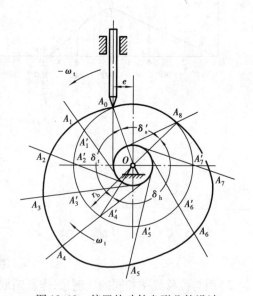

图 10.13　偏置从动件盘形凸轮设计

10.3.4　用图解法绘制凸轮轮廓应注意的事项

1)应用反转法绘制凸轮轮廓曲线时,一定要沿($-\omega$)方向在基圆圆周上按位移线图的顺序截取分点,否则将不符合给定的运动规律。

2)凡绘制同一轮廓的有关长度尺寸,如从动件的位移、基圆半径、偏距及滚子半径等,必须用同一长度比例尺画出。

3)取分点越多所得的凸轮轮廓越准确,实际作图时取分点的多少可根据对凸轮工作准确度的要求而决定。

4)连接各分点的曲线必须是光滑连续的曲线。

10.4　凸轮机构基本尺寸的确定

凸轮机构的设计,不仅要保证从动件能实现预期的运动规律,而且还要合理地确定基圆半径和滚子半径。因为它们不仅关系到机构的尺寸、受力、强度、磨损和效率,而且关系到从动件的运动规律是否能完全实现,因此,必须合理地选取。

10.4.1　滚子半径与运动失真

当采用滚子从动件时,如果滚子的大小选择不恰当,从动件将不能实现设计所预期的运动规律,这种现象称为运动失真。运动失真与理论轮廓的最小曲率半径和滚子半径有关。如图 10.14 所示,设外凸轮的理论廓线的最小曲率半径为 $\rho_{\min}$,滚子半径为 r_{T} 。

1)当 $r_{\mathrm{T}} < \rho_{\min}$ 时,实际廓线为一光滑曲线(见图 10.14(a))。

2)若 $r_{\mathrm{T}} > \rho_{\min}$,实际廓线必出现交叉(见图 10.14(b)),加工制造该凸轮时,这个交叉部位将被切掉,致使从动件的运动失真。

3)若 $r_{\mathrm{T}} = \rho_{\min}$,凸轮实际廓线就会产生尖点(见图 10.14(c))。这样的凸轮在工作时,尖点的接触应力很大,极易磨损,不能采用。

综上所述,对于外凸凸轮,应使滚子半径 r_{T} 小于理论廓线的最小曲率半径为 $\rho_{\min}$,一般取 $r_{\mathrm{T}} \leqslant 0.8\rho_{\min}$,并使实际廓线的最小曲率半径 $\rho'_{\min} \geqslant 3 \sim 5$ mm。若出现运动失真,可用减小滚子半径来解决。若由于滚子的结构等原因不能减小其半径时,可适当增大基圆半径以增大理论廓线的最小曲率半径。

如图 10.14(d)所示为内凹的凸轮轮廓,因其实际廓线的最小曲率半径 $\rho'_{\min}$ 等于理论廓线的曲率半径 ρ 与滚子半径 r_{T} 之和,即 $\rho'_{\min} = \rho + r_{\mathrm{T}}$ 。因此,无论滚子半径的大小如何,实际廓线总不会变尖,更不会交叉。

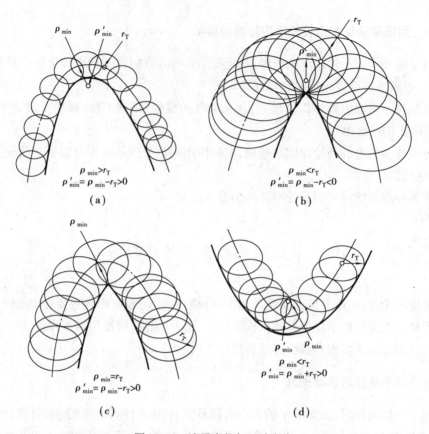

$$\rho_{min} > r_T$$
$$\rho'_{min} = \rho_{min} - r_T > 0$$

(a)

$$\rho_{min} < r_T$$
$$\rho'_{min} = \rho_{min} - r_T < 0$$

(b)

$$\rho_{min} = r_T$$
$$\rho'_{min} = \rho_{min} - r_T > 0$$

(c)

$$\rho_{min} < r_T$$
$$\rho'_{min} = \rho_{min} + r_T > 0$$

(d)

图 10.14　滚子半径与运动失真

10.4.2　压力角及其许用值

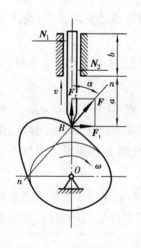

图 10.15　凸轮机构的压力角

如图 10.15 所示为尖顶对心移动从动件盘形凸轮机构在推程的某个位置,当不计摩擦时,凸轮对从动件的推力 F 必沿接触点的法线 n—n 方向。作用力 F 与从动件速度 v 所夹的锐角 α 称为凸轮机构在图示位置的压力角;压力角的余角 γ 称为传动角。它们的意义与连杆机构的压力角和传动角相同。凸轮廓线上的各点压力角不相同。

由图可知,作用力 F 可分解为沿从动件运动方向的分力 F_r 和垂直于运动方向的分力 F_t,即

$$F_r = F\cos\alpha \quad (有效分力)$$
$$F_t = F\sin\alpha \quad (有害分力)$$

显然,压力角越大,传动角就越小,推动从动件运动的有效分力 F_r 越小,有害分力 F_t 越大,由此而引起的摩擦阻力也就越大。当压力角 α 达到某一数值时,有效分力 F_r 已不能克服由 F_t 所引起的摩擦阻力,于是力 F 无论多大也不能使从动件运动,这种现象称为自锁。可见,从传力合理、提高传动效率来看,压力角越小,传动角越大越好。因此,在凸轮机构设计中常对压力角的最大值加以限制,即凸轮机构的实际压力角不应超过许用压力角 $[\alpha]$,一般推

荐[α]的数值如下：

移动从动件的推程：　　　　　　　　[α]≤30°~40°

摆动从动件的推程：　　　　　　　　[α]≤40°~50°

由于在回程时,通常从动件是靠自重或弹簧力的作用而下降,不会出现自锁现象,并且希望从动件有较快的回程速度,故压力角可取大些,一般推荐[α]≤70°~80°。

10.4.3　凸轮基圆半径的确定

基圆半径 r_b 是凸轮的主要尺寸参数。基圆半径过小,会引起压力角过大而传动角过小,使机构效率降低,甚至会发生自锁。因此,基圆半径的确定,应满足最大压力角小于许用压力角的要求。如果对机构的尺寸没有严格要求,可将基圆选大些,以减小压力角,增大传动角,使机构有良好的传力性能。如果要求机构尺寸紧凑,则所选基圆的大小应使最大压力角不超过许用值。对于装配在轴上的盘形凸轮,一般基圆半径可取为

$$r_b = (1.6 ~ 2)r_S + r_T$$

式中　r_S——凸轮轴半径。

按初选的基圆半径设计凸轮轮廓,然后校核机构推程的最大压力角。

10.5　其他常用机构简介

在机械中,特别是在各种自动和半自动的机械中,当主动件做连续运动时,常需要从动件做具有周期性的时动时停的间歇运动。实现这种间歇运动的机构,称为间歇运动机构。它的种类很多,最常见的间歇运动机构有棘轮机构和槽轮机构。本节将扼要介绍这两种间歇运动机构的组成和运动特点。

10.5.1　棘轮机构

（1）工作原理

如图 10.16 所示为棘轮机构。它主要由摇杆 1、棘爪 2、棘轮 3、制动爪 4 和机架 5 等组成,弹簧 6 用来使制动爪 4 和棘轮 3 保持接触。当主动摇杆 1 逆时针转动时,摇杆带动棘爪推动棘轮转过一定角度,此时,制动爪在棘轮的齿背滑过。当主动摇杆顺时针转动时,制动爪阻止棘轮顺时针转动,同时棘爪在棘轮的齿背上滑过,故此时棘轮静止不动。这样,在主动摇杆做连续摆动时,棘轮便做单向的间歇运动。摇杆的摆动可由曲柄摇杆机构、凸轮机构等来实现。

（2）基本类型

常用的可分为齿啮式和摩擦式两大类。

1）齿啮式棘轮机构

齿啮式棘轮机构是靠棘爪和棘轮啮合传动。棘轮的棘齿既可做在棘轮的外缘(称为外啮合棘轮机构),如图 10.16(a)所示;也可做在棘轮的内缘(称为内啮合棘轮机构),如图 10.16(b)所示为自行车后轮轴的内啮合齿式棘轮机构。根据运动情况又可分为:单动式棘轮机构如图 10.16(a)所示,当主动摇杆 1 往复摆动一次时棘轮只能单向间歇转过一定角度;双动式棘轮机构如图 10.17 所示,其棘爪可制成平头撑杆(亦称为直头撑杆,见图 10.17(b))或钩头

拉杆(见图10.17(a))。当主动摇杆做往复摆动时,可使棘轮沿同一方向间歇转动。该机构每次停歇时间较短,棘轮每次的转角也较小。

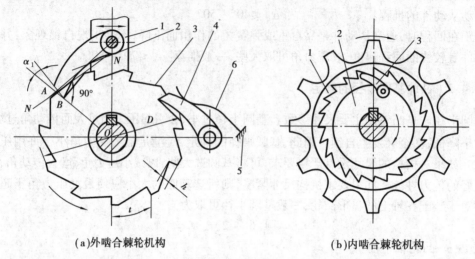

(a)外啮合棘轮机构　　　　　　　　(b)内啮合棘轮机构

图 10.16　棘轮机构

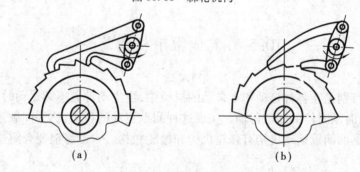

(a)　　　　　　　　　　　　　(b)

图 10.17　双动式棘轮机构

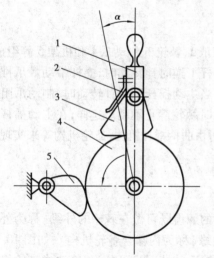

图 10.18　外接摩擦式棘轮机构

2)摩擦式棘轮机构

如图 10.18 所示为外接摩擦式棘轮机构,它靠棘爪和棘轮之间的摩擦力传动,棘轮转角可作无极调节。传动中无噪声,但接触面之间容易发生滑动。为了增加摩擦力,可将棘轮加工成槽形,将棘爪嵌在轮槽内。

(3)棘轮机构的特点及应用

棘轮机构具有结构简单、制造方便、运动可靠及棘轮的转角可在很大范围内调节等优点,但工作时有较大的冲击和噪声、运动精度不高、传递动力较小,因此,常用于低速轻载、要求转角不太大或需要经常改变转角的场合。棘轮机构具有单向间歇的运动特性,利用它可满足送进、制动、超越和转位分度等工艺要求。

10.5.2　槽轮机构

（1）槽轮机构的基本类型和工作原理

槽轮机构有外啮合槽轮机构和内啮合槽轮机构两种类型，如图 10.19 所示为外啮合槽轮机构。槽轮机构由带有圆销 A 的拨盘、具有径向槽的槽轮和机架组成。

现以外啮合槽轮机构为例，说明其工作原理：当拨盘做等速连续转动，其圆销 A 没有进入槽轮的径向槽时，槽轮的内凹锁止弧 ef 被拨盘的外凸圆弧 mn 卡住，使槽轮静止不动；当圆销 A 进入槽轮的径向槽时，锁止弧 ef 被松开，槽轮被圆销 A 带动转动；当圆销 A 离开径向槽时，槽轮的内凹锁止弧又被拨盘的外凸圆弧卡住，使槽轮又静止不动。这样，将主动件的连续转动转换为从动槽轮时动、时停的周期性的间歇运动。

（2）槽轮机构的特点和应用

槽轮机构结构简单，工作可靠，在进入和退出啮合时槽轮的运动要比棘轮的运动较为平稳；机械效率高，转位迅速，从动件能在较短时间内转过较大的角度；但由于槽轮每次转过的角度大小与槽数有关，要想改变转角的大小，必须更换具有相应槽数的槽轮，制造与装配精度要求较高；槽轮机构传动存在柔性冲击，不适用于高速场合。

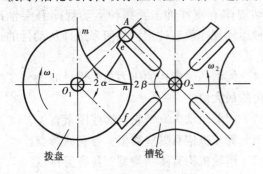

图 10.19　外啮合槽轮机构

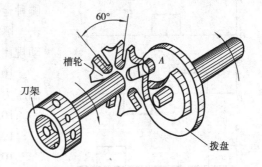

图 10.20　刀架转位机构

槽轮机构主要用于各种需要间歇转动一定角度的分度装置和转位装置中，在自动机械中应用广泛。如图 10.20 所示为六角车床的刀架转位机构，为了能按照零件加工工艺的要求自动改变需要的刀具，采用了槽轮机构。在与槽轮固联的刀架上装有 6 种刀具，槽轮上有 6 个径向槽，拨盘上装有一个圆销 A。拨盘转动一周，圆销 A 便进入槽轮一次，驱使槽轮转过 60°，刀架也随着转过 60°，从而将下一道工序的刀具转换到工作位置。有关棘轮机构和槽轮机构的设计，可参阅相关机械设计手册。

10.5.3　不完全齿轮机构

如图 10.21 所示为外啮合不完全齿轮机构。它由一个或几个齿的不完全齿轮 1、具有正常轮齿和带锁

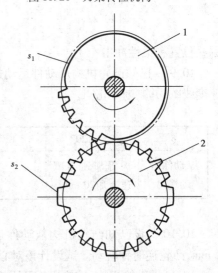

图 10.21　不完全齿轮机构

止弧的齿轮2及机架组成。在主动轮1等速连续转动中,当主动轮1上的轮齿与从动轮2的正常齿相啮合时,主动轮1驱动从动轮2转动;当主动轮1的锁止弧s_1与从动轮2锁止弧s_2接触时,则从动轮2停歇不动并停止在确定的位置上,从而实现周期性的单向间歇运动。如图10.21所示的不完全齿轮机构的主动轮1每转1周,从动轮转1/4周。

不完全齿轮机构与其他间歇运动机构相比,优点是结构简单,制造方便,从动轮的运动时间和静止时间的比例不受机构结构的限制。其缺点是从动轮在转动开始和终止时,角速度有突变,冲击较大,故一般适用于低速或轻载场合。如果用于高速,则可安装瞬心附加杆使从动件的角速度由零逐渐增加到某一数值,以使机构传动平稳。

习 题 10

10.1 试比较尖顶、滚子和平底从动件盘形凸轮的优缺点及应用场合。

10.2 在等加速、等减速运动规律中,是否可以只有等加速而无等减速?

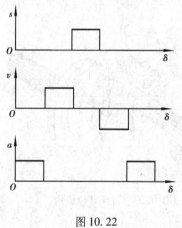
图 10.22

10.3 凸轮机构常用的4种从动件运动规律中,哪种运动规律有刚性冲击?哪种运动规律有柔性冲击?哪种运动规律没有冲击?如何来选择从动件的运动规律?

10.4 何谓凸轮机构的压力角?设计时为何要控制压力角的最大值?

10.5 何谓运动失真?它与哪些因素有关?

10.6 棘轮机构有哪些类型?各有何特点?

10.7 槽轮机构有哪些类型?各有何特点?

10.8 如图10.22所示为尖顶直动从动件盘形凸轮机构的运动线图,但给出的运动线图尚不完全,试在图上补全各段的曲线,并指出哪些位置有刚性冲击?哪些位置有柔性冲击?

10.9 已知凸轮机构从动件运动规律如表10.2所示,试画出其位移线图、速度线图和加速度线图,并判断冲击点。

表 10.2

δ	0°~120°	120°~180°	180°~300°	300°~360°
从动件运动规律	等加速等减速上升20 mm	停止	等速下降至原位	停止

10.10 设已知凸轮机构从动件运动规律如上题,基圆半径$r_b = 20$ mm,滚子半径$r_T = 8$ mm,凸轮逆时针转动。试设计该对心移动从动件盘形凸轮的轮廓曲线。

10.11 棘轮机构、槽轮机构及不完全齿轮机构各适用于什么场合?

第 **11** 章
齿轮传动

11.1 齿轮传动的特点和分类

11.1.1 齿轮传动的特点

齿轮机构是现代机械中应用最广泛的一种机构。其广泛应用的理由是由于该机构具有以下优点：

1）传递圆周速度和功率范围大；

2）瞬时传动比恒定；

3）传动效率高；

4）寿命较长；

5）可传递空间任意两轴的运动。

其缺点：

1）要求较高的制造和安装精度，成本较高；

2）不宜用于远距离两轴之间的传动；

3）低精度齿轮在传动时会产生振动和噪声。

11.1.2 齿轮传动的分类

1）按齿轮的形状和两轴线间的相对位置进行如下分类（见图11.1）：

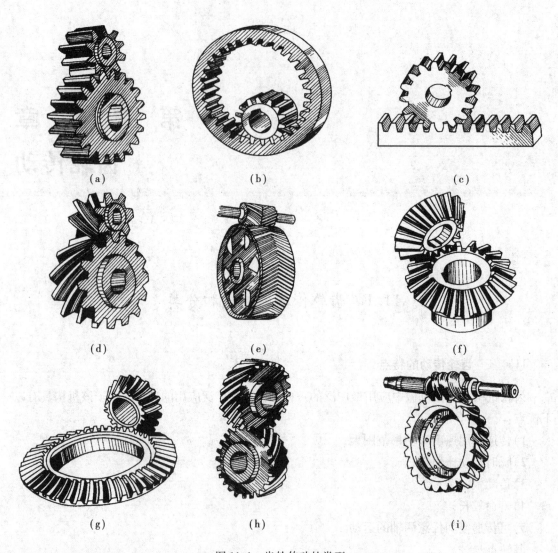

图 11.1　齿轮传动的类型

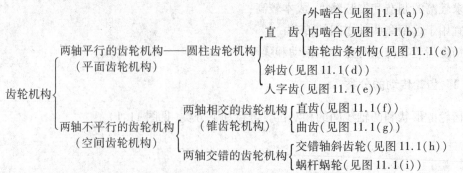

2)按齿轮的工作条件进行分类如下:

①开式齿轮传动　齿轮无箱无盖地暴露在外,故不能防尘且润滑不良,因而轮齿易于磨损,寿命短,只适用于低速或低精度的场合,如水泥搅拌机齿轮和卷扬机齿轮等。

②闭式齿轮传动　齿轮安装在密闭的箱体内,故密封条件好,且易于保证良好的润滑,使

用寿命长,适用于较重要的场合,如机床主轴箱齿轮、汽车变速箱齿轮和减速器齿轮等。

11.2　渐开线的形成及其性质

当一条直线与一半径为 r_b 的圆相切且在圆周上做纯滚动时(见图 11.2),此直线上任意一点的轨迹称为该圆的渐开线。这个圆称为渐开线的基圆,该直线称为渐开线的发生线。

根据渐开线的形成过程可知,其具有以下性质:

1)发生线从位置Ⅰ滚到位置Ⅱ时,它在基圆上滚过的长度 $\overline{NK}$ 等于基圆上被滚过的弧长 $\overset{\frown}{NA}$,即 $\overline{NK} = \overset{\frown}{NA}$。

2)当发生线在位置Ⅱ沿基圆做纯滚动时,N 点是它的速度瞬时转动中心,因此,直线 NK 是渐开线上 K 点的法线,且 N 点为其曲率中心,线段 NK 为其曲率半径。又因发生线始终与基圆相切,故渐开线上任意一点的法线必与基圆相切;反之,基圆切线必为渐开线上某一点的法线。

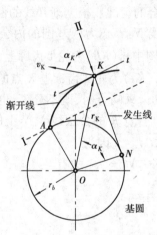

图 11.2　渐开线的形成

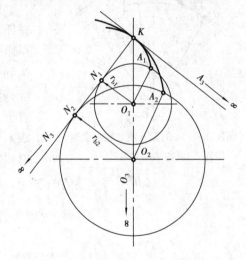

图 11.3　不同基圆的渐开线齿廓曲线

3)渐开线的形状取决于基圆半径的大小。大小相等的基圆,其渐开线的形状相同;大小不等的基圆,其渐开线形状不同。如图 11.3 所示,基圆半径越大,其渐开线在 K 点的曲率半径越大,即渐开线越趋平直。当基圆半径趋于无穷大时,渐开线将成为垂直于 N_3K 的直线,它就是渐开线齿条的齿廓。

4)基圆以内无渐开线。

5)渐开线齿廓上某点 K 的法线(即法向压力 F_n 作用线),与齿廓上该点速度 v_K 方向线所夹的锐角 α_K 称为该点的压力角。由图 11.2 可知

$$\cos \alpha_K = \frac{\overline{ON}}{\overline{OK}} = \frac{r_b}{r_K} \tag{11.1}$$

式(11.1)表明,渐开线齿廓上各点的压力角是变化的。向径 r_K 越大,其压力角 α_K 也越大。

11.3　渐开线齿廓啮合的几个重要性质

(1)渐开线齿廓啮合能保证恒定的传动比

一对齿轮相互啮合传动时,其主动轮 1 的角速度 ω_1 与从动轮 2 的角速度 ω_2 之比称为这对齿轮的传动比,用 i 表示。对齿轮传动来说,最基本的要求之一是其传动比 i 应保持恒定不变,即 $i = \omega_1 / \omega_2 =$ 常数。否则当主动轮以匀角速度 ω_1 转动时,从动轮的角速度 ω_2 将会发生变化,引起惯性力,从而产生冲击、振动和噪声,影响齿轮的强度和传动精度。用渐开线作为齿廓曲线的齿轮(称为渐开线齿轮)啮合时能保证恒定的传动比。

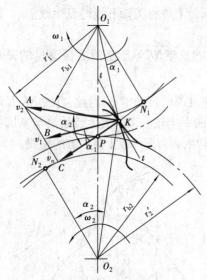

图 11.4　一对渐开线齿轮啮合时,
其传动比为常数

如图 11.4 所示为渐开线齿轮 1 和 2 的一对齿廓在任意点 K 相啮合的情况。根据渐开线的性质,过 K 点作齿廓的公法线 $N_1 N_2$ 必为两基圆的内公切线,设 N_1 和 N_2 为切点。图中 $v_1(\overline{KB})$ 为轮 1 齿廓上 K 点的速度,垂直于 $O_1 K$; $v_2(\overline{KA})$ 为轮 2 齿廓上 K 点的速度,垂直于 $O_2 K$。由于两齿廓啮合时,既不分离,也不嵌入,故 v_1 与 v_2 在齿廓啮合点 K 的公法线 $N_1 N_2$ 上的分速度必相等,均为 $v_n(\overline{KC})$。又因为

$$\angle BKC = \angle KO_1 N_1 = \alpha_1, \ \angle AKC = \angle KO_2 N_2 = \alpha_2,$$ 故有

$$v_n = v_1 \cos \alpha_1 = v_1 \frac{O_1 N_1}{O_1 K} = r_{b1} \omega_1$$

$$v_n = v_2 \cos \alpha_2 = v_2 \frac{O_2 N_2}{O_2 K} = r_{b2} \omega_2$$

即

$$r_{b1} \omega_1 = r_{b2} \omega_2 = v_n$$

因此可得

$$i = \frac{\omega_1}{\omega_2} = \frac{r_{b2}}{r_{b1}} \tag{11.2}$$

由于两轮的基圆半径 r_{b1} 和 r_{b2} 均为定值。式(11.2)表明,一对渐开线齿轮的齿廓在任意点啮合时,其传动比为一常数,且与两轮基圆半径成反比,这是渐开线齿轮传动的一大优点。

如图 11.4 所示,设两轮齿廓在任意啮合点 K 的公法线 $N_1 N_2$ 与两轮连心线 $O_1 O_2$ 的交点为 P,则 P 点称为节点。分别以两轮的中心 O_1 和 O_2 为圆心, $O_1 P$ 和 $O_2 P$ 为半径所作的圆称为节圆。节圆的半径(或直径)用 r'(或 d')表示。因此,有 $O_1 P = r_1', O_2 P = r_2'$。

在图 11.4 中,由于 $\triangle O_1 P_1 N_1 \backsim \triangle O_2 P_2 N_2$,故式(11.2)可改写为

$$i = \frac{\omega_1}{\omega_2} = \frac{r_{b2}}{r_{b1}} = \frac{O_2 P}{O_1 P} = \frac{r_2'}{r_1'} = 常数 \tag{11.3}$$

式(11.3)表明,两轮的传动比也与节圆半径成反比。

由式(11.3)还可得

$$\omega_1 \cdot O_1 P = \omega_2 \cdot O_2 P$$
$$v_{1p} = v_{2p}$$

即

且两点的速度方向也相同,均垂直于 O_1O_2。

　　这说明,两齿轮齿廓在节点 P 处啮合时,节点 P 处具有完全相同的圆周速度,因此,一对齿轮的传动相当于两节圆(柱)相切做纯滚动。

　　(2)**啮合线为一直线,啮合角为一常数**

　　一对齿轮传动时,其齿廓啮合点的轨迹 $K—P—K'$ 称为啮合线(见图 11.5)。对于渐开线齿轮来说,不论齿廓在哪一点啮合,过啮合点的齿廓的公法线总是同时与两轮的基圆相切(根据渐开线的性质 2),即为两基圆的内公切线 N_1N_2。这说明一对渐开线齿轮在啮合传动过程中,其啮合点始终落在直线 N_1N_2 上,即啮合线是一条直线。

　　又啮合线 N_1N_2 与两节圆的公切线 tt 之间的夹角称为两齿轮的啮合角。当两轮的位置(中心距)一定时,N_1N_2 和 tt 线的位置也一定,即啮合角为一常数,且恒等于节圆压力角,故两者都用 α' 表示。

　　综上所述,N_1N_2 线同时有 5 种含意,即:

　　1)两基圆的内公切线;

　　2)啮合点 K 的轨迹线——(理论)啮合线;

　　3)两轮齿廓啮合点 K 的公法线;

　　4)在两齿廓之间不计摩擦时的力的作用线;

　　5)两基圆的发生线。

　　由上面的四线合一可知,当一对渐开线齿轮传递的功率一定时,则在传动过程中,主、从动轮的齿廓上所受的法向压力的大小和方向始终保持不变,这为齿轮的平稳传动、受力分析和

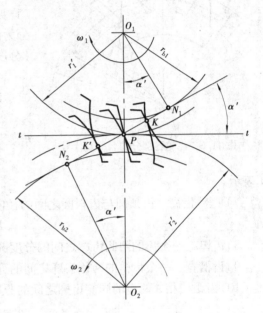

图 11.5　渐开线齿廓的啮合

计算以及强度设计等均带来了极大的方便,是渐开线齿轮传动又一突出的优点。

　　(3)**中心距可分性**

　　如上所述,一对渐开线齿轮的传动比与两轮基圆半径(或节圆半径)成反比,且为常数。因此,由于制造误差、安装误差或轴承磨损等原因,造成实际中心距(两轮轴心 O_1、O_2 之间的距离)与设计的理论中心距有变动时,其传动比仍将保持不变(虽然两轮的节圆半径相应变化,但其比值不变)渐开线齿轮传动的这一性质称为中心距可分性。这是渐开线齿轮传动所独有的优点,它给齿轮的制造和安装等带来了很大的方便。

　　(4)**工艺性好**

　　对于渐开线齿轮,只要主要参数相同,便可用同一把刀具进行加工。但同样情况下的摆线齿轮及圆弧齿轮(它们亦能保证恒定的传动比)不能用同一把刀具加工。因此,渐开线齿轮得到最广泛的应用。

11.4 渐开线标准直齿圆柱齿轮的基本参数和几何尺寸

11.4.1 齿轮各部分的名称及代号

齿轮各部分的名称及代号如下(见图 11.6):

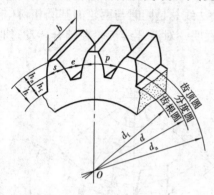

图 11.6 齿轮各部分的名称及代号

1)齿顶圆 齿顶所在的圆,其直径用 d_a 表示。

2)齿根圆 齿槽底所在的圆,其直径用 d_f 表示。

3)分度圆 具有标准模数和标准压力角的圆 (详见后述)。它介于齿顶圆和齿根圆之间,把轮齿分为齿顶和齿根两部分,并在该圆上进行均匀分齿(分度)。其直径用 d 表示。

4)基圆 生成渐开线的圆,其直径用 d_b 表示。

以上 4 种圆半径分别用 r_a, r_f, r, r_b 表示。

5)齿顶高 齿顶圆与分度圆之间的径向距离,用 h_a 表示。

6)齿根高 齿根圆与分度圆之间的径向距离,用 h_f 表示。

7)(全)齿高 齿顶圆与齿根圆之间的径向距离,用 h 表示。显然有

$$h = h_a + h_f$$

8)齿厚 一个齿的两侧齿廓之间的分度圆弧长,用 s 表示。

9)齿槽宽 一个齿槽的两侧齿廓之间的分度圆弧长,用 e 表示。

10)齿距 相邻两齿的同侧齿廓之间的分度圆弧长,用 p 表示。显然有

$$p = s + e$$

11)齿宽 齿轮轮齿的宽度(沿齿轮轴线方向度量),用 b 表示。

11.4.2 直齿圆柱齿轮的基本参数

1)齿数 z

2)模数 m

显然,齿轮的承载能力(强度)主要取决于它的轮齿的大小,而齿轮轮齿的大小可用齿厚 s 或齿距 p 来衡量。因为分度圆周长为 pz,则

$$pz = \pi d$$

$$d = \frac{pz}{\pi}$$

由上式可知,齿距 p(或齿厚 s)是一个含有"π"因子的无理数,不便于计算和测量,为此可以令

$$m = \frac{p}{\pi} = \frac{d}{z} \tag{11.4}$$

式中,比值 m 就是一个有理数,称为齿轮的模数,其单位为 mm。由此可知,模数 m 是人为定义用来间接反映齿轮轮齿大小的一个重要参数。

由式(11.4)又可得

$$d = mz \qquad (11.5)$$

为了便于齿轮的设计、制造和检验等,模数现已标准化,如表 11.1 所示。

表 11.1　渐开线圆柱齿轮模数 m(GB1357—87)

1 , 1.25 , 1.5 , 2 , 2.5 , 3 , 4 , 5 , 6 , 8 , 10 , 12 , 16 , 20 , 25 , 32 , 40 , 50

注:1. 本标准适用于渐开线圆柱齿轮,对于斜齿轮是指法向模数 m_n。

　　2. 本表中未列入小于 1 的标准模数值。

　　3. 表中只列入应优先采用的第一系列模数值。

3)压力角

如前所述,同一渐开线上各点的压力角是不相等的。我国国家标准规定:在分度圆上的压力角为 20°,称为标准压力角。即通过渐开线上压力角为 20°处的圆称为分度圆(见图 11.7)。由图可知,分度圆与基圆之间的定量关系为

$$d_b = d \cos \alpha = mz \cos \alpha = mz \cos 20° \qquad (11.6)$$

因此,渐开线的形状取决于基圆,即取决于齿轮的标准模数、齿数和标准压力角。

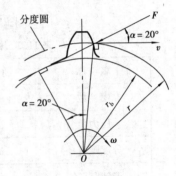

图 11.7　标准压力角

分度圆除了具有标准压力角外,还必须具有标准模数,即分度圆直径必须满足公式 $d = mz$,且式中模数 m 为标准值(相应基圆直径必须满足式(11.6))。因此,可以给分度圆下一个完整的定义:分度圆就是齿轮上具有标准模数和标准压力角的圆。

4)齿顶高系数 h_a^* 和径向间隙系数 c^*

齿轮各部分的几何尺寸一般均以模数 m 作为基本参数进行计算,对于齿高也不例外,取

$$h_a = h_a^* m$$
$$h_f = (h_a^* + c^*)m \qquad (11.7)$$
$$h = h_a + h_f = (2h_a^* + c^*)m$$

式中　h_a^*——齿顶高系数;

　　　c^*——顶隙系数。

我国标准规定:对于正常齿 $h_a^* = 1$,$c^* = 0.25$,对于短齿 $h_a^* = 0.8$,$c^* = 0.3$。其中,$c = c^* m$,称为顶隙,这是为了避免齿轮啮合传动时,一个齿轮的齿顶与另一个齿轮的齿槽底部相碰,以及为了储存润滑油而必须保证的间隙。

11.4.3　渐开线标准直齿圆柱齿轮的几何尺寸与基本参数的关系

标准齿轮是指模数、压力角、齿顶高系数和顶隙系数均为标准值,且分度圆上的齿厚与齿槽宽相等的齿轮。渐开线标准直齿轮的几何尺寸计算是以模数为基础的。齿轮的各部分尺寸都与模数成一定的比例关系,齿数相同的齿轮,模数大,其尺寸相应也大,如图 11.8 所示。渐开线标准直齿圆柱齿轮主要几何尺寸的计算公式列于表 11.2 中。对于内齿轮和齿条的计算公式请读者自行计算。

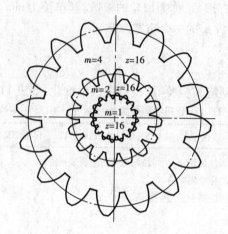

图 11.8 齿轮各部分尺寸与模数的关系

表 11.2 标准直齿外啮合圆柱齿轮几何尺寸计算公式

名 称	符号	公 式
模 数	m	根据齿轮强度计算和结构要求确定,并取标准值
压力角	α	$\alpha = 20°$
分度圆直径	d	$d = mz$
基圆直径	d_b	$d_b = d \cos \alpha$
齿顶高	h_a	$h_a = m h_a^*$
齿根高	h_f	$h_f = (h_a^* + c^*) m$
齿全高	h	$h = h_a + h_f = (2 h_a^* + c^*) m$
齿顶圆直径	d_a	$d_a = d + 2 h_a = m(z + 2 h_a^*)$
齿根圆直径	d_f	$d_f = d - 2 h_f = m(z - 2 h_a^* - 2 c^*)$
齿距	p	$p = \pi m$
齿厚	s	$s = \dfrac{\pi m}{2}$
齿槽宽	e	$e = \dfrac{\pi m}{2}$
顶隙	c	$c = c^* m$
中心距	a	$a = \dfrac{(d_1 + d_2)}{2} = \dfrac{m(z_1 + z_2)}{2}$

11.5 一对渐开线直齿圆柱齿轮的啮合

11.5.1 渐开线齿轮正确啮合的条件

前面已得出结论,一对渐开线齿廓能实现定比传动,但这并不表明任意两个渐开线齿轮都能正确啮合传动。一对渐开线齿轮要正确啮合传动,必须满足正确啮合的条件,其条件为:

①两齿轮的模数必须相等;

②两齿轮分度圆上的压力角必须相等。

这样一对齿轮的传动比可写成

$$i = \frac{\omega_1}{\omega_2} = \frac{n_1}{n_2} = \frac{d_{b2}}{d_{b1}} = \frac{d_2'}{d_1'} = \frac{d_2 \cos \alpha}{d_1 \cos \alpha} = \frac{d_2}{d_1} = \frac{mz_2}{mz_1} = \frac{z_2}{z_1} \qquad (11.8)$$

即其传动比不仅与两轮的基圆、节圆成反比,也与两轮的齿数、分度圆直径成反比。

11.5.2 渐开线齿廓连续传动条件

如前所述,满足正确啮合条件的一对齿轮可以进行啮合传动,但齿轮传动中的两个齿轮均做整周转动,而一对相啮合的轮齿仅能传递一定角度的转动。显然,要保证传动的连续性,必须在前一对轮齿转过了一定角度尚未脱离啮合时,后一对轮齿就已及时进入啮合。要达到这一要求,齿轮机构必须满足连续传动的条件。

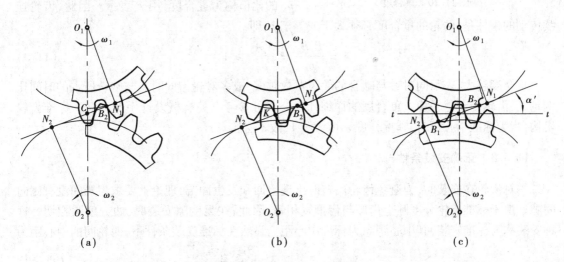

图 11.9 渐开线齿轮的啮合过程

如图 11.9 所示,设轮 1 为主动轮,轮 2 为从动轮。当第一对齿廓开始啮合时,主动轮齿根的齿廓与从动轮的齿顶圆相接触,因此,啮合的起始点是从动轮的齿顶圆与啮合线 $\overline{N_1 N_2}$ 的交点 B_2。在传动过程中,啮合点沿着啮合线在变动,主动轮 1 齿廓上的啮合点由根部逐渐移向齿顶,从动轮 2 齿廓上的啮合点则由齿顶移向齿根。当啮合点移到主动轮的齿顶与啮合线的交点 B_1 处时,啮合终止,两齿廓将脱离接触。线段 $B_1 B_2$ 为啮合点的实际轨迹,故称为实际啮合线段。若增大齿顶圆直径,则 B_1,B_2 点将趋近于 N_1,N_2 点,实际啮合线增长。由于 $\overline{N_1N_2}$ 是理论上最长的啮合线,称为理论啮合线,N_1,N_2 点称为啮合极限点。

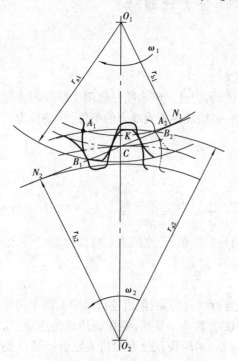

图 11.10 重合度

如图 11.10 所示,一对渐开线齿轮啮合,要保证传动连续不间断,必须在前一对轮齿尚未在 B_1 点脱离啮合之前,后一对轮齿已在 B_2 点开始进入啮合。根据渐开线的性质,$\overline{B_1B_2}$ 应等于基圆上的一段弧长 $\overset{\frown}{A_1A_2}$。$\overset{\frown}{A_1A_2}$ 是一对轮齿从进入啮合到脱离啮合,渐开线齿廓在基圆上所经过的一段弧长。显然,要做到这一点,必须使 $\overline{B_1B_2}=\overset{\frown}{A_1A_2}\geqslant p_b$,$p_b$ 是齿轮的基圆齿距。

由此可知,若 $\overline{B_1B_2}=p_b$,表明当前一对轮齿正要脱离啮合时,后一对轮齿刚好进入啮合,传动恰好连续。若 $\overline{B_1B_2}<p_b$,表明当前一对轮齿脱离啮合时,后一对轮齿尚未进入啮合,如齿轮 1 继续转动,则会产生啮合中断现象,不能保证传动的连续性。若 $\overline{B_1B_2}>p_b$,表明当前一对轮齿尚未脱离啮合时,后一对轮齿早已进入啮合,同时参与啮合的轮齿有时超过一对,传动连续性好。

通常把实际啮合线段 $\overline{B_1B_2}$ 与齿轮基圆齿距 p_b 的比值称为重合度,用 ε 表示。因此,齿轮连续传动的条件是:两轮的重合度必须大于或等于 1,即

$$\varepsilon = \frac{B_1B_2}{p_b} = \frac{A_1A_2}{p_b} \geqslant 1 \tag{11.9}$$

重合度越大,表示同时参与啮合的轮齿对数越多,或多对轮齿同时参与啮合所占的时间比例越大,齿轮传动越平稳。重合度的详细计算公式可参考有关机械设计手册。对于标准齿轮机构,当为标准中心距时,其重合度 ε 恒大于 1,故不必验算。

11.5.3 正确安装条件

一对齿轮在安装时,为避免齿轮反转时出现空回和发生冲击,理论上要求齿廓间没有侧向间隙。由于标准齿轮分度圆上齿厚与齿槽宽相等,因此,在无侧隙安装时,两分度圆相切。这种安装称为标准安装,其中心距 a 为标准中心距。显然在标准安装条件下,两轮间的中心距为

$$a = r_1' + r_2' = r_1 + r_2 = \frac{m(z_1+z_2)}{2} \tag{11.10}$$

需要指出,分度圆和压力角是针对单个齿轮而言,而节圆和啮合角是针对一对齿轮啮合传动时而言。因此,分度圆与节圆、压力角与啮合角分别为两个不同的概念,不能混淆。但当一对标准齿轮在标准安装时,其分度圆与节圆重合,即 $d=d'$,啮合角等于压力角,即 $\alpha'=\alpha$。

当安装中心距不等于标准中心距时,节圆半径发生变化,但分度圆半径不变,这时节圆与分度圆不重合。由于基圆的相对位置发生变化,故啮合线位置也发生变化,啮合角不再等于分度圆上的压力角。此时中心距为

$$a' = r_1' + r_2' = \frac{r_{b1}}{\cos \alpha_1'} + \frac{r_{b2}}{\cos \alpha_2'} = (r_1 + r_2)\frac{\cos \alpha}{\cos \alpha'} = a\frac{\cos \alpha}{\cos \alpha'} \qquad (11.11)$$

11.6　渐开线直齿圆柱齿轮的加工

齿轮加工的方法很多,如切削法、铸造法、热轧法、冲压法以及电加工法等。目前,最常用的是切削法,切削法加工齿轮的设备有多种,但按其原理可分为仿形法和展成法两种。

11.6.1　仿形法

仿形法是最简单的一种切齿方法,轮齿是用圆盘铣刀或指状铣刀铣出的,圆盘铣刀和指状铣刀的外形与齿轮的齿槽形状相同(见图 11.11(a)、(b))。铣齿时,把齿轮毛坯安装在机床工作台上,圆盘铣刀绕本身的轴线旋转,而齿轮毛坯 A 沿平行于齿轮轴线方向,做直线移动。铣出一个齿槽后,将齿轮毛坯转过 $\frac{360°}{z}$,再铣第二个齿,其余依此类推。

这种方法加工简单,不需要专用机床,修配厂多采用此法。但生产率低,精度差,只适用于单件生产及精度要求不高的齿轮加工。

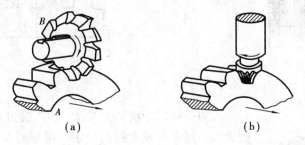

图 11.11

11.6.2　范成法

范成法是较为完善的一种切齿方法,因而应用甚广。用此法切削齿轮时所用的刀具有 3 种:齿轮插刀、齿条插刀及滚刀。

齿轮插刀(见图 11.12(a))是一个具有渐开线齿形而模数和被切削齿轮模数相同的刀具。在加工时,插刀沿轮坯轴线方向做迅速的往复运动,同时在退刀之后,插刀与轮坯以所需的角速度转动,宛如一对齿轮互相啮合一样(见图 11.12(b))。当被切削轮坯转过一周后,即可切出所有的轮齿。用这种刀具加工所得的轮齿齿廓为插刀刀刃在各个位置的包络线,就像插刀在轮坯上滚动一样,如图 11.12(c)所示。

当齿轮插刀的齿数增至无穷多时,其基圆半径变为无穷大,渐开线齿廓变为直线齿廓,齿轮插刀便变为齿条插刀。如图 11.13(a)所示为齿条插刀切削轮齿时的情形,其原理与齿轮插刀切削轮齿相同。用齿条插刀加工所得的轮齿齿廓亦为其刀刃在各个位置的包络线,如图 11.13(b)所示。

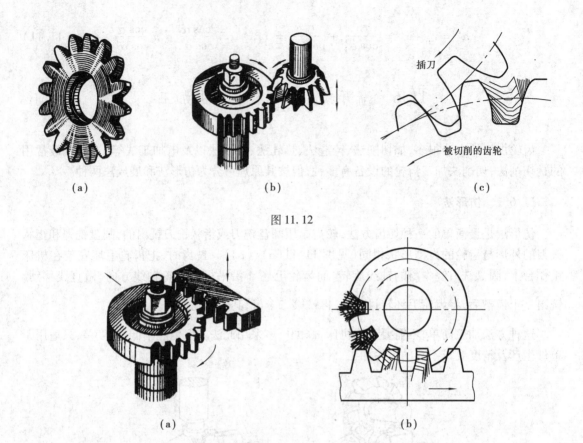

图 11.12

图 11.13

图 11.14

滚刀是蜗杆形状的铣刀,加工时,滚刀刀刃在轮坯端面上的投影为一具有直线齿廓的齿条。用滚刀切削齿轮时,轮坯与滚刀分别绕本身轴线转动;同时,滚刀又沿着轮坯的轴向进刀(见图 11.14),因而其加工原理和齿条插刀完全相同。

范成法与仿形法相比,只需刀具的模数和压力角与被加工齿轮的模数和压力角相同,便可用同一把刀具加工出各种齿数的齿轮,即同一模数和压力角而不同齿数的齿轮均可由同一把刀具来加工,因而大大减少了刀具的品种规格。同时,范成法加工的精度也较高。此外,范成法加工无须分度运动,且滚齿时为连续切削(插齿时也有空行程),因此,生产率也较高。其缺点是需要专用的齿轮加工机床。

综上分析,范成法在批量生产中得到了广泛的应用。

11.6.3 根切、最少齿数及变位齿轮的概念

用范成法加工齿轮时,如果齿轮的齿数太少,则切削刀具的齿顶就会切去轮齿根部的一部分,这种现象称为根切。

如图 11.15 所示,虚线表示该轮齿的理论齿廓,实线表示根切后的齿廓。轮齿发生根切后,抗弯曲的能力降低,并减小了重合度,对传动不利,因此必须设法避免。

在设计齿轮时,常采用下列方法避免发生根切:

1)限制小齿轮的最少齿数 为了保证不发生根切,要使所设计齿轮的齿数大于不产生根切的最少齿数。用滚刀切削齿轮时,对于各种标准刀具最少齿数 z_{min} 的数值为

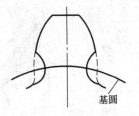

当 $\alpha = 20°, h_a^* = 1$ 时 $\qquad$ $z_{min} = 17$

当 $\alpha = 20°, h_a^* = 0.8$ 时 $\qquad$ $z_{min} = 14$

图 11.15

2)采用变位齿轮 若被加工齿轮的齿数小于最少齿数,则加工时必然发生根切。为了避免根切如图 11.16 所示,可将刀具从虚线位置退出一段距离 xm,而移至实线所示的位置,使刀具的齿顶线与啮合线交于 N_1 点或 N_1 点以内,这样就不会发生根切了。这种用改变切齿刀具与所制齿轮的相互位置,以避免根切现象,从而达到可以制造较少齿数齿轮的方法,称为变位修正法。图中切齿刀具所移动的距离为 xm(x 为变位系数,m 为模数)。采用变位修正法制造齿轮,不但可使齿数 $z < z_{min}$ 的齿轮不发生根切,而且还可提高齿轮的强度及传动的质量指标。关于变位修正法的详细理论,可参阅有关机械原理书籍。

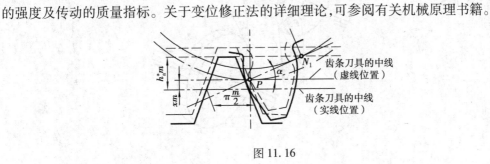

图 11.16

11.7　标准直齿圆柱齿轮传动的受力分析

11.7.1　受力分析

为了对齿轮(以及轴和轴承)等零(部)件进行设计计算,首先应对齿轮进行受力分析,求出其所受到的作用力。如图 11.17(a)所示为一标准直齿圆柱齿轮传动,轮齿在节点 P 处接触。若忽略摩擦力,轮齿间相互作用的法向力 F_n 沿着啮合线方向。

如图 11.17(c)所示为两轮在接触点处的受力情况。主动轮 1 的法向力 F_{n1} 分解为圆周力 F_{t1} 和径向力 F_{r1},而从动轮 2 的法向力 F_{n2} 分解为圆周力 F_{t2} 和径向力 F_{r2}。

若主动轮 1 所传递的功率为 $P(kW)$,转速为 $n_1(r/min)$,则作用在主动轮上的转矩为

$$T_1 = \frac{9\,549P}{n_1} \quad N \cdot m$$

$$F_{t1} = \frac{2\,000T_1}{d_1}$$

$$F_{r1} = F_t \tan \alpha$$

$$F_{n1} = \frac{F_{t1}}{\cos \alpha}$$

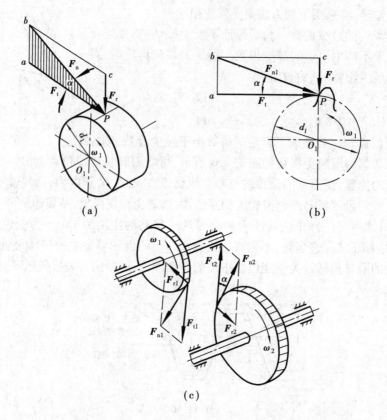

图 11.17　直齿圆柱齿轮传动的受力分析

式中　T_1——小齿轮传递的转矩；

　　　　d_1——小齿轮的分度圆直径；

　　　　α——压力角。

根据作用力与反作用力关系，则得

$$\overline{F_{t2}} = -\overline{F_{t1}}$$

$$\overline{F_{r2}} = -\overline{F_{r1}}$$

$$\overline{F_{n2}} = -\overline{F_{n1}}$$

作用在主动轮上的圆周力 F_{t1} 的方向与该接触点 P 的线速度方向相反，而从动轮上的圆周力 F_{t2} 的方向与该接触点 P 的线速度方向相同；径向力的方向分别指向各自的轮心。

*11.7.2　计算载荷

上述的法向力 F_n 称为名义载荷，是在假定 F_n 沿齿宽均匀分布的条件下按静力学的计算方法得到的。但是，由于轴和轴承的变形，齿轮的制造、安装误差等原因，载荷沿齿宽方向并非均匀分布，会出现载荷集中的现象。另外，由于原动机和工作机的特性不同，齿轮制造误差以及轮齿变形等原因，还会引起附加动载荷。齿轮精度越低，转速越高，附加动载荷也就越大。这样，齿轮工作时受到的实际载荷要比名义载荷大。因此，在计算齿轮强度时，通常以计算载荷 F_{nc} 代替名义载荷 F_n，F_{nc} 的计算式为

$$F_{nc} = kF_n \tag{11.12}$$

式中　F_{nc}——计算载荷；

k——载荷系数,一般可取 $k = 1.2 \sim 2.0$。当载荷平稳、齿宽系数较小、轴承对称布置、轴的刚性较大、齿轮精度较高(6 级以上)以及外部机械与齿轮装置之间为挠性联接时,取较小值;反之,取较大值。

11.8　斜齿圆柱齿轮传动

11.8.1　斜齿圆柱齿轮的形成原理

在前面讨论直齿圆柱齿轮形成原理时,仅以齿轮端面加以说明,这是因为在同一瞬时,所有与端面平行的平面内的情况完全相同。当考虑实际齿轮的宽度时,则基圆就成了基圆柱,发生线成了发生面,发生线与基圆的切点 N 就成了发生面与基圆柱的切线 NN',发生线上的 K 点就成了发生面上的直线 KK',且 $KK' /\!/ NN'$,如图 11.18 所示。因此,当发生面沿基圆柱做纯滚动时,直线 KK' 的运动轨迹就是一个渐开面,即直齿圆柱齿轮的齿面。

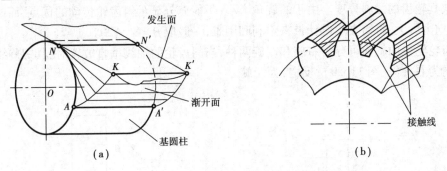

图 11.18　直齿圆柱齿面形成及接触线

当一对直齿圆柱齿轮啮合传动时,两轮齿廓曲面的瞬时接触线是与轴线平行的直线,如图 11.18(b)所示。在啮合过程中,一对轮齿沿着整个齿宽同时进入啮合或退出啮合,因而轮齿上的载荷是突然加上或卸掉的;同时直齿圆柱齿轮传动的重合度较小,每对轮齿的负荷就大,故它们的传动不够平稳,容易产生冲击、振动和噪声。为了克服上述缺点,改善啮合性能,常采用斜齿圆柱齿轮(简称斜齿轮)。

斜齿圆柱齿轮的形成原理与直齿圆柱齿轮相似,所不同的是发生面上的直线 KK' 与 NN' 不相平行,而是形成一个夹角 β_b,β_b 称为基圆螺旋角(见图 11.19(a))。当发生面沿基圆柱做纯滚动时(展开或包绕),斜直线 KK' 上任一点的轨迹都是大小相同的基圆的渐开线,因而它们的形状也完全一样,只是它们的起点各不相同,各起点的连线就是螺旋线 AA',而斜直线 KK' 的轨迹就是一个渐开螺旋面,即斜齿圆柱齿轮的齿廓曲面。

传动时,两轮齿廓曲面的瞬时接触线是一条斜直线(见图 11.19(b))。因此,当一对斜齿圆柱齿轮的轮齿进入啮合时,接触线由短变长,而退出啮合时,接触线由长变短,即它们是逐渐进入和退出啮合的,从而减少了冲击、振动和噪声,提高了传动的平稳性。此外,斜齿轮传动的总接触线长、重合度大,从而进一步提高了承载能力,因此,它广泛应用于高速、重载的传动中。斜齿轮传动的缺点是:在传动时会产生一个轴向分力,提高了支承设计的要求,因此,在矿山、冶金等重型机械中,又进一步采用了轴向力可以互相抵消的人字齿轮。

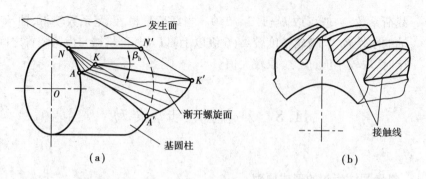

图 11.19   斜齿轮齿廓形成原理和瞬时接触线

11.8.2   斜齿圆柱齿轮的基本参数

(1)螺旋角

如图 11.20 所示为斜齿轮的分度圆柱及其展开图。图中螺旋线展开所得的斜直线与轴线之间的夹角 β 称为分度圆柱面上的螺旋角(简称螺旋角)。它是斜齿轮的一个重要参数,可定量地反映其轮齿的倾斜程度。由于螺旋角太小,不能充分显示斜齿轮传动的优点,而螺旋角太大,则轴向力太大,将给支承设计带来不利和困难,一般取 $\beta = 8° \sim 20°$。

斜齿轮轮齿的旋向可分为右旋和左旋两种,当斜齿轮的轴线垂直放置时,其螺旋线右高左低时旋向为右旋(见图 11.20);反之,为左旋。

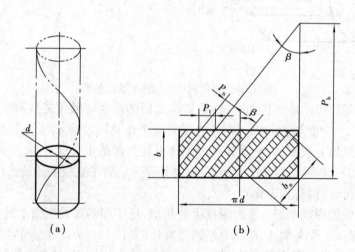

图 11.20   斜齿轮圆柱齿轮的螺旋角

(2)其他基本参数

除螺旋角 β 以外,斜齿轮与直齿轮一样,也有模数、齿数、压力角、齿顶高系数和顶隙系数 5 个参数。但由于有了螺旋角,斜齿轮的各参数均有端面和法面之分,并分别用下标 t 和 n 以示区别。并且两者之间均有一定的对应关系。由图 11.20 可知

$$P_n = P_t \cos \beta \tag{11.13}$$

上式两边除以 π,则

$$m_n = m_t \cos \beta \tag{11.14}$$

同时,由于斜齿轮的齿顶高和顶隙无论是从法面还是端面来看都是相同的,而且同直齿轮

的计算相同,即

$$\left. \begin{array}{l} h_{\mathrm{a}} = h_{\mathrm{at}}^{*} m_{\mathrm{t}} = h_{\mathrm{an}}^{*} m_{\mathrm{n}} \\ c = c_{\mathrm{t}}^{*} m_{\mathrm{t}} = c_{\mathrm{n}}^{*} m_{\mathrm{n}} \end{array} \right\} \tag{11.15}$$

此外,法面压力角 α_{n} 和端面压力角 α_{t} 之间有如下关系:

$$\tan \alpha_{\mathrm{n}} = \tan \alpha_{\mathrm{t}} \cos \beta \tag{11.16}$$

11.8.3 斜齿轮的几何尺寸计算

由上可知,斜齿轮的几何参数有端面和法面之分。由于加工斜齿轮时,刀具是沿着螺旋线方向,即垂直于法面方向切入的,故斜齿轮的法面参数与刀具相同,即法向模数和法向压力角均为标准值,$h_{\mathrm{an}}^{*} = 1$,$c_{\mathrm{n}}^{*} = 0.25$。但计算斜齿轮几何尺寸时,应按端面参数进行,且与直齿轮的计算公式的形式相同,斜齿轮的主要几何尺寸的计算公式如表 11.3 所示。

表 11.3 标准斜齿轮的几何尺寸、设计尺寸

名 称	符号	公 式
分度圆直径	d	$d = m_{\mathrm{t}} Z = \dfrac{m_{\mathrm{n}} Z}{\cos \beta}$
齿顶高	h_{a}	$h_{\mathrm{a}} = m_{\mathrm{n}} h_{\mathrm{an}}^{*} = m_{\mathrm{n}}$
齿根高	h_{f}	$h_{\mathrm{f}} = m_{\mathrm{n}} (h_{\mathrm{an}}^{*} + c_{\mathrm{n}}^{*}) = 1.25 m_{\mathrm{n}}$
全齿高	h	$h = h_{\mathrm{a}} + h_{\mathrm{f}} = 2.25 m_{\mathrm{n}}$
齿顶圆直径	d_{a}	$d_{\mathrm{a}} = d + 2 h_{\mathrm{a}} = d + 2 m_{\mathrm{n}}$
齿根圆直径	d_{f}	$d_{\mathrm{f}} = d \pm 2 h_{\mathrm{f}} = d \pm 2.5 m_{\mathrm{n}}$ (外齿轮取"-",内齿轮取"+")
法向齿距	p_{n}	$P_{\mathrm{n}} = \pi m_{\mathrm{n}}$
端面齿距	p_{t}	$P_{\mathrm{t}} = \pi m_{\mathrm{t}} = \dfrac{\pi m_{\mathrm{n}}}{\cos \beta}$
中心距	a	$a = \dfrac{d_{2} \pm d_{1}}{2} = \dfrac{m_{\mathrm{n}} (z_{2} \pm z_{1})}{2 \cos \beta}$ (外齿轮取"+",内齿轮取"-")

11.8.4 斜齿圆柱齿轮的当量齿数

用成形铣刀切制齿轮时,刀具的切削刃均位于齿轮的法平面内,并沿着螺旋槽的方向进给,这样加工出来的斜齿轮,其法向模数、法向压力角与刀具的模数和压力角相同。因此,必须按照与斜齿轮法面齿形相当的直齿轮的齿数来确定铣刀的号码。精确求出法向齿廓是很复杂的,也没有必要。通常采用下述的近似方法进行研究。如图 11.21 所示,过斜齿轮分度圆柱上齿廓的任一点 C 作轮齿的法面 n—n,则该法面与分度圆柱的交线为一椭圆。它的长轴半径为 $a = \dfrac{d}{2\cos \beta}$,短轴半径 $b = \dfrac{d}{2}$,由数学知识可导出椭圆 C 点的曲率半径为

$$\rho = \frac{a^{2}}{b} = \left(\frac{d}{2\cos \beta} \right)^{2} \times \frac{2}{d} = \frac{d}{2\cos^{2}\beta}$$

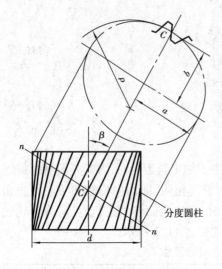

并以 ρ 为分度圆半径,以斜齿轮的法向模数 m_n 和法向压力角 α_n 为模数和压力角,作假想的直齿圆柱齿轮,与该斜齿轮在 C 点处的法向齿廓相当。称这一假想的直齿轮为该斜齿轮的当量齿轮,其齿数为当量齿数,以 z_v 表示,则

$$z_v = \frac{2\pi\rho}{p_n} = \frac{2\pi}{\pi \cdot m_n} \cdot \frac{d}{2\cos^2\beta} = \frac{m_n \cdot z}{m_n\cos^3\beta} = \frac{z}{\cos^3\beta}$$

(11.17)

式中 z——斜齿轮的实际齿数。

按式(11.17)求得的 z_v 值一般不是整数,也不必圆整,只要按这个数值选取刀号即可。此外,在对斜齿圆柱齿轮进行强度计算时,也要用到当量齿数的概念。

图 11.21 斜齿轮的当量齿数

标准斜齿轮不产生根切的最少齿数 z_{min} 可由其当量直齿轮不产生根切的最少齿数 z_{vmin} 求得,即

$$z_{min} = z_{vmin}\cos^3\beta$$

(11.18)

11.8.5 一对斜齿轮的正确啮合条件

从斜齿轮齿廓的形成原理可知,其端面齿廓与直齿圆柱齿轮一样。因此,一对外啮合斜齿轮的正确啮合条件是:两齿轮的端面模数和端面压力角必须分别相等,且两轮的螺旋角必须大小相等,旋向相反(内啮合时的旋向相同)。由式(11.14)和式(11.16)可知,两齿轮的法向模数和法向压力角也必须分别相等。故斜齿轮传动的正确啮合条件为

$$\left.\begin{array}{l} m_{n1} = m_{n2} = m_n \\ \alpha_{n1} = \alpha_{n2} = \alpha_n \\ \beta_1 = \pm \beta_2 \end{array}\right\}$$

(11.19)

式中," – "号表示外啮合时螺旋角旋向相反;" + "表示内啮合时的螺旋角旋向相同。

11.8.6 斜齿轮的受力分析

若略去齿面间的摩擦力,则作用在主动轮齿面上的法向力 F_{n1} 可沿齿轮的圆周方向、半径方向和轴线方向分解为 3 个互相垂直的分力(见图 11.22),即圆周力 F_{t1}、径向力 F_{r1} 和轴向力 F_{x1}。从动轮轮齿上所受的力与主动轮轮齿所受的力大小相等、方向相反。各分力的大小为

$$F_{t1} = \frac{2\,000T_1}{d_1} = F_{t2}$$

$$F_{x1} = F_{t1}\tan\beta = F_{x2}$$

$$F_{r1} = \frac{F_{t1}}{\cos\beta}\tan\alpha_n = F_{r2}$$

斜齿轮轮齿所受圆周力和径向力方向的确定与直齿轮相同。其轴向力的方向由主、从动轮的转动方向和轮齿螺旋线的方向确定。对于主动轮,螺旋方向为右旋时,用右手判断;左旋

时,用左手判断。具体判断方法是:用四指按主动轮的旋转方向握住齿轮,大拇指的指向即为主动轮所受轴向力的方向,其反方向即为从动轮所受的轴向力方向。

上面用图 11.22(a)、(b)来表示斜齿轮的受力方向时,图形较复杂,作图较困难,因此,一般采用如图 11.23(a)、(b)所示的方式来表达。

图中符号⊙表示箭头,说明作用力的方向由里向外离开纸面;⊗表示箭尾,说明作用力的方向由外向里指向纸面。

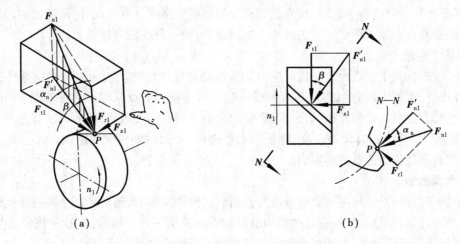

(a)　　　　　　　　　　　　(b)

图 11.22　斜齿轮的受力分析

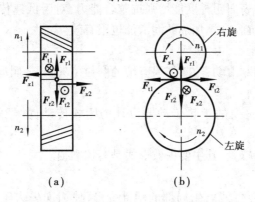

(a)　　　　　(b)

图 11.23　斜齿轮受力的常用表示方法

11.9　齿轮轮齿的失效形式和设计准则

11.9.1　齿轮传动的失效形式

在研究齿轮强度时,必须了解齿轮传动的失效形式,分析产生失效的主要原因,然后确定齿轮强度的计算方法。实践表明,齿轮传动的失效主要发生在轮齿部分,其失效形式主要是轮齿折断,齿面的疲劳点蚀、胶合、磨粒磨损和塑性变形。

（1）轮齿折断

轮齿可简化为悬臂梁,受到载荷作用后,齿根处产生的弯曲应力最大,并且由于齿根圆角和切削刀痕等会引起应力集中,如果弯曲应力超过了齿根弯曲疲劳极限,在多次重复载荷作用下,齿根圆角处会产生疲劳裂纹,裂纹逐渐扩大导致疲劳断齿,这种折断称为疲劳折断。

当轮齿受到意外的冲击和短时过载时,往往会发生突然折断,称为过载折断。这种情况特别是在轮齿材料较脆和模数较小时容易发生。

为了防止轮齿弯曲疲劳折断,应对轮齿进行弯曲疲劳强度计算。此外,采用增大齿根过渡圆角半径、提高齿面加工精度等工艺措施,也能提高齿轮抗弯疲劳能力。

（2）疲劳点蚀

轮齿工作时,其工作表面上的接触应力是按脉动循环变化的。齿面长时间在这种交变接触应力作用下,可能出现微小的剥落而形成一些疲劳浅坑（麻点）,这种现象称为疲劳点蚀。齿轮发生齿面点蚀后,将使轮齿啮合情况恶化而影响使用。实践表明,疲劳点蚀首先出现在齿根表面靠近节线处。提高齿面硬度,降低齿面粗糙度、采用粘度较大润滑油以及合理的变位等,都能提高齿面抗疲劳点蚀的能力。

（3）齿面胶合

在高速重载传动中,常因啮合区温度升高而引起润滑失效,致使两齿面金属直接接触并相互粘连,当两齿面相对运动时,较软的齿面沿滑动方向被撕下而形成沟纹,这种现象称为齿面胶合。在低速重载传动中,由于齿面间的润滑油膜不易形成也可能产生胶合破坏。

提高齿面硬度和减小表面粗糙度能增强抗胶合能力,对于低速传动采用粘度较大的润滑油,对于高速传动采用含抗胶合添加剂的润滑油也很有效。

（4）齿面磨粒磨损

由于啮合齿廓间有相对滑动存在,如果有硬的磨粒（灰砂、金属屑粒等）进入摩擦表面,就将产生磨粒磨损。

为了减少磨粒磨损,重要的齿轮传动要设计为闭式传动,并经常注意润滑油的清洁和更换。

开式传动的工作条件较差,其主要失效形式是磨粒磨损。

（5）齿面塑性变形

在重载下,较软的齿面可能产生局部的塑性变形,使齿面失去正确的齿形。提高齿面硬度,降低工作应力,减少载荷集中等,均可防止齿面塑性变形。

11.9.2　计算准则

上面介绍了齿轮的几种失效形式,但在工程实践中,对于一般用途的齿轮传动,通常只作齿根弯曲疲劳强度及齿面接触疲劳强度的计算。

1）闭式传动软齿面（硬度≤350HBS）,轮齿的主要失效形式为齿面疲劳点蚀。对此应首先按齿面接触疲劳强度计算轮齿分度圆直径和其他几何参数,然后再校核轮齿弯曲疲劳强度。

2）闭式传动硬齿面（硬度>350HBS）,轮齿的主要失效形式为轮齿的弯曲疲劳折断。对此应首先按弯曲疲劳强度计算模数和其他几何参数,然后再校核齿面接触疲劳强度。

3）开式传动的主要失效形式为齿面磨粒磨损和弯曲疲劳折断。目前,对齿面磨损尚无成熟的计算方法。因此,通常只进行弯曲疲劳强度计算,并将计算所得模数加大 10% ~20% ,以补偿磨损量。

11.9.3　齿轮的材料

制造齿轮用的材料主要是钢,大多数齿轮,特别是重要齿轮都用锻件或轧制钢材,只有对形状复杂和直径较大($d \geqslant 500$ mm)不易锻造时,才采用铸钢制造。传动功率不大、无冲击、低速开式传动中的齿轮可采用灰铸铁。高强度球墨铸铁可代替铸钢制造大齿轮。有色金属仅用于制造有特殊要求(如抗腐蚀性、防磁性等)的齿轮。对于高速、轻载及精度要求不高的齿轮,为减小噪声,可应用非金属材料(如塑料、尼龙和夹布胶木等)做成小齿轮,但大齿轮仍采用钢或灰铸铁制造。

表 11.4 列出了一些常用的齿轮材料。

表 11.4　常用的齿轮材料

材　料	热　处　理	齿面硬度		许用接触应力 $[\sigma_H]/(N \cdot mm^{-2})$	许用弯曲应力 $[\sigma_F]/(N \cdot mm^{-2})$
		HBS	HRC		
45	正火	163 ~ 217		460 ~ 540	200 ~ 215
	调质	217 ~ 255		560 ~ 600	215 ~ 225
	表面淬火		40 ~ 50	880 ~ 970	190 ~ 230
40Cr 40MnB	调质	241 ~ 286		670 ~ 750	285 ~ 300
	表面淬火		40 ~ 50	1 060 ~ 1 130	190 ~ 230
35SiMn	调质	217 ~ 269		640 ~ 710	275 ~ 290
	表面淬火		45 ~ 55	1 060 ~ 1 500	190 ~ 230
20Cr 20CrMnTi	渗碳淬火 回火		56 ~ 62	1 300 ~ 1 500	310 ~ 410 160 ~ 170
ZG270—500	正火	143 ~ 197		430 ~ 460	165 ~ 175
ZG310—570	正火	163 ~ 197		445 ~ 480	170 ~ 180
ZG340—640	正火	179 ~ 207		460 ~ 490	195 ~ 210
ZG35SiMn	正火	163 ~ 217		480 ~ 550	190 ~ 210
ZG35SiMn	调质	197 ~ 248		530 ~ 605	205 ~ 220
ZG35SiMn	表面淬火		45 ~ 53	880 ~ 930	190 ~ 210
HT250		170 ~ 241		305 ~ 370	55 ~ 75
HT300		187 ~ 255		320 ~ 385	60 ~ 80
HT350		197 ~ 269		330 ~ 400	150 ~ 170
QT500—7		170 ~ 230		350 ~ 460	

注:1. 长期双侧工作的齿轮传动,许用弯曲应力$[\sigma_F]$应将表中的数值乘以 0.7。

　　2. 表中淬火层的质量得不到保证时,建议将表中的$[\sigma_H]$乘以 0.9。

　　3. 表中表面淬火钢的许用弯曲应力是指调质后进行表面淬火而得的。

对于软齿面齿轮,这类齿轮常用的材料为中碳钢和中碳合金钢,采用的热处理为调质或正火。由于齿面硬度不高,在热处理后仍可利用滚刀等工具进行切齿,制造容易,成本较低。适用于传动尺寸和重量没有严格限制的一般传动。

对于硬齿面齿轮,这类齿轮齿面硬度很高,因此,最终热处理只能在切齿后进行。如果热处理后轮齿变形,对于精度要求较高的齿轮,尚需进行磨齿等精加工,工艺复杂,制造费用较高。通常硬齿面齿轮采用中碳钢、中碳合金钢或低碳合金钢制造,前两者的热处理方法为表面淬火,后者为渗碳淬火。主要适用于高速重载或者尺寸要求紧凑等重要传动场合。

如果一对齿轮均用钢材制造,考虑到小齿轮的齿根厚度较小,应力循环次数较多,以及有利于抗胶合等原因,在选择轮齿的热处理方法时,一般应使小齿轮的齿面硬度比大齿轮高出$30 \sim 50$HBS,甚至更多。

*11.10 直齿圆柱齿轮传动的强度计算

齿轮的强度计算是根据齿轮的失效形式进行的。对于一般的齿轮传动,只需计算齿面接触疲劳强度和齿根弯曲疲劳强度即可;对于高速重载的闭式齿轮传动,还要计算胶合承载能力。本节着重讲解直齿圆柱齿轮的强度计算方法。

11.10.1 齿面接触强度计算

齿面接触强度的计算是针对疲劳点蚀这种失效形式进行的。如前所述,疲劳点蚀是由于齿面最大接触应力超过齿轮材料的接触疲劳极限所引起的,故应限制齿面的最大接触应力σ_H,其计算式可由计算光滑圆柱体表面接触应力的赫兹(Hertz)公式导出。

一对钢制标准外啮合圆柱齿轮在节点接触时齿面的最大接触应力σ_H可按下式进行校核计算

$$\sigma_H = 670 \sqrt{\frac{KT_1}{bd_1^2} \cdot \frac{u \pm 1}{u}} \leqslant [\sigma_H] \quad \text{N/mm}^2 \qquad (11.20)$$

式中 μ——大齿轮与小齿轮的齿数比,$\mu = \frac{z_2}{z_1} \geqslant 1$,在直齿圆柱齿轮传动中,一般取$\mu \leqslant 5$;

$\quad\quad T_1$——小齿轮的转矩,N·mm;

$\quad\quad b$——齿轮宽度,mm;

$\quad\quad d_1$——小齿轮分度圆直径,mm;

$\quad\quad [\sigma_H]$——许用接触应力,N/mm²,查表11.4。由于两齿轮的材料和热处理方式各不相同,因此,$[\sigma_H]$应取$[\sigma_H]_1$和$[\sigma_H]_2$中的较小者。

由式(11.20)可知,分度圆直径愈大,齿面抗点蚀的能力愈强。若引入无量纲的齿宽系数$\psi_d = b/d_1$(参考表11.5选取),代入式(11.20)可得一对钢制齿轮按接触强度确定分度圆直径的设计公式为

$$d_1 \geqslant \left\{ \left[\frac{670}{[\sigma_H]} \right]^2 \frac{KT_1(\mu + 1)}{\psi_d \cdot \mu} \right\}^{\frac{1}{3}} \quad \text{mm} \qquad (11.21)$$

表 11.5　齿宽系数 ψ_d

齿轮相对于轴承的布置	软齿面齿轮	硬齿面齿轮
对称布置	0.8 ~ 1.1	0.4 ~ 0.7
非对称布置	0.6 ~ 0.9	0.3 ~ 0.5
悬臂布置	0.3 ~ 0.4	0.2 ~ 0.25

11.10.2　齿根弯曲强度计算

齿根弯曲强度的计算是针对轮齿折断这种失效形式进行的。这是因为轮齿折断主要是其齿根部分的弯曲应力超过弯曲疲劳极限而发生的,因此,应限制齿根的弯曲应力。

在计算时,假定全部载荷仅由一对轮齿承担。当载荷作用在轮齿齿顶时,可导出齿根的最大弯曲应力 σ_F,并由下式进行校核计算

$$\sigma_F = \frac{2KT_1}{bd_1 m} Y_F \leqslant [\sigma_F] \quad \text{N/mm}^2 \tag{11.22}$$

式中　m——齿轮的模数,mm;

　　　$[\sigma_F]$——齿轮材料的许用弯曲应力,查表 11.4,N/mm^2;

　　　Y_F——齿形系数,是一个无量纲数,其大小与轮齿的形状有关,对于标准齿轮,取决于齿数 z,正常齿标准外齿轮的 Y_F 值可由表 11.6 查得;其余符号的意义与式(11.20)相同。

表 11.6　标准外齿轮的齿形系数 Y_F

z	12	14	17	18	19	20	22	25	28	30	35	40	45	50	60	100	150	∞
Y_F	3.47	3.22	2.97	2.90	2.86	2.81	2.75	2.65	2.54	2.47	2.41	2.37	2.35	2.33	2.28	2.18	2.14	2.06

通常,由于两个齿轮的齿形系数 Y_{F1} 和 Y_{F2} 不相同,而且两齿轮材料的许用弯曲应力 $[\sigma_{F1}]$ 和 $[\sigma_{F2}]$ 也不相同,因此,两个齿轮的弯曲强度应分别进行校核计算。由式(11.22)可知,齿轮的模数越大,其轮齿抗弯曲的能力越强。

式(11.22)为弯曲强度的校核公式,也可引入齿宽系数 $\psi_d = \dfrac{b}{d_1}$,故设计公式改写为

$$m \geqslant \left\{ \frac{2KT_1 Y_F}{\psi_d z_1^2 [\sigma_F]} \right\}^{\frac{1}{3}} \quad \text{mm} \tag{11.23}$$

式中,$\dfrac{Y_F}{[\sigma_F]}$ 应取 $\dfrac{Y_{F1}}{[\sigma_F]_1}$ 和 $\dfrac{Y_{F2}}{[\sigma_F]_2}$ 中的较大者,算得的模数应按表 11.1 圆整至标准值。动力齿轮的模数不宜小于 1.5 ~ 2 mm。

例 11.1　设计带式运输机的标准直齿圆柱齿轮单级减速器的齿轮传动。已知传递的功率为 $P = 6$ kW,主动轮转速 $n_1 = 960$ r/min,传动比 $i = u = 2.5$,载荷平稳不逆转,单班工作,预期使用寿命 10 年,原动机为电动机。

解　减速器为闭式齿轮传动,通常采用软齿面的钢制齿轮。

1)选择材料、热处理方法和精度等级

由表 11.4,选小齿轮材料为 45 钢,调质 $[\sigma_{H1}]=580$ N/mm^2,$[\sigma_{F1}]=215$ N/mm^2;大齿轮材料为 45 钢,正火 $[\sigma_{H2}]=530$ N/mm^2,$[\sigma_{F2}]=200$ N/mm^2。

2)按齿面接触疲劳强度设计齿轮

取载荷系数 $K=1.3$,齿宽系数 $\psi_d=1$(见表 11.5)

小齿轮上的转矩为

$$T_1 = \frac{9.55\times10^6 P_1}{n_1} = \frac{9\,549\times10^6\times6}{960} = 59\,687.5 \text{ N}\cdot\text{mm}$$

按式(11.21)设计小齿轮直径为

$$d_1 \geqslant \left\{ \left[\frac{670}{[\sigma_H]}\right]^2 \frac{KT_1(\mu+1)}{\psi_d\cdot\mu} \right\}^{\frac{1}{3}} = 55.78 \text{ mm}$$

齿数取 $z_1=20$,则

$$z_2 = 20\times\mu = 20\times2.5 = 50$$

齿轮模数为

$$m = \frac{d_1}{z_1} = 2.789 \text{ mm}$$

取 $m=3$ mm(见表 11.1)

小齿轮分度圆直径为

$$d_1 = mz_1 = 60 \text{ mm}$$

齿宽

$$b = \psi_d d_1 = 1\times60 = 60 \text{ mm}$$

考虑到齿轮安装时的误差,取 $b_2=60$ mm,则

$$b_1 = b_2 + (5\sim10)\text{mm} = 65\sim70 \text{ mm}$$

故取 $b_1=70$ mm。

3)校核轮齿弯曲强度

齿形系数 $Y_{F1}=2.81$,$Y_{F2}=2.33$(见表 11.6)

按式(11.22)校核轮齿弯曲强度(按最小齿宽 $b=60$ mm 计算)为

$$\sigma_{F1} = \frac{2KT_1}{bd_1 m}Y_{F1} = 40.38 \quad \text{N/mm}^2 < [\sigma_{F1}]$$

$$\sigma_{F2} = \frac{2KT_1}{bd_1 m}Y_{F2} = 33.48 \quad \text{N/mm}^2 < [\sigma_{F2}]$$

可见弯曲强度足够。

4)齿轮尺寸计算(略)

11.11 蜗杆传动

11.11.1 蜗杆传动的特点

蜗杆传动主要由蜗杆蜗轮组成,用于传递空间两交错轴之间的运动和动力,如图 11.24 所

示。通常,两轴交错角为 90°,蜗杆为主动件,蜗轮是从动件。

图 11.24　蜗杆传动

与齿轮传动相比,蜗杆传动有如下特点:

(1)**传动比大,结构紧凑**

$$i_{12} = \frac{\omega_1}{\omega_2} = \frac{z_2}{z_1}$$

式中　z_2——蜗轮齿数;

　　z_1——蜗杆的螺旋头数。

一般传动比 $i = 10 \sim 40$,最大可达 80。若只传递运动(如分度运动),其传动比可达 1 000。

(2)**传动平稳**

由于蜗杆齿是连续的螺旋齿,与蜗轮逐渐进入和退出啮合,同时啮合的齿数较多,故传动平稳,噪声小。

(3)**具有自锁性**

当蜗杆的导程角小于轮齿间的当量摩擦角时,可实现自锁。

(4)**传动效率低**

蜗杆传动由于齿面间相对滑动速度大,齿面摩擦严重,故在制造精度和传动比相同的条件下,蜗杆传动的效率比齿轮传动低,故不适用于传递大功率。

(5)**制造成本高**

为减轻齿面的磨损及防止胶合,蜗轮齿圈常用贵重的铜合金制造,因此,成本较高。

11.11.2　蜗杆传动的运动分析和受力分析

(1)**蜗杆传动的运动分析**

在蜗杆传动中,蜗轮的转向取决于蜗杆的螺旋方向(蜗杆螺旋方向的判别方法与斜齿相同)与转动方向,以及它与蜗杆的相对位置,可按螺旋副的运动规律确定蜗轮的转动方向。如图 11.25(a)所示为蜗杆下置的传动,若蜗杆右旋并按图示方向转动时,蜗轮顺时针方向转动。具体的判别方法为:当蜗杆为右(左)旋时,用右(左)手的四指按蜗杆的转动方向握住蜗杆,则蜗轮的接触点速度 v_2 与大拇指的指向相反,从而确定蜗轮的转向。

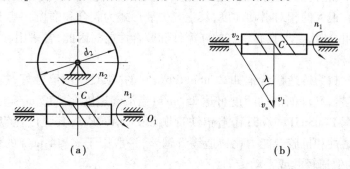

(a)　　　　　　　　　　(b)

图 11.25
(a)正视图　(b)俯视图

设 v_1 和 v_2 分别为蜗杆与蜗轮在节点 C 的圆周速度(见图 11.25(b)),由于 v_1 和 v_2 相互垂直,轮齿之间存在着很大的相对滑动速度 v_s。它对蜗杆传动的齿面润滑情况、失效形式以及发热和传动效率都有很大的影响。

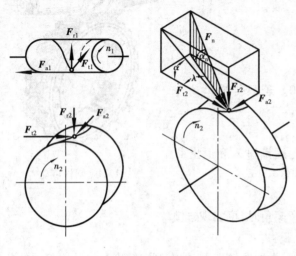

图 11.26

(2)蜗杆传动的受力分析

蜗杆传动的受力分析与斜齿圆柱齿轮传动相似,作用在啮合齿面间的法向力 F_n 可分解为 3 个互相垂直的分力,即圆周力 F_t、径向力 F_r 和轴向力 F_a,如图 11.26 所示。由于蜗轮轴与蜗杆轴之间的交角为 90°,蜗杆的圆周力 F_{t1} 与蜗轮的轴向力 F_{a2},蜗杆的轴向力 F_{a1} 与蜗轮的圆周力 F_{t2},蜗杆的径向力 F_{r1} 与蜗轮的径向力 F_{r2} 分别大小相等,方向相反。若略去摩擦力,则由图 11.26 可得

$$F_{t1} = F_{a2} = \frac{2T_1}{d_1}$$

$$F_{a1} = F_{t2} = \frac{2T_2}{d_2}$$

$$F_{r1} = F_{r2} = F_{t2}\tan\alpha$$

式中 T_1,T_2——蜗杆及蜗轮上的转矩,N·mm,$T_2 = T_1 i\eta_1$,i 为传动比,η_1 为蜗杆与蜗轮的啮合效率;

d_1,d_2——蜗杆及蜗轮的分度圆直径,mm。

11.11.3 蜗杆传动的材料、结构及散热措施

(1)蜗杆和蜗轮的常用材料

在蜗杆传动中,轮齿的失效形式与齿轮相似,也有点蚀、胶合、磨损和折断等形式,但因蜗杆传动的齿面间有很大的相对滑动速度,其主要失效形式为胶合和磨损。基于这一特点,在选择蜗轮副的材料组合时,要求具有良好的减摩性和胶合性能。因此,常采用青铜制作蜗轮的齿圈,淬火钢制作蜗杆。

常用的蜗轮材料为铸造锡青铜如 ZCuSnl0Pb1,它的减摩性、耐磨性好,抗胶合能力强,但强度较低,价格较贵,允许的滑动速度可达 25 m/s;当滑动速度 $v_s < 12$ m/s 时,可采用含锡量较低的铸造锡青铜 ZCuSn5Pb5Zn5;铸造铝铁青铜如 ZCuAll0Fe3,其强度比锡青铜高,价格便宜,但减摩性、耐磨性和抗胶合能力比铸造锡青铜差,一般用于 $v_s \leqslant 4$ m/s 的传动。灰铸铁适用于 $v_s < 2$ m/s 的低速轻载或手动传动。

一般蜗杆用碳钢或合金钢制造。高速重载且载荷变化较大的条件下,常用 20Cr,20CrMnTi 等,经渗碳淬火,齿面硬度为 58 ~ 63HRC;高速重载且载荷稳定的条件下常用 45,40Cr 等,经表面淬火,齿面硬度为 45 ~ 55HRC;对于不重要的传动及低速中载蜗杆,可采用 45 钢调质,齿面硬度为 220 ~ 250HBS。

（2）蜗杆和蜗轮的结构

通常蜗杆与轴做成一体,称为蜗杆轴,如图 11.27 所示。

蜗轮可以做成整体的（见图 11.28（a）），对于尺寸较大的青铜蜗轮,为节约贵重的有色金属,常采用组合式结构,齿圈用青铜制造,轮芯用铸铁或钢制造,用过盈配合联接（见图 11.28（b））或螺栓联接（见图 11.28（c）），也可将青铜齿圈浇铸在铸铁轮芯上（见图 11.28（d））。

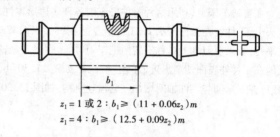

$z_1 = 1$ 或 $2 : b_1 \geqslant (11 + 0.06z_2)m$

$z_1 = 4 : b_1 \geqslant (12.5 + 0.09z_2)m$

图 11.27

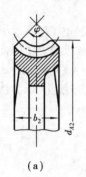 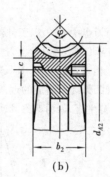 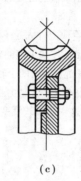 

（a）　　　　　（b）　　　　　（c）　　　　　（d）

图 11.28

（3）蜗杆传动的散热

蜗杆传动的效率低,发热量较大。对闭式长时间连续传动需进行热平衡计算。若散热条件不良,会引起箱体内油温过高使润滑失效而导致胶合。常用的散热措施如下:

①在箱体上增设散热片以增大散热面积;

②在蜗杆轴上装风扇（见图 11.29（a））;

③在箱体油池内装蛇形冷却管（见图 11.29（b））;

④用循环油冷却（见图 11.29（c））。

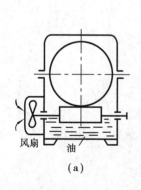 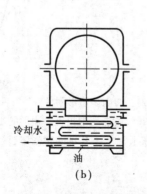 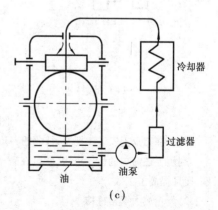

（a）　　　　　　　　　　（b）　　　　　　　　　　（c）

图 11.29　蜗杆传动的散热方法

阅读材料:

1. 切削正多边形工件的附件

在普通车床上,利用这种附件可车削各种多边形零件,如图 11.30 所示为其示意图。刀盘卡紧在车床的车头上,工件装在工件卡盘上,工件卡盘装在可做纵向移动走刀的车床拖板上,安装时使工件轴线与刀盘轴线平行,如果在刀盘上对称安装两把车刀,加工时使刀盘转速比工件转速快 1 倍,且两者转向相同,那么,刀具就能在工件外表面切削出近似的正方形来,如图 11.30(b)所示。为了使刀盘与工件转向相同且转速相差 1 倍,可在刀盘轴与工件轴间增加一套齿轮机构,如图 11.30(a)所示,设 $z_1 = 24$,$z_2 = 24$ 和 $z_3 = 48$,则

$$i_{13} = \frac{n_{刀}}{n_{工}} = (-1)^2 \frac{z_2 z_3}{z_1 z_2} = \frac{48}{24} = 2$$

即轮 1 和轮 3 的齿数选择刚好使刀盘的转速比工件转速快 1 倍,而中间轮 2 的作用在于保证工件与刀盘转向相同。

若把工件和刀具间的相对运动看成工件固定不动,而刀盘中心 O_1 以工件的转速绕工件中心 O 反方向转动,同时刀盘还绕自己的中心 O_1 以比工件快 1 倍的转速转动,那么,刀盘上刀具的刀尖就在工件表面上形成椭圆轨迹,两把车刀的刀尖在工件表面上走出两个轴线互相垂直的椭圆,其长轴为 $A + R$,短轴为 $A - R$,如图 11.30(b)所示;切削后的工件轮廓线 $CDEF$ 就是由 4 段椭圆弧线所组成的近似正方形;当刀盘半径很大而刀尖离工件中心 O 较小时,椭圆很扁,这 4 段弧线就变得十分平直,因而就愈接近于正方形。

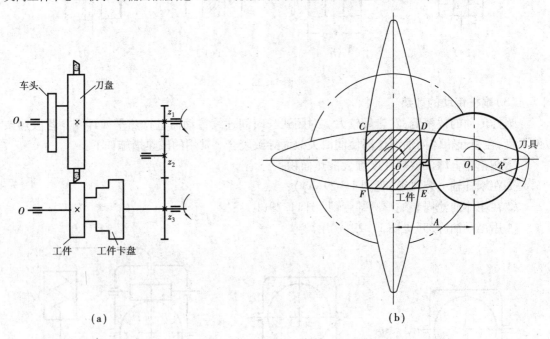

(a)　　　　　　　　　　　　　　　　(b)

图 11.30　切削多边形附件

如果在刀盘上安装 3 把刀,彼此的夹角为 120°,就能切削出正六边形的工件来。

利用上述简单的齿轮机构,就可在普通车床上加工出各种多边形零件,不但解决了专用设备不足的问题,而且提高了工效。

2. 齿轮放大摆角机构

如图 11.31(a)所示是由曲柄摇杆机构与齿轮机构串联组成的。齿轮 3 为扇形齿轮。曲柄 1 为主动件,齿轮 4 为从动件。当曲柄 1 连续回转时,从动件 4 往复摆动。由于采用齿轮的啮合传动,增大了从动件的输出摆角。

如图 11.31(b)所示为高度表,是齿轮放大摆角机构在飞机上的应用。飞机因飞行的高度不同,大气压力

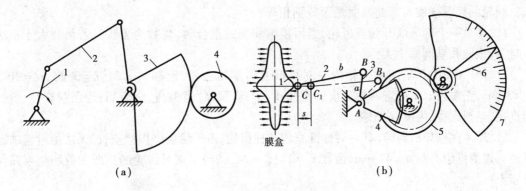

图 11.31　齿轮放大摆角机构

发生了变化,使膜盒 1 产生不同的位移 s,使膜盒 1 与连杆 2 的铰接点 C 右移,通过连杆 2 使摆杆 3 绕轴心 A 摆动,与摆杆 3 相固连的扇形齿轮 4 带动一套齿轮放大装置 5,从而使指针 6 在刻度盘 7 上指出相应的飞行高度。图中膜盒的位移 s 转换为摆杆 3 的转角 θ,为了调整 θ 角的大小,可把摆杆做成可调的,摆杆长 a 增大时,摆角 θ 减小;反之,增大;调节连杆长度 b 时,可改变摆杆的起始位置,以适应线性或非线性的要求。

习　题　11

11.1　渐开线是怎样形成的? 它有哪些重要性质? 在研究渐开线齿轮啮合的哪些原理用过哪些性质?

11.2　分度圆和节圆有什么关系? 啮合角和分度圆压力角及节圆压力角有什么关系? 单个齿轮有没有节圆和啮合角?

11.3　渐开线齿轮的几何尺寸中共有几个圆,哪些圆可以直接测量,哪些圆不能直接测量?

11.4　一对直齿圆柱齿轮正确啮合条件和连续传动条件分别是什么?

11.5　何谓齿轮传动中的分度圆? 何谓节圆? 二者的直径是否一定相等或一定不相等?

11.6　什么是重合度? 重合度的物理意义是什么?

11.7　斜齿轮传动的何种模数和压力角为标准值? 斜齿轮几何计算用什么参数进行?

11.8　何谓斜齿轮的当量齿数? 它有何用途? 怎样计算?

11.9　螺旋角 β 的大小对斜齿轮传动的承载能力有何影响?

11.10　常见的齿轮失效形式有哪几种? 原因是什么? 有哪些能防止失效的措施?

11.11　什么是软齿面和硬齿面? 试述闭式齿轮传动的设计准则。

11.12　为什么小齿轮的齿面硬度要比大齿轮的齿面硬度高?

11.13　蜗杆传动的特点是什么?

11.14　与齿轮传动相比较,蜗杆传动的失效形式有何特点? 为什么?

11.15　为什么对蜗杆传动要进行热平衡计算? 当热平衡不满足要求时,可采取什么措施?

11.16　常用的蜗轮、蜗杆的材料组合有哪些? 设计时如何选择材料?

*11.17　一对齿轮传动中,两轮的接触应力是否相等? 两轮的弯曲应力是否相等? 为什

么? 两轮的接触强度与弯曲强度是否分别相等?

11.18 一个标准渐开线直齿轮,当齿根圆和基圆重合时,齿数为多少? 若齿数大于上述值时,齿根圆和基圆哪个大?

11.19 CA6140 车床主轴箱内一对标准直齿圆柱齿轮,已知 $z_1 = 21, i = 3.14, \alpha = 20°$, $m = 3$ mm,正常齿。试确定两轮分度圆直径 d_1, d_2,齿顶高、齿根高、全齿高;齿顶圆直径、齿根圆直径、基圆直径、齿厚、齿槽宽。

11.20 在修理机器时,有一对标准直齿圆柱齿轮,由于轮齿磨损严重,已无法测量齿顶圆直径。现测得中心距 $a = 42$ mm,齿数 $z_1 = 18, z_2 = 24$,试确定该对齿轮的主要参数和主要几何尺寸。

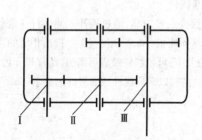

图 11.32

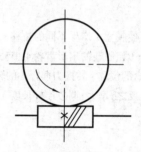

图 11.33

11.21 如图 11.32 所示的传动简图中,Ⅱ轴上装有 2 个斜齿轮,试问如何合理地选择齿轮的旋向?

11.22 试分析如图 11.33 所示的蜗杆传动中,蜗杆的转动方向,并绘出蜗杆和蜗轮啮合点作用力的方向。

11.23 如图 11.34 所示为一手摇蜗杆传动装置。已知传动比 $i = 50$,传动效率 $\eta = 0.4$,卷筒直径 $D = 0.6$ m。若作用手柄上的力 $F = 200$ N,则它能够提升的重量 G 是多少?

11.24 某斜齿圆柱齿轮传动的中心距 $a = 300$ mm,小齿轮齿数 $z_1 = 40$,传动比 $i = 2.7$,试确定该对斜齿轮的模数 m,螺旋角 β 及主要几何尺寸。

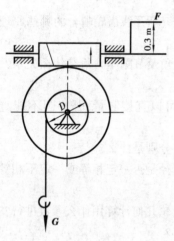

图 11.34

11.25 已知一对标准斜齿圆柱齿轮传动的齿数 $z_1 = 21, z_2 = 22, \alpha_n = 20°, m_n = 2$ mm, $a = 55$ mm。要求不用变位而凑配中心距,这对斜齿轮的螺旋角应为多少?

11.26 某标准直齿圆柱齿轮传动的中心距为 120 mm,模数 $m = 2$ mm,传动比 $i = 3$,试求两齿轮的齿数及主要几何尺寸。

第**12**章
轮系及其应用

12.1 轮系的分类

在第 11 章中,已经讨论了一对齿轮组成的齿轮机构。但是实际应用的机械,或由于主动轴与从动轴的距离较远,或要求有较大的传动比,或要求实现变速和变向等原因,用一对齿轮传动就不能满足需要,常采用一系列互相啮合的齿轮来传递运动和动力,这种多齿轮的传动装置称为轮系。

根据轮系运转时各齿轮几何轴线的相对位置是否固定,将轮系分为两大类:定轴轮系和动轴轮系。

12.1.1 定轴轮系

当轮系运转时,若各齿轮的轴线相对于机架的位置都是不变的,则该轮系称为定轴轮系,如图 12.1 所示均为定轴轮系。如图 12.1(a)所示为圆柱齿轮减速器,它的作用是将由轴 1 输入的运动变速由齿轮 4 所在轴输出,它的功用是在减速的同时增矩。如图 12.1(b)所示的轮系,运动由 1-2 锥齿轮,3-4 蜗杆传动,5-6 外啮合传动输出到 6 齿轮所在轴,也属定轴轮系。

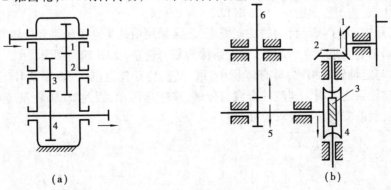

(a)　　　　　　　　(b)

图 12.1　定轴轮系

12.1.2 动轴轮系

当轮系运转时,若其中至少有一个齿轮的几何轴线相对于机架有位置变化者,则该轮系称为动轴轮系。如图 12.2 所示的轮系,其中,齿轮 2 松套在构件 H 上,并分别与齿轮 1 和齿轮 3 相啮合。因此,在运转时,轮 2 一方面绕自身的几何轴线 O_2 转动(自转),另一方面又随构件绕固定的几何轴线 O_H 转动(公转),其运动与太阳系中的行星绕太阳作自转和公转类似,因此,把做行星运动的齿轮 2 称为行星轮。支承行星轮的构件 H 称为行星架,与行星齿轮相啮合且轴线固定的齿轮 1 和 3 称为中心轮(亦称为太阳轮)。显然,轮系中行星架与两中心轮的几何轴线(O_1-O_3-O_H)必须重合,否则,无法运动。

根据动轴轮系所具有的自由度不同,可将动轴轮系分为以下两类:

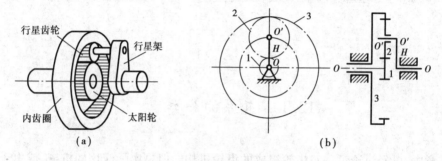

图 12.2 动轴轮系

(a)动轴齿轮系结构图 (b)动轴齿轮系简图

1)行星轮系 自由度为 1 的动轴轮系称为行星轮系,如图 12.3 所示。

2)差动轮系 自由度为 2 的动轴轮系称为差动轮系。其中,中心轮均不固定,如图 12.2 所示。

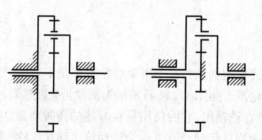

图 12.3 行星轮系

在工程实际中,为了满足传动的功能要求,还常采用由几个动轴轮系和定轴轮系组合在一起,或将几个动轴轮系组合在一起,这种轮系称为复合轮系,如图 12.4 所示。

动轴轮系与定轴轮系相比,具有体积小、重量轻、传动比范围大、效率高和工作平稳等优点。同时,差动轮系还可用于速度的合成与分解,或变速传动,因此,动轴轮系应用日益广泛。但其结构复杂,制造安装精度要求较高。

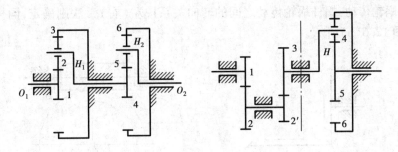

图 12.4　复合轮系

12.2　定轴轮系传动比的计算

在轮系中,首、末两轮的角速度(或转速)之比,称为轮系的传动比。在进行轮系传动比计算时,除计算传动比大小外,一般还要确定首、末轮的转向关系。

12.2.1　一对齿轮传动的传动比计算及主、从动轮转向关系

(1)传动比大小

无论是圆柱齿轮、圆锥齿轮和蜗杆蜗轮传动,其传动比均可用下式表示,即

$$i_{12} = \frac{\omega_1}{\omega_2} = \frac{n_1}{n_2} = \frac{z_2}{z_1}$$

式中,1 为主动轮,2 为从动轮。

(2)主、从动轮之间的转向关系

1)画箭头法

各种类型齿轮传动,主、从动轮的转向关系均可用标注箭头的方法确定。

①平行轴间齿轮传动:外啮合时,两轮的转动方向相反,故表示其转向的箭头要么相向,要么相背。内啮合时,两轮的转动方向相同,故表示其转向的箭头同向,如图 12.5 所示。

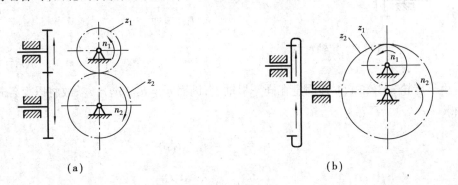

(a)　　　　　　　　　　　　　　　(b)

图 12.5　圆柱齿轮传动的主、从动轮转向关系

(a)外啮合　(b)内啮合

②圆锥齿轮传动:圆锥齿轮传动时,箭头应同时指向啮合点或背离啮合点,如图 12.6(a)所示。

③蜗杆蜗轮传动:蜗杆蜗轮传动之间的转向关系按左(右)手法则确定,同样可用画箭头法表示,如图12.6(b)所示。

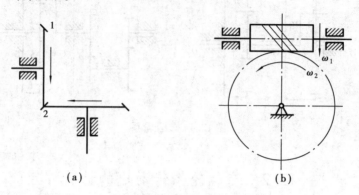

(a)　　　　　　　　(b)

图 12.6　非平行轴齿轮传动

(a)圆锥齿轮传动　(b)蜗杆蜗轮传动

2)"±"方法

对于圆柱齿轮传动,从动轮与主动轮之间的转向关系可直接在传动比公式中表示,即

$$i_{12} = \frac{n_1}{n_2} = \pm \frac{z_2}{z_1}$$

式中,"+"号表示主从动轮转向相同,用于内啮合;"-"号表示从动轮转向相反,用于外啮合;对于锥齿轮传动和蜗杆蜗轮传动,由于两齿轮轴线不平行,故其转动方向的关系不能用传动比的正、负号表示,而只能在图上用画箭头的方法确定。

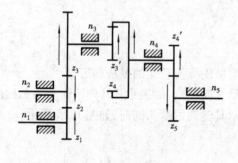

图 12.7　定轴轮系

12.2.2　定轴轮系传动比的计算

如图 12.7 所示为一定轴轮系,齿轮 1 为主动轮(首轮)。齿轮 5 为从动轮(末轮)。现在来讨论该轮系传动比 i_{15} 的求法。由图可知,各对齿轮的传动比为

$$i_{12} = \frac{n_1}{n_2} = -\frac{z_2}{z_1} \qquad i_{23} = \frac{n_2}{n_3} = -\frac{z_3}{z_2}$$

$$i_{3'4} = \frac{n_{3'}}{n_4} = +\frac{z_4}{z_{3'}} \qquad i_{4'5} = \frac{n_{4'}}{n_5} = -\frac{z_5}{z_{4'}}$$

由于齿轮 3,3'和 4,4'各固定在同一根轴上,因而 $n_3 = n_{3'}$, $n_4 = n_{4'}$,故将以上各式按顺序连乘,得

$$i_{15} = \frac{n_1}{n_5} = i_{12} i_{23} i_{3'4} i_{4'5}$$

$$= (-1)^3 \frac{z_2 z_3 z_4 z_5}{z_1 z_2 z_{3'} z_{4'}}$$

由上式可知,此定轴轮系的传动比等于组成该轮系的各对齿轮传动比的连乘积;首末两轮的转向关系由轮系中外啮合齿轮的对数决定。上式中 $(-1)^3$ 表示轮系中外啮合齿轮共有 3 对,$(-1)^3 = -1$ 表示轮 1 与轮 5 转向相反。从图 12.7 可知,轮系中各轮的转向也可用画箭

头的方法表示。此外,齿轮 2 在与齿轮 1 和齿轮 3 的啮合中,既为从动轮又为主动轮,z_2 在上式中可以消掉,它对轮系传动比的数值没有影响,只有改变转向,故称为介轮(也有称惰轮)。

由以上分析可推广到一般情况,即对于各轮轴线相互平行的定轴轮系,则

$$i_{1K} = \frac{n_1}{n_K} = (-1)^m \times \frac{\text{所有从动轮齿数的连乘积}}{\text{所有主动轮齿数的连乘积}} \tag{12.1}$$

式中 m——外啮合圆柱齿轮的对数。

特别需要注意上式的应用范围:该轮系中全部是由圆柱齿轮组成的平行轴传动。

如果轮系中有圆锥齿轮传动或蜗杆蜗轮传动等齿轮机构,其传动比的大小仍用式(12.1)来计算,而传动比的转向关系则必须在图中用画箭头的方法表示,这是由于一对圆锥齿轮(或蜗杆蜗轮)的轴线不平行,首、末轮的转向谈不上转向相同或相反,但在这类问题中,如果首、末轮恰好轴线平行,则在表达首、末轮的转向关系时,又可用正、负号来表达。

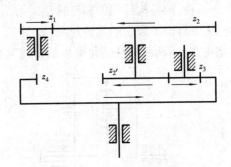

图 12.8　车床溜板箱进给刻度盘轮系

例 12.1　如图 12.8 所示为车床溜板箱进给刻度盘轮系,运动由齿轮 1 输入经齿轮 4 输出。已如各轮齿数 $z_1 = 18, z_2 = 87, z_{2'} = 28, z_3 = 20, z_4 = 84$。试求此轮系的传动比 i_{14}。

解　由式(12.1)计算此轮系的总传动比为

$$i_{14} = \frac{n_1}{n_4} = (-1)^m \frac{z_2 z_3 z_4}{z_1 z_{2'} z_3} = (-1)^2 \frac{87 \times 20 \times 84}{18 \times 28 \times 20} = 14.5$$

上式计算结果为正,表示末轮 4 与首轮 1 的转向相同。

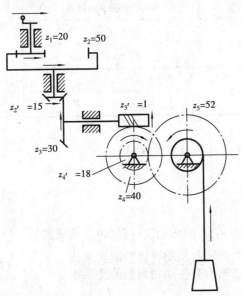

图 12.9　手摇提升装置

例 12.2　如图 12.9 所示为一手摇提升装置,其中各轮齿数已知。试求传动比 i_{15};若提升重物上升时,试确定手轮的转向。

解　计算此提升装置的总传动比为

$$i_{15} = \frac{n_1}{n_5} = \frac{z_2 z_3 z_4 z_5}{z_1 z_{2'} z_{3'} z_{4'}}$$

$$= \frac{50 \times 30 \times 40 \times 52}{20 \times 15 \times 1 \times 18} = 577.78$$

各轮的转向如图 12.9 中箭头所示,手轮的转向与 z_1 的转向相同。蜗轮的转向可采用主动轮左右手定则确定。

205

12.3 动轴轮系传动比的计算

如图 12.2 所示的动轴轮系,由于动轴轮系中行星轮的运动不是绕固定轴线转动,故其传动比的计算不能直接应用定轴轮系的公式。

目前,应用最普遍的方法是相对速度法(或称反转法),这种方法是假想给整个动轴轮系加上一个与行星架 H 的转速 n_H 大小相等、方向相反的公共转速"$-n_H$",则此时行星架 H 可视为静止不动,而各构件间的相对转动关系不发生改变。于是,所有齿轮的几何轴线位置都固定不动,从而得到了假想的定轴轮系,如图 12.10 所示。这种假想的定轴轮系称为原动轴轮系的"转化轮系"。所有构件转化前后的转速关系如表 12.1 所示。

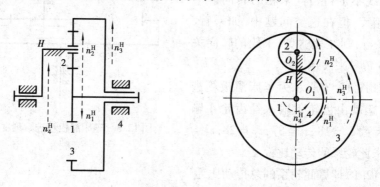

图 12.10 转化轮系

表 12.1 转化前后轮系中各构件的转速

构　件	动轴轮系中的原有转速	转化轮系中的转速
中心轮 1	n_1	$n_1^H = n_1 - n_H$
行星轮 2	n_2	$n_2^H = n_2 - n_H$
中心轮 3	n_3	$n_3^H = n_3 - n_H$
行星架 H	n_H	$n_H^H = n_H - n_H = 0$

转化轮系中两轮的传动比可根据定轴轮系传动比的计算方法,得

$$i_{13} = \frac{n_1^H}{n_3^H} = \frac{n_1 - n_H}{n_3 - n_H} = (-1)^1 \frac{z_2 z_3}{z_1 z_2} = -\frac{z_3}{z_1}$$

推广到一般情况,可得如下结论:

动轴轮系中,轴线与主轴线平行或重合的两轮 G,K 的传动比,可通过下式求解:

$$i_{GK}^H = \frac{n_G - n_H}{n_K - n_H} = \pm \frac{\text{从 } G \text{ 传到 } K \text{ 之间所有从动轮齿数的连乘积}}{\text{从 } G \text{ 传到 } K \text{ 之间所有主动轮齿数的连乘积}} \tag{12.2}$$

运用式 (12.2)时,应注意如下:

1)转速 n_G, n_K, n_H 是代数量,代入式(12.2)时必须带正、负号。假定某一转向为正号,则与其同向的取正号,与其反向的取负号。

2）n_G, n_K, n_H 是各轮的实际转速，n_G^H, n_K^H, n_H^H 则是在转化轮系中各轮的转速。

3）式（12.2）右边齿数连乘积比的正负号按转化轮系中 G 轮与 K 轮的转向关系确定。

4）待求构件的实际转向由计算结果的正负号确定。

例 12.3　如图 12.11 所示行星轮系，当 $z_a = 100, z_g = 101, z_f = 100, z_b = 99$ 时，试求传动比 i_{Ha}。

解　由式（12.2）得

$$i_{ab}^H = \frac{n_a - n_H}{n_b - n_H} = (-1)^m \frac{z_g \times z_b}{z_a \times z_f}$$

将各轮齿数、$m = 2$ 及 $n_b = 0$（轮 b 固定）代入得

$$i_{ab}^H = \frac{n_a - n_H}{0 - n_H} = (-1)^2 \frac{101 \times 99}{100 \times 100} = \frac{9\,999}{10\,000}$$

$$-\frac{n_a}{n_H} + 1 = \frac{9\,999}{10\,000}$$

$$i_{aH} = 1 - \frac{9\,999}{10\,000} = \frac{1}{10\,000}$$

故

$$i_{Ha} = 10\,000$$

由此例可知，行星架 H 转 10 000 圈时，太阳轮 a 只转一圈，表明它的传动比很大。但应当注意，它用于减速时，减速比越大，其机械效率越低。若想将它用作增速传动（即轮 a 作主动）时，则不论加多大的力矩，机构也不能动，这种现象称为自锁。因此，如图 12.11 所示大传动比行星轮系，只能用于行星架 H 为主动件、不考虑效率、以传递运动为主的仪器设备中。

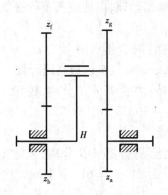

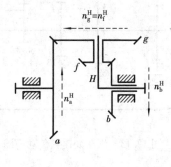

图 12.11　大传动比行星轮系　　　　图 12.12　圆锥齿轮组成的行星轮系

例 12.4　如图 12.12 所示为圆锥齿轮组成的轮系。已知各轮齿数 $z_a = z_g = 60, z_f = 20, z_b = 30, n_a = 60$ r/min，$n_H = 180$ r/min，n_a 与 n_H 转向相同，试求 n_b 的值？

解　由式（12.2）得

$$i_{ab}^H = \frac{n_a - n_H}{n_b - n_H} = -\frac{z_g \times z_b}{z_a \times z_f}$$

用画箭头的方法可知，n_a^H 与 n_b^H 的转向相反，故 i 应为负值。由 $n_a = 60$ r/min，$n_H = 180$ r/min，并代入 z_a, z_g, z_f, z_b 得

$$i_{ab}^{H} = \frac{n_a - n_H}{n_b - n_H} = \frac{60 - 180}{n_b - 180} = -\frac{3}{2}$$

即

$$n_b = \frac{1.5 \times 180 + 120}{1.5} = 260 \text{ r/min}$$

故解得 n_b 为正,表明 a,b 轮的实际转向相同。

12.4　轮系的应用

在机械中,轮系的应用十分广泛,主要有以下几个方面:

12.4.1　实现变速传动

在主动轴转速不变时,利用轮系可获得多种转速。例如,汽车、机床等机械中大量运用这种变速传动。

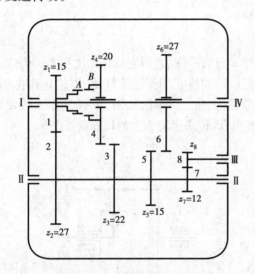

图 12.13　汽车变速箱传动简图

如图 12.13 所示为某汽车变速箱的传动示意图,输入轴 Ⅰ 与发动机相连,$n_1 = 2\,000$ r/min,输出轴 Ⅳ 与传动轴相连,Ⅰ,Ⅳ 轴之间采用了定轴轮系。当操纵杆变换挡位,分别移动轴 Ⅳ 上与半离合器 B 相固联的齿轮 4 或齿轮 6,使其处于啮合状态时,便可获得4种输出转速,以适应汽车行驶条件的变化。

第 1 挡:离合器 A-B 接合,$i_{14} = 1$,$n_4 = n_1 = 2\,000$ r/min,汽车以最高速行驶。

第 2 挡:离合器 A-B 分离,齿轮 1-2,3-4 啮合,$i_{14} = +1.636$,$n_4 = 1\,222.5$ r/min,汽车以中速行驶。

第 3 挡:离合器 A-B 分离,齿轮 1-2,5-6 啮合,$i_{14} = 3.24$,$n_4 = 617.3$ r/min,汽车以低速行驶。

第 4 挡:离合器 A-B 分离,齿轮 1-2、7-8-6 啮合,$i_{14} = -4.05$,$n_4 = -493.8$ r/min,这里惰轮起换向作用,使本挡成为倒挡,汽车以最低速倒车。

12.4.2　改变从动轴的转向

若主动轴转向不变,要求从动轴做正反向转动时,可采用如图 12.14 所示的三星轮换向机构。

如图 12.14(a)表示主动齿轮 1 的转动经过中间齿轮 2 和 3 传到从动齿轮 4,使齿轮 4 与齿轮 1 转向相反;若转动手柄 a 使处于如图 12.14(b)所示的位置,中间齿轮 2 与齿轮 1 不啮合,则主动齿轮 1 的转动经中间齿轮 3 传到从动齿轮 4,使齿轮 4 与齿轮 1 转向相同。

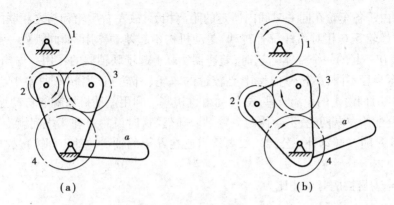

图 12.14　三星轮换向机构

12.4.3　获得大的传动比

当要求传动比较大时,若采用一对齿轮,则尺寸相差太大,小齿轮易损坏;故可采用定轴轮系来实现大传动比,可避免单对齿轮的缺陷。若要求尺寸紧凑,传动比大,则可采用周转轮系。如例 12.3 中图 12.11 所示,只用几个齿轮就能获得很大传动比。

12.4.4　实现分路传动

利用轮系可使一个主动轴带动几个从动轴转动。在如图 12.15 所示的钟表传动示意图中,主动齿轮 1 由发条盘 N 驱动,分别由齿轮 1,2,3,4,5,6,齿轮 1,2 和齿轮 1,2,9,10,11,12 组成 3 个定轴轮系,并分别带动秒针 S、分针 M 和时针 H 转动。图中 7,8 为操纵机构。

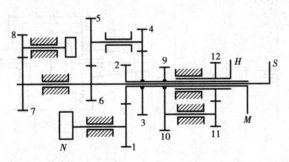

图 12.15　钟表传动示意图

12.4.5　运动的合成与分解

如图 12.16 所示的差动轮系,可用于运动合成和分解。若 $z_1 = z_2 = z_3$,由式(12.2)可知, $2n_H = n_1 + n_3$,即转臂 H 转速的 2 倍等于齿轮 1 和齿轮 3 的转速和。因此,这种轮系可用于加法运算。差动轮系的这种作用在机床、计算机构和补偿装置中得到广泛的应用。

利用此差动轮系的特点,可将一个输入运动分解成两个输出运动。在汽车后桥差速器(见图 12.17)中,$z_3 = z_4$,$z_5 = z_6$。此差速器系由齿轮 1,2 组成的定轴齿轮机构和由齿轮 3,4,5,6 及系杆 H 组成的差动行星齿轮机构串联而成的(系杆 H 与轮 2 为同一构件)。

汽车发动机的运动,从变速箱经输出轴传给齿轮 1,并带动齿轮 2 使系杆 H 转动。当汽车直线行走时,由于各车轮在同一时间内所走的距离相等,故左右后轮和与之相联的齿轮3,4转速相同,这时齿轮5,6 相对系杆没有转动,差动机构不起差动作用,如同锁死一般(齿轮3,4,5,6 如同联接在一起的一个整体),这时,差速器实际上起了联轴器的作用。但当汽车转弯时,左右两轮转弯半径不同,离转弯曲率中心较远的车轮(外轮)比离转弯曲率中心较近的车轮(内轮)在同一时间内走的距离长些,故转动得也快些。利用差动机构就能自动地将系杆 H 的转速合理地分配给左右两轮,不会使两轮整劲。显然,这时齿轮3 和4 之间就有了相对运动,使齿轮5 和6 除随 H 转动外(公转),又要绕自己在 H 上的轴线转动(自转),故齿轮5 和6 是行星轮。

因为 $z_3 = z_4$,机构的基本速比为

$$i_{34}^{H} = \frac{n_3 - n_H}{n_4 - n_H} = -\frac{z_4}{z_3} = -1$$

得

$$n_H = \frac{n_3 + n_4}{2}$$

由此可知,系杆 H 在任何时候其转速都是左右两轮转速和之1/2。当汽车直线行驶时,因 $n_3 = n_4$,则 $n_H = n_3$(或 n_4),4 个锥齿轮3,4,5,6 之间没有任何相对运动。但是,当汽车转弯或在弯道上行驶时,在 n_H 不变的前提下,却可使一个轮子(外轮)转得快些,另一个轮子(内轮)转得慢些。一个轮子转速的增加值正好是另一个轮子转速的减少值,故任何时候,差速器都能按 $n_H = \frac{n_3 + n_4}{2}$ 的规律,将某一个 n_H 值合理地分配给左右两个动力轮。这就可使汽车转弯容易实现,并能减少轮胎的磨损。

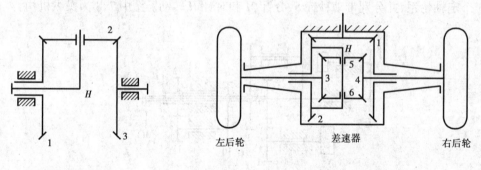

图 12.16　差动轮系　　　　　　　图 12.17　汽车后桥差速器简图

习 题 12

12.1　某外圆磨床的进给机构如图 12.18 所示,已知各轮的齿数为 $z_1 = 28$,$z_2 = 56$,$z_3 = 38$,$z_4 = 57$,手轮与齿轮 1 相固连,横向丝杠与齿轮 4 相固连,其丝杠螺距为 3 mm,试求当手轮转动1/100 转时,砂轮架的横向进给量 S。

12.2　在如图 12.19 所示的滚齿机工作台传动中,设已知各轮的齿数为 $z_1 = 15$,$z_2 = 28$,$z_3 = 15$,$z_4 = 35$,$z_9 = 40$,若被切齿数为 64 个齿,试求传动比 i_{57}。

12.3　如图 12.20 所示两轮系对应各轮的齿数相同,已知 $z_a = 99$,$z_g = 101$,$z_f = 100$,

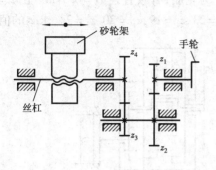

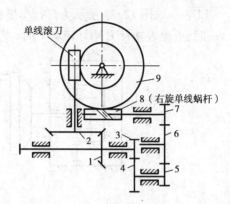

图 12.18　　　　　　　　　　　　　　　图 12.19

$z_b = 99$。试求图 12.20(a)的传动比 i_{Ha} 和图 12.20(b)的传动比 i_{ba}。

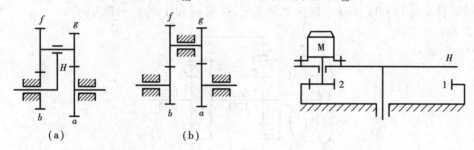

　（a）　　　　　　　（b）

图 12.20　　　　　　　　　　　　图 12.21

12.4　如图 12.21 所示为液压回转台的传动机构,已知 $z_1 = 120$,$z_2 = 15$,油泵转速 $n_M = 12$ r/min,求回转台 H 的转速 n_H 的数值及转向。

12.5　在如图 12.22 所示的轮系中,已知齿数 $z_1 = 60$,$z_2 = 40$,$z_3 = z_4 = 20$。若 $n_1 = n_4 = 120$ r/min,且 n_1 与 n_4 转向相反,试求 i_{H1}。

12.6　在如图 12.23 所示的手动葫芦中,已知各轮的齿数 $z_1 = 12$,$z_2 = 28$,$z_{2'} = 14$,$z_3 = 54$。求手动链轮 S 和起重链轮 H 的传动比 i_{SH}。

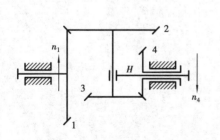

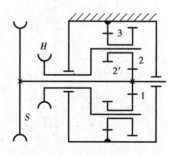

图 12.22　　　　　　　　　　　　图 12.23

12.7　如图 12.24 所示的车床尾架套筒的进给机构,手轮 A 为输入构件,带动套筒的螺杆 B 为输出构件。A 处于图示位置时,B 做慢速进给,A 处于与内齿轮 4 啮合位置时,B 做快速退回。已知 $z_1 = z_2 = z_4 = 16$,$z_3 = 48$,螺杆 B 的螺距 $P = 4$ mm。求手轮转动 1 周时,螺杆慢速移动和快速退回的距离各为多少?

12.8　如图 12.25 所示为自行车里程表机构，C 为轮胎，有效直径 $D = 0.7$ m。已知车行 1 km 时，里程表指针 P 刚好转动 1 周。若 $z_1 = 17$，$z_3 = 23$，$z_4 = 19$，$z_{4'} = 20$，$z_5 = 24$，求 z_2 的值。

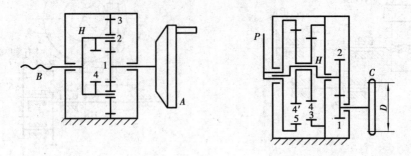

图 12.24　　　　　　　　　　图 12.25

*12.9　在如图 12.26 所示双螺旋桨飞机的减速器中，已知 $z_1 = 26$，$z_2 = 20$，$z_3 = z_6 = 66$，$z_4 = 30$，$z_5 = 18$，且 $n_1 = 15\ 000$ r/min，转向如图所示，试求 n_P 和 n_Q 的大小和方向。

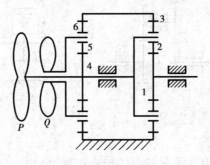

图 12.26

第**13**章
带传动和链传动

13.1 带传动的类型和特点

13.1.1 带传动的组成和主要类型

带传动一般由主动带轮 1、从动带轮 2 和传动带 3 组成(见图 13.1)。根据传动原理不同,带传动可分为摩擦型带传动和啮合型带传动两大类。

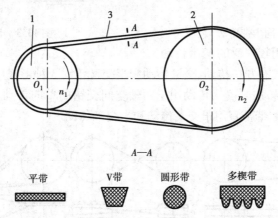

图 13.1 摩擦带的传动

(1)摩擦型带传动

摩擦型带传动安装时,传动带紧套在两个带轮上,使传动带和带轮在接触面间产生正压力,传动时利用带与带轮接触面间产生的摩擦力传递运动和动力。按截面形状可分为平带传动、V 带传动、圆形带传动、多楔带传动等。

平带的横截面为扁平矩形,与带轮接触的环形内表面为工作面,现已标准化。常用的有橡胶帆布带、皮革带、棉布带和化纤带等。平带传动结构简单,易于制造和安装,主要适用于两带

213

轮轴线平行且中心距较大的传动。

V带的横截面为梯形,两侧面为工作表面,现已标准化。由于V带传动是利用带和带轮梯形槽面之间的摩擦力来传递动力的,在相同条件下,V带传动比平带传动的摩擦力大,故V带传动能传递较大的载荷,而且允许的传动比也较大,中心距较小(比平带传动小),结构紧凑。因此,在一般机械传动中,V带传动应用较平带传动更为广泛。

圆形带的横截面为圆形,常用皮革制成。圆形带传动传递功率很小,一般适用于轻型机械,如缝纫机、真空吸尘器及磁带盘的传动机构等。

多楔带是在平带基体上有多根V带组成的传动带。多楔带传动兼有V带传动和平带传动的优点而弥补其不足,不但摩擦力大,并且载荷沿带宽分布较均匀。多楔带传动主要用于传递功率较大、速度较高并结构要求紧凑的场合,特别适用于要求V带根数多或垂直于地面的平行轴传动。

(2)**啮合型带传动**

啮合型带传动有同步带传动和齿孔带传动。同步带传动是靠带内侧的凸齿与带轮齿槽的啮合来传递运动和动力的,如图13.2所示。齿孔带传动工作时,利用带上的孔与带轮上的齿啮合传递运动和动力,如图13.3所示。

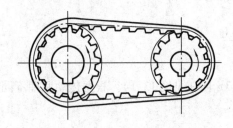 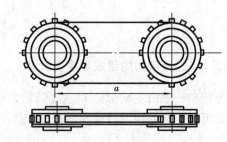

图13.2 同步带传动 　　　　图13.3 齿孔带传动

本章主要介绍应用较广泛的V带传动。

常见的带传动形式有开口传动、交叉传动和半交叉传动3种形式(见图13.4)。交叉传动用于两轴平行的反向传动;半交叉传动用于两轴空间交错的单向传动。平带可用于交叉传动和半交叉传动。一般V带不宜用于交叉传动和半交叉传动。

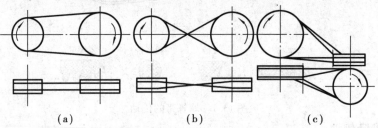

(a)　　　　　(b)　　　　　(c)

图13.4 传动形式
(a)开口传动 (b)交叉传动 (c)半交叉传动

13.1.2 带传动的特点

除齿轮传动外,带传动是应用最为广泛的一种传动。与其他传动形式相比较,摩擦型带传动具有以下特点：

1）由于传动带具有良好的弹性，故能缓和冲击和吸收振动，传动平稳，噪声小。

2）传动带与带轮是靠摩擦力传递运动和动力的。过载时，传动带在带轮轮缘上发生打滑，可防止其他零件的损坏，起到安全保护的作用。

3）由于带传动存在滑动现象，不能保证恒定的传动比。

4）传动效率较低，带的使用寿命较短。由于需要施加张紧力，轴和轴承承受的压力较大。

5）带传动结构简单，制造、安装、维护方便，成本低。适宜于两轴中心距较大的场合，但外廓尺寸较大。它不适用于高温、易燃易爆有腐蚀介质的场合。

13.2　带传动的基本理论

13.2.1　带传动的工作原理

带传动安装时，传动带紧套在两个带轮的轮缘上，传动带就受到张紧力 F_0 的作用，而且传动带各处的张紧力相等（见图 13.5（a））。当带传动工作时，主动带轮以转速 n_1 转动，在带与带轮接触面上产生摩擦力 F_f（见图 13.5（b））。主动轮作用在带上摩擦力的方向和主动轮的运动方向相同，于是主动带轮靠此摩擦力带动传动带运动。在从动轮上，带作用在从动轮上的摩擦力方向也与带的运动方向相同。传动带同样靠摩擦力 F_f 带动从动带轮以转速 n_2 转动。这样，通过传动带将主动轴上的运动和动力传给了从动轴。

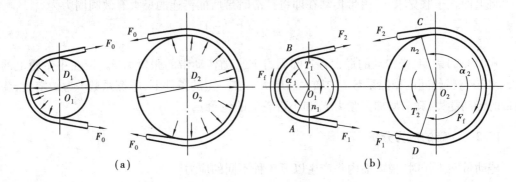

图 13.5　带传动中力的关系
（a）不工作时　（b）工作时

13.2.2　带传动的受力分析

带传动工作时，由于摩擦力的作用，使带两边的拉力不再相等（见图 13.5（b））。于是，带绕入主动轮的一边被拉紧，拉力由 F_0 增大到 F_1，称为紧边；带绕入从动轮的一边被放松，带的拉力由 F_0 减少到 F_2，称为松边。紧边与松边的拉力之差是带传动中起传递功率作用的拉力，称为有效拉力，用 F_t 表示；其值为带和带轮接触面上各点摩擦力的总和 F_f，即 $F_t = F_f$。

$$F_1 - F_2 = F_t = F_f$$

如果近似地认为带的总长度不变，则紧边拉力的增加量应等于松边拉力的减少量，即

$$F_1 - F_0 = F_0 - F_2$$

$$F_0 = \frac{F_1 + F_2}{2}$$

带传动所能传递的功率为

$$P = \frac{F_t v}{1\ 000}\quad \text{kW} \tag{13.1}$$

式中　F_t——有效拉力，N；

　　　v——带的速度，m/s。

由式(13.1)可知，当功率 P 一定时，带速 v 越大，则有效拉力 F_t 越小，故一般把带传动安排在机械设备的高速级传动上，以减少带传递的圆周力；当带速一定时，传递的功率 P 越大，则有效拉力 F_t 越大，需要带与带轮间的摩擦力 F_f 也越大。若张紧力为一定值，则带与带轮之间的摩擦力 F_f 就有一极限值，即传递的圆周力有一个最大值 F_{tmax}。当 $F_{tmax} = F_f$ 时，则传动能力达到最大。如果带所能传递的圆周力 F_t 不超过带与带轮接触面间的极限摩擦力，则带传动将正常工作。否则，带将在带轮上打滑，使传动失效。

传动带在即将打滑时，紧边拉力 F_1 和松边拉力 F_2 之间的关系可用欧拉公式表示，即

$$\frac{F_1}{F_2} = e^{f\alpha_1}$$

式中　e——自然对数的底，$e \approx 2.718$；

　　　f——带与带轮接触面间的摩擦系数(在 V 带传动中用当量系数 f_V 代替 f)；

　　　α_1——带在小带轮上的包角，rad。

将上面式子联立求解，得带传动在即将打滑时带所能传递的最大有效圆周力为

$$F_{tmax} = 2F_0 \frac{e^{f\alpha_1} - 1}{e^{f\alpha_1} + 1} \tag{13.2}$$

式(13.2)表明，带传动的最大有效圆周力 F_{tmax} 随传动带的张紧力 F_0、带在小带轮上的包角 α_1 和带与带轮间的摩擦系数 f 的增大而增大。在一定的条件下，摩擦系数 f 为一定值，要增加带的传动能力，就应增加张紧力 F_0 和小带轮上的包角 α_1。

13.2.3　带的应力分析

传动带在工作时，横截面内将产生以下 3 种不同的应力：

1)拉应力 σ

紧边拉应力：　　　　　　$\sigma_1 = \dfrac{F_1}{A}$　　　MPa　　　　　　　(13.3)

松边拉应力：　　　　　　$\sigma_2 = \dfrac{F_2}{A}$　　　MPa　　　　　　　(13.4)

式中　F_1, F_2——紧、松边拉力，N；

　　　A——带的横截面积，mm^2。

带在绕过主动轮时，拉应力由 σ_1 逐渐降至 σ_2；带在绕过从动轮时，拉应力则由 σ_2 逐渐增加到 σ_1。

2）离心拉应力 σ_{c}

当带在带轮上沿弧面运动时，由于本身质量将产生离心力，该离心力使带在整个带长上产生离心拉应力 σ_{c} 为

$$\sigma_{\mathrm{c}} = \frac{qv^2}{A} \tag{13.5}$$

式中　q——单位带长的质量，kg/m，查表 13.1 即可；

　　　v——带的线速度，m/s；

　　　A——带的横截面积，mm^2。

离心拉应力 σ_{c} 作用于带的全长，且各处大小相等。

3）弯曲应力 σ_{b}

传动带在经过带轮时由于弯曲而引起弯曲应力 σ_{b} 为

$$\sigma_{\mathrm{b}} = 2E\frac{y_0}{d} \tag{13.6}$$

式中　E——带的弹性模量，MPa；

　　　y_0——带的中性层至最外层的距离，mm；

　　　d——带轮直径，mm。

由式（13.6）可知，带轮直径愈小，带愈厚，则带的弯曲应力愈大。为了防止产生过大的弯曲应力而影响带的使用寿命，对每种型号的带都规定了最小直径 $d_{\min}$。

带工作时，传动带中各截面的应力分布如图 13.6 所示，由图中可清楚地看出，传动带各截面处的应力大小是不同的。带中最大应力发生在紧边刚绕入主动轮处，其值为

$$\sigma_{\max} = \sigma_1 + \sigma_{\mathrm{c}} + \sigma_{\mathrm{b}1} \tag{13.7}$$

式中　$\sigma_{\mathrm{b}1}$——小带轮带上的弯曲应力，MPa。

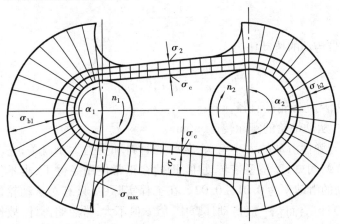

图 13.6　带的应力分析

传动带是在交变应力状态下工作的，当应力循环次数达到一定值时，会产生疲劳破坏，使带发生裂纹、脱层、松散，直至断裂。

13.2.4　带传动的滑动分析

在带传动中，传动带在带轮上的滑动有以下两种情况：

(1)弹性滑动

带是弹性体,受到拉力作用后要产生弹性变形。工作时,由于紧边拉力比松边拉力大,因而紧边比松边产生的弹性变形量大。如图 13.7 所示,在带随着主动轮 1 由 a_1 点转至 b_1 的过程中,带所受拉力由 F_1 逐渐减小到 F_2,它的弹性伸长量也逐渐减小,即带相对于带轮回缩,产生微量滑动,使带的速度滞后于带轮的圆周速度。同理,带绕过从动轮 2 的过程中,带的拉力由 F_2 逐渐增至 F_1,它的弹性伸长随之增加,即带在从动轮 2 的表面将产生向前爬行的弹性滑动,使带的速度逐渐高于从动轮 2 的圆周速度。这种由带的弹性变形量的变化引起带与带轮间的微量相动滑动称为弹性滑动。因而使摩擦型的带传动不能保证准确的传动比,并引起带的磨损和传动效率的降低。由于传动中紧边与松边拉力不相等,因而弹性滑动在摩擦型带传动中是不可避免的。

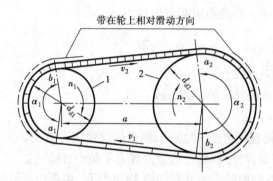

图 13.7　带传动的弹性滑动现象

由于弹性滑动导致从动轮 2 的圆周速度 v_2 低于主动轮 1 的圆周速度 v_1,速度的降低率称为滑动率,用 ε 表示

$$\varepsilon = \frac{v_1 - v_2}{v_1} \tag{13.8}$$

考虑滑动率时带传动的传动比为

$$i = \frac{n_1}{n_2} = \frac{d_2}{d_1(1 - \varepsilon)} \tag{13.9}$$

式中　d_1,d_2——主、从动带轮的直径,mm;

　　　n_1,n_2——主、从动带轮的实际转速,r/min。

滑动率 ε 的值与弹性滑动的大小有关,与带的材料和受力大小有关,它不是准确的恒定值。因此,由式(13.9)可知,摩擦型带传动中,即使在正常使用条件下,也不能获得准确的传动比。通常,带传动的滑动率为 0.01 ~ 0.02。在工程实际中,只有对从动轮的转速要求较准确时,才按式(13.9)计算,而在一般传动计算中,因 ε 值不大,常忽略不计,故传动比为

$$\varepsilon = \frac{n_1}{n_2} = \frac{d_2}{d_1} \tag{13.10}$$

(2)打滑

在一定的初拉力作用下,带与带轮接触面间摩擦力的总和有一极限值。当带所传递的外载荷超过该极限值时,传动带将在带轮轮缘上产生显著的相对滑动,这种现象称为打滑。打滑时从动轮转速急剧降低,使传动失效,同时也加剧了带的磨损。打滑是带传动的一种主要失效形式,为非工作状态,是可以避免的。

13.2.5　带传动的失效形式和设计准则

摩擦型带传动的主要失效形式是带在带轮上的打滑和带的疲劳破坏(如拉断、脱层、撕裂等)。因此,带传动的设计准则为:既要保证传动带具有足够的传动能力,不发生打滑现象,又要保证传动带具有足够的疲劳强度,达到预期的使用寿命。

13.3　带传动的结构及其维护

13.3.1　V带的结构和标准

V带的种类有普通V带、窄V带、宽V带和大楔角V带等,一般多使用普通V带。普通V带现已标准化,并且均制成无接头的环形。其构造如图13.8所示,它由包布层、伸张层、强力层和压缩层4个部分组成。包布层由几层橡胶帆布组成,它是V带的保护层。伸张层和压缩层主要由橡胶组成,当V带在带轮上弯曲时可分别伸张和压缩。强力层由几层棉帘布(纬线很稀的棉织物)或一排粗线绳组成,它是承受基本拉力的部分。根据强力层的结构不同,V带分为帘布结构和线绳结构两种。帘布结构的V带制造较方便,型号齐全,生产中应用较多。线绳结构的V带较柔软,抗弯曲疲劳性能好,适用于带轮直径较小,转速较高的场合。为了提高拖曳能力近年来使用尼龙丝绳和钢线绳作为强力层,这样可以传递更大的动力。

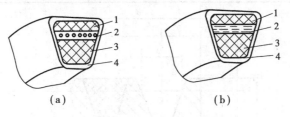

（a）　　　　　　　　　　　（b）

图 13.8　普通 V 带的结构

（a）线绳结构　（b）帘布结构

表 13.1　普通 V 带截面基本尺寸

型　号	Y	Z	A	B	C	D	E
节宽 b_p/mm	5.3	8.5	11	14	19	27	32
顶宽 b_p/mm	6	10	13	17	22	32	38
高度 h/mm	4	6	8	11	14	19	25
楔角 θ	40°						
单位长度质量 q/(kg·m^{-1})	0.02	0.06	0.10	0.17	0.30	0.62	0.90

按截面尺寸的大小,V带分为Y,Z,A,B,C,D,E 7种型号。标准V带的截面尺寸如表13.1所示。普通V带工作时,带的伸张及压缩层分别伸长及缩短,只有两者之间的中性层长

度和宽度均不变,称为节面,其宽度称为节宽 b_p,沿中性层量得的环形长度称为基准长度 L_d,对于封闭无接头的环状普通 V 带,每种型号都规定了若干基准长度 L_d,使选用的 V 带适应不同基准直径和中心距。带的标记:带型 基准长度 标准编号。如 Z1400 GB11544—89 表示基准长度为 1 400 mm 的 Z 型带。普通 V 带的基准长度可查阅有关设计手册。

13.3.2 带轮的结构

一般带传动安装在传动系统的高速级,故带轮的转速较高。因此,要求带轮质量轻且分布均匀(高转速带轮要进行动平衡处理);具有足够的强度和刚度,结构工艺性好,容易制造,还应消除制造时产生的内应力;摩擦型带传动,带轮梯形槽的工作表面应有适宜的精度和表面质量。带轮常用材料为灰铸铁,有时也采用钢、铝合金和工程塑料等。当带速 $v \leqslant 30$ m/s 时,一般采用铸铁 HT150 或 HT200;转速较高时,可用铸钢或钢板冲压焊接结构;小功率时,可用铸铝或塑料。带轮结构一般由轮缘、轮毂和轮辐 3 部分组成。普通 V 带轮轮缘的轮槽截面尺寸如表 13.2 所示。带轮的结构设计主要是根据带轮的基准直径选择结构形式。实心式(见图 13.9(a)),适用于 $D \leqslant (2.5 \sim 3)d$;腹板式(见图 13.9(b)),适用于 $D \leqslant 300$ mm;孔板式(见图 13.9(c)),适用于 $D_1 - d_1 > 100$ mm;轮辐式(见图 13.9(d))适用于 $D > 300$ mm,轮辐数常取 4,6,8。根据带的型号按表 13.2 确定轮槽尺寸;需要说明的是各种型号 V 带的楔角均为 40°,而所配用的 V 带轮的槽角 φ 则随带的型号和带轮基准直径的不同而不同,且都小于 40°,这是考虑 V 带在绕过 V 带轮时,由于弯曲变形而导致楔角减小后,可与 V 带轮的槽角基本一致。

表 13.2 普通 V 带带轮轮槽尺寸

槽型截面尺寸	型 号						
	Y	Z	A	B	C	D	E
h_{fmin}	4.7	7.0	8.7	10.8	14.3	19.9	23.4
h_{amin}	1.6	2.0	2.75	3.5	4.8	8.1	9.6
e	8 ± 0.3	12 ± 0.3	15 ± 0.3	19 ± 0.4	25.5 ± 0.5	37 ± 0.6	44.5 ± 0.7
f_{min}	6	7	9	11.5	16	23	28
b_d	5.3	8.5	11	14	19	27	32

续表

槽型截面尺寸		型　号						
		Y	Z	A	B	C	D	E
δ		5	5.5	6	7.5	10	12	15
B		$B=(2-1)e+2f$, z 为带根数						
φ	32°	d_d	$\leqslant 60$						
	34°			$\leqslant 80$	$\leqslant 118$	$\leqslant 190$	$\leqslant 315$		
	36°		>60					$\leqslant 475$	$\leqslant 600$
	38°			>80	>118	>190	>315	>475	>600
φ 角偏差		$\pm 30'$						

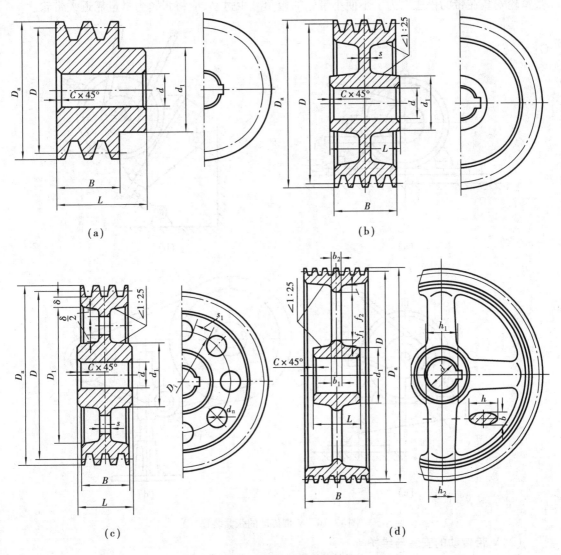

图 13.9　普通 V 带带轮结构

(a)实心式　(b)腹板式　(c)孔板式　(d)轮辐式

13.3.3 带传动的张紧、安装与维护

（1）带传动的张紧

带传动工作一定时间后，传动带会发生松弛现象，使张紧力逐渐减小，带的传动能力下降，影响带传动的正常工作。为了保证带传动的正常工作，应定期检查初拉力 F_0，当发现初拉力小于允许范围时，须重新张紧。常见的张紧装置如图 13.10 所示。图 13.10（a）用于水平或接近水平的传动。放松固定螺栓，旋转调节螺钉，可使带轮沿导轨移动，调节带的张紧力，当带轮调到合适位置时，即可拧紧固定螺栓。图 13.10（b）用于垂直或接近垂直的传动。旋转调整螺母，使机座绕转轴转动，将带轮调到合适位置，使带获得需要的张紧力，然后固定机座位置。图 13.10（c）用于小功率传动。利用自重自动张紧传动带。图 13.10（d）用于固定中心距传动。张紧轮安装在带的松边。为了不使小带轮的包角减少过多，应将张紧力尽量靠近大带轮。

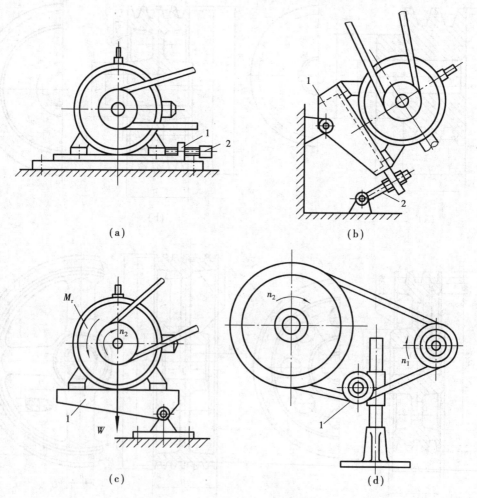

图 13.10　V 带传动的张紧装置

（2）V 带传动的安装与维护

带传动的正确安装、使用和维护可使带传动发挥应有的传动能力，延长使用寿命。带传动在安装、使用与维护方面应注意以下几点：

1）两轮的轴线必须安装平行，两轮轮槽应对齐，否则，将加剧带的磨损，甚至使带从带轮上脱落。

2）应通过调整中心距的方法来安装和张紧带，带套上带轮后慢慢地拉紧至规定的初拉力。新带使用前，最好预先拉紧一段时间后再使用。同组使用的 V 带应型号相同、长度相等。

3）应定期检查胶带，若发现有的胶带过度松弛或已疲劳损坏时，应全部更换新带，不能新旧并用。若一些旧带尚可使用，应测量长度，选长度相同的胶带组合使用。

4）带传动装置外面应加防护罩，以保证安全；防止带与酸、碱或油接触而腐蚀传动带，带传动的工作温度不应超过 60 ℃。

5）如果带传动装置需闲置一段时间后再使用，应将传动带放松。

13.4　链 传 动

13.4.1　链传动的工作原理与特点

链传动是由主动链轮 1、从动链轮 3 和链条 2 组成，用于两轴线平行的传动，如图 13.11 所示。工作时，通过链条的链节与链轮轮齿的啮合来传递运动和动力。与带传动相比，链传动具有以下特点：

1）链传动是啮合传动，与摩擦型带传动相比，无弹性滑动和打滑现象，链传动有准确的平均传动比，但由于链节是刚性的，故瞬时传动比不稳定，传动平稳性差，工作时有噪声。

2）在传递相同动力时，链传动结构比带传动紧凑，工作可靠，效率较高，过载能力强。

3）由于链传动不需要初拉力，因此，链轮作用在轴和轴承上的载荷与带传动相比较小。

4）链传动可在高温、多尘、潮湿及有污染等恶劣环境中工作。但制造和安装的精度较带传动高，制造成本也较贵，易于实现较大中心距的传动或多轴传动。

5）低速时能传递较大的载荷。

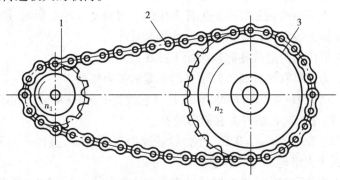

图 13.11　链传动的组成

13.4.2　链的结构和应用

按链的用途不同，链可分为传动链、起重链和牵引链。起重链用于起重机械中提升重物；牵引链用于链式输送机中移动重物；在一般机械传递运动和动力的链传动装置中，常用的是传动链,常用的传动链根据其结构的不同,可分为短节距精密滚子链(简称滚子链)和齿形链两种,其中,滚子链应用最广泛。

链传动用于中心距较大又要求平均传动比准确、环境恶劣的开式传动、低速重载传动、润滑良好的高速传动的场合,不宜用于载荷变化很大和急速反向的传动中。

通常,链传动传递的功率 $P \leqslant 100$ kW,链速 $v \leqslant 15$ m/s,传动比 $i < 8$,传动中心距 $a \leqslant 5 \sim 6$ m。目前,链传动最大的传递功率可达 5 000 kW,链速可达 40 m/s,传动比可达 15,中心距可达 8 m。

13.4.3　链传动的运动特性

(1)运动的不均匀性

滚子链是由刚性链节通过销轴铰接而成,当其绕在链轮上与链轮啮合时将形成折线,相当于链绕在边长为节距 p(链条上相邻销轴的中心距)、边数为链轮齿数 z 的多边形轮上,在传动过程中,链条每转过一个链节,链速是周期性地由小变大,再由大到小地变化。正是这样的变化,造成链传动速度的不均匀性。这种由于链条绕在链轮上形成多边形啮合传动而引起传动速度不均匀的现象,称为多边形效应。链轮的节距越大,链轮齿数越少,链速的不均匀性越明显。

(2)附加动载荷

链条的速度呈周期性变化,导致链条具有加速度,则必然引起附加动载荷。主动链轮转速愈高,链条节距愈大,则加速度就愈大,链传动的动载荷也就愈大。因此,设计链传动时,应尽可能地选择较小的链条节距、较多的链轮齿数和适宜的链轮转速,以减轻链传动运动的不均匀性和动载荷的危害,因此,链传动常安排在低速级。

习　题　13

13.1　带工作时,截面上产生哪几种应力? 应力沿带全长如何分布? 最大应力在何处? 这些应力对带传动的工作能力有什么影响?

13.2　带传动中弹性滑动和打滑是怎样产生的? 对传动有什么影响,是否可以避免?

13.3　带传动的失效形式是什么? 设计准则是什么?

13.4　为什么带传动一般放在高速级而不放在低速级?

13.5　带传动为何要有张紧装置? 常见的张紧装置有哪些?

13.6　某带传动原中心距 $a = 1 000$ mm,现将它改为 $a = 800$ mm,试问带所能传递的最大圆周力是增大还是减小? 对带的寿命有何影响?

13.7　V 带传动的滑动率 $\varepsilon = 0.02$,小带轮转速为 750 r/min,直径 $d_1 = 300$ mm,大带轮直径 $d_2 = 500$ mm。试求大带轮的实际转速 n_2'。

13.8　试述链传动的工作原理? 链传动有哪些主要特点? 适用于什么场合?

13.9　为什么链传动的平均传动比等于常数,而瞬时传动比不等于常数? 瞬时传动比的变化给传动带来什么影响? 如何减轻这种影响?

13.10　链传动产生动载荷的原因是什么? 动载荷对传动有什么危害? 在设计中应如何减小动载荷的危害?

13.11　设计链传动时,为减少运动不均匀性应从哪些方面考虑? 如何合理地选择参数?

第 **14** 章

联 接

在机械中,广泛使用着各种联接。所谓联接,是指被联接件与联接件的组合结构。起联接作用的零件,如螺栓、螺母、键以及铆钉等,称为联接件;需要联接起来的零件,如齿轮与轴等,称为被联接件。有些联接没有联接件,如成形联接等。

联接可分为静联接和动联接。相对位置不发生变动的联接,称为静联接,如减速器中箱体和箱盖的联接;相对位置发生变动的联接,称为动联接,如前面所讨论的各种运动副,变速器中滑移齿轮与轴的联接,都属于动联接。

联接还可分为可拆联接和不可拆联接。所谓可拆联接,是指不需要破坏联接中的零件就可拆开的联接。这种联接可多次拆卸而不影响使用性能,如螺纹联接、键联接、花键联接、成形联接和销联接等。不可拆联接是至少要毁坏联接中的某一部分才能拆开的联接,如铆接、焊接和胶接等。过盈配合介于可拆联接与不可拆联接之间,过盈量稍大时,拆卸后配合面受损,虽仍可使用,但承载能力将大大下降。过盈量小时,联接可多次使用。比如滚动轴承内圈与轴的配合。

大多数机械零件的失效多出现在联接处,故应对联接设计给予高度重视。

14.1 螺 纹

螺纹联接是利用具有螺纹的零件所构成的联接,一般均为可拆联接,其结构简单,装拆方便,联接可靠,应用极为广泛。

14.1.1 螺纹的形成和种类

将一直角三角形绕到一圆柱体上,并使三角形的底边与圆柱体底面圆周重合,则三角形斜边即在圆柱体表面上形成一条螺旋线(见图 14.1)。螺纹有外螺纹和内螺纹之分,共同组成螺纹副用于联接或传动。按螺纹所

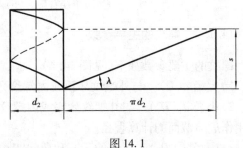

图 14.1

起的作用,螺纹有联接螺纹和传动螺纹。本章只讲述联接螺纹。

根据通过螺纹轴线的剖面上的轮廓形状,螺纹可分为三角形、管螺纹、矩形、梯形和锯齿形等。三角形螺纹、管螺纹主要用于联接;矩形、梯形和锯齿形螺纹主要用于传动。其牙形如图14.2所示。螺纹现已标准化,有米制和英制。我国除了管螺纹外都采用米制,国际标准也用米制。

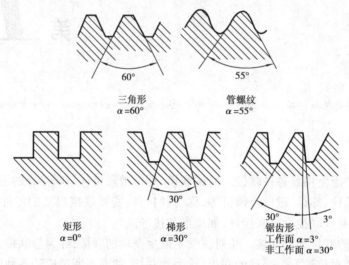

三角形
$\alpha=60°$

管螺纹
$\alpha=55°$

矩形
$\alpha=0°$

梯形
$\alpha=30°$

锯齿形
工作面 $\alpha=3°$
非工作面 $\alpha=30°$

图14.2 螺纹的牙形

根据螺旋线的旋向,螺纹有左旋和右旋之分。顺时针旋转时旋入的螺纹称为右旋螺纹;逆时针旋转时旋入的螺纹称为左旋螺纹。常用的为右旋螺纹。按螺纹螺旋线的数目,可分为单线、双线和多线,联接螺纹一般用单线,如图14.3所示。

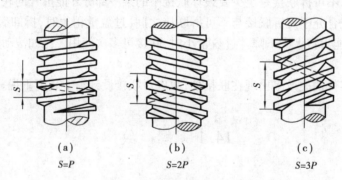

(a)
$S=P$

(b)
$S=2P$

(c)
$S=3P$

图14.3 螺纹线的旋向和线数
(a)单线右旋 (b)双线左旋 (c)三线右旋

14.1.2 螺纹的主要参数

螺纹的主要参数如下(见图14.4):

1)大径 $d(D)$ 与外螺纹牙顶或内螺纹牙底相重合的假想圆柱的直径,称为公称直径。

2)小径 $d_1(D_1)$ 与外螺纹牙底或内螺纹牙顶相重合的假想圆柱的直径。在强度计算中,常用作危险截面的计算直径。

3)中径 $d_2(D_2)$ 螺纹的牙厚和牙间宽相等处的假想圆柱体的直径。

4）螺距 P 螺纹相邻两牙在中径线上对应点间的轴向距离。

5）导程 S 同一条螺旋线上相邻两牙在中径线上对应两点间的轴向距离。导程 S 与螺距 P、线数 n 之间的关系为 $S = nP$。

6）牙形角 α 在轴向剖面内螺纹牙形两侧边之间的夹角。三角形螺纹牙形角为 $60°$，梯形螺纹牙形角为 $30°$。

7）升角 λ 在中径圆柱面上螺旋线的切线与垂直于螺纹轴线的平面间的夹角。

由图 14.1 可得（图中 $n = 1$）

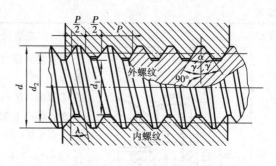

图 14.4 螺纹的主要几何参数

$$\tan\lambda = \frac{S}{\pi d_2} = \frac{nP}{\pi d_2}$$

14.1.3 螺纹的标注

在图样上螺纹需要用规定的螺纹代号标注,除管螺纹外,螺纹代号的标注格式为:

特征代号 公称直径 × 螺距（单线时）旋向 其中,右旋螺纹省略不注,左旋用"LH"表示。普通螺纹的粗牙螺纹的螺距可省略不注;普通螺纹的特征代号是 M,梯形螺纹的特征代号是 Tr。

表 14.1 螺纹联接的基本类型、特点及应用

类型	结　　构	主要尺寸关系	特点及应用
螺栓联接	普通螺栓联接	螺纹余留长度 l_1 静载荷　$l_1 \geqslant (0.3 \sim 0.5)d$ 变载荷　$l_1 \geqslant 0.75d$ 冲击、弯曲载荷　$l_1 \geqslant d$ 螺纹伸出长度 　　$l_2 = (0.2 \sim 0.3)d$ 螺栓轴线到被联接件边缘的距离 　　$e = d + (3 \sim 6)$	被联接件上的孔与杆间留有间隙,通孔的加工精度要求低,结构简单,装拆方便,使用时不受被联接件材料的限制,因此,应用很广。通常用于被联接件不太厚和便于加工通孔的场合。螺栓受拉伸作用
	铰制孔螺栓联接		铰制孔用螺栓联接,孔和螺栓杆之间没有间隙,多采用基孔制过渡配合。这种联接能精确固定被联接件的相对位置,并主要承受横向载荷,但孔的加工精度要求较高。螺栓受剪切和挤压作用

续表

类型	结 构	主要尺寸关系	特点及应用
双头螺柱联接		螺纹旋入深度 H,当螺纹孔零件为 钢或青铜　$H=d$ 铸铁　$H\approx(1.25\sim1.5)d$ 铝合金　$H\approx(1.25\sim2.5)d$ $l_2=(2\sim2.5)p$ $l_3=(0.7\sim1.2)d$ l_1 值同普通螺栓	螺柱两端都制有螺纹,两端螺纹可相同或不同,螺柱可带退刀槽或制成腰杆,也可制成全螺纹的螺柱。螺柱的一端常用于旋入铸铁或有色金属的螺纹孔中,旋入后即不拆卸,另一端则用于安装螺母以固定其他零件。通常用于被联接件之一较厚,不便穿孔、结构要求紧凑或经常拆卸的场合
螺钉联接			这种联接的特点是螺钉直接拧入被联接件的螺纹孔中,不用螺母,而且有光整的外露表面,在结构上比双头螺柱联接简单紧凑。其用途和双头螺柱联接相似,但如经常拆装时易使螺纹磨损,可能导致被联接件报废,故多用于受力不大,被联接件之一太厚且不需要经常拆装的场合
紧定螺钉联接		$d\approx(0.2\sim0.3)d_s$	紧定螺钉联接是利用拧入零件螺纹孔中的螺钉末端顶住另一零件的表面或顶入相应的凹坑中,以固定两个零件的相对位置,并可传递不大的力或转矩。螺钉除作为联接和紧定用外,还可用于调整零件位置,多用于轴和轴上零件的联接

14.2　螺纹联接的基本类型

14.2.1　螺纹联接的基本类型

螺纹联接的主要类型有螺栓联接、双头螺柱联接、螺钉联接及紧定螺钉联接。它们的结构、特点及其应用,如表 14.1 所示。

除了上述基本螺纹联接形式外,还有一些特殊结构的螺纹联接,专门用于将机座或机架固定在地基上的地脚螺栓联接,装在机器或大型零、部件的顶盖或外壳上便于起吊用的吊环螺栓联接,用于工装设备中的 T 形槽螺栓联接,如表 14.2 所示。

14.2.2 标准螺纹联接件

螺纹联接件的类型较多,其中,常用的有螺栓、螺钉、双头螺柱、螺母和垫圈等,这些零件的结构形式和尺寸均已标准化。设计时,可根据公称尺寸,即螺纹大径的大小在相应的标准或机械设计手册中查出其他相关尺寸。

表 14.2 特殊结构的联接

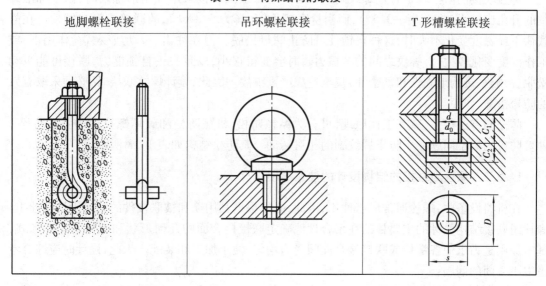

地脚螺栓联接	吊环螺栓联接	T 形槽螺栓联接

14.3 螺栓联接设计应注意的问题

14.3.1 螺栓联接的预紧

大多数螺栓联接都需要在装配时拧紧。联接在承受工作载荷之前所受到的力称为联接预紧力。预紧的目的是为了提高联接的可靠性和疲劳强度,增强联接的紧密性、防松能力。

预紧力的大小可由拧紧力矩的大小来控制。拧紧力矩 T 需克服螺母与被联接件或垫圈支撑面间的摩擦力矩 T_1 和螺纹副间的摩擦力矩 T_2,即 $T = T_1 + T_2$,使联接产生预紧力 F_0。控制拧紧力矩有多种方法,对于一般联接,预紧力可凭经验控制;对于重要的联接,可按照要求的预紧力数值,使用测力矩扳手或定力矩扳手,如图 14.5所示。测力矩扳手,在拧紧螺栓时可指示数值;定力矩扳手,在达到需要的力矩值后,即可自行

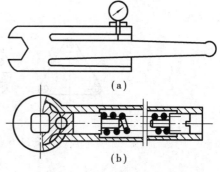

(a)

(b)

图 14.5 测力矩扳手和定力矩扳手
(a)测力矩扳手 (b)定力矩扳手

打滑。在一般装配中,使用扳手拧紧螺栓时,一般标准扳手的长度 $L=10d$。扳手上的作用力 F 与预紧力 F_0 之间的近似关系式为 $F_0 \approx 75F$,即 F_0 约为作用在扳手上的力 F 的 75 倍。如设扳手的作用力 $F=200$ N,则将产生的预紧力 $F_0=15\ 000$ N,这个力足以拧断 M12 以下的螺栓。因此,重要螺纹联接应尽量选用 M12 以上的螺栓。

14.3.2 螺栓联接的防松

螺栓联接的防松就是防止螺纹副的相对转动。螺纹联接采用三角形螺纹时,由于标准螺纹的升角比较小(为 1.5°~3.5°),而当量摩擦角较大(为 5°~6°),故联接具有自锁性。在静载荷下或温度变化不大时,这种自锁性可防止螺母松脱。但在冲击、振动或变载荷作用下,或工作温度变化较大时,螺纹之间的摩擦力瞬时会变得很小,以致失去自锁能力,联接可能自动松脱,影响联接的牢固性和紧密性,甚至造成严重事故。因此,设计螺纹联接时,必须采取有效的防松措施。

防松的方法很多,就其工作原理,可分为摩擦防松、机械防松和破坏螺纹运动关系防松 3 种。防松的根本问题在于防止螺纹副的相对转动。其防松结构如表 14.3 所示。

14.3.3 螺栓组联接的结构设计的注意事项

在机器设备中,螺栓通常成组使用,因此,必须根据其用途和被联接件的结构设计螺栓组。螺栓组联接结构设计的主要目的在于合理地确定联接接合面的几何形状和螺栓的布置形式,基本原则是力求使各螺栓或联接接合面间受力均匀,便于加工和装配。为此,设计时应综合考虑以下方面的问题:

(1)联接接合面的设计

联接接合面的几何形状应与机器的结构形状协调一致,并设计成轴对称的简单几何形状,如图 14.6 所示。这样不仅便于加工,而且方便在接合面上对称布置螺栓,从而保证联接接合面受力较均匀。

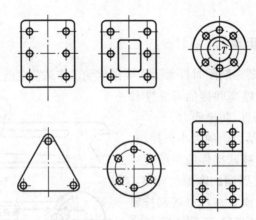

图 14.6 螺栓组的布置

表 14.3　螺纹联接的防松方法

摩擦防松	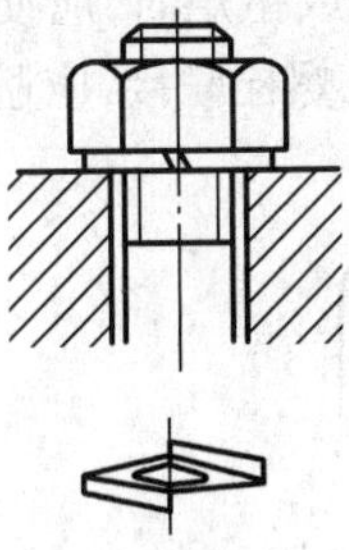 弹簧垫圈	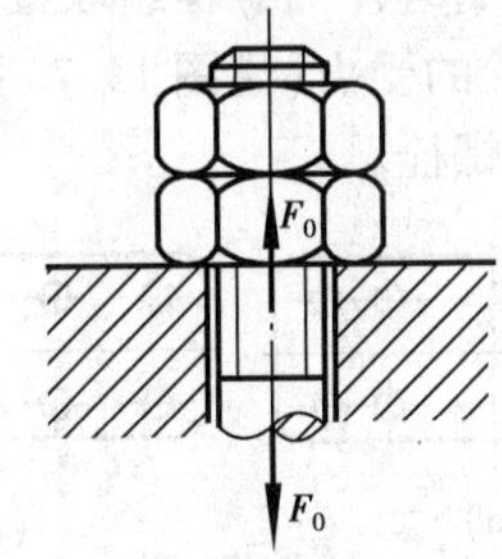 对顶螺母	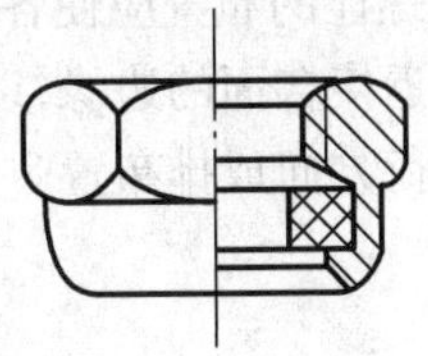 尼龙圈锁紧螺母
	利用装配后弹簧垫圈压平后的弹力使螺纹间压紧。同时垫圈断开处刃口也起防松作用。结构简单,防松方便	利用两螺母的对顶作用使螺栓始终受到附加的拉力和附加的摩擦力。结构简单,适用于平稳低速重载场合	利用螺母末端的尼龙圈,箍紧螺栓,横向压紧螺纹,达到防松的目的
机械防松	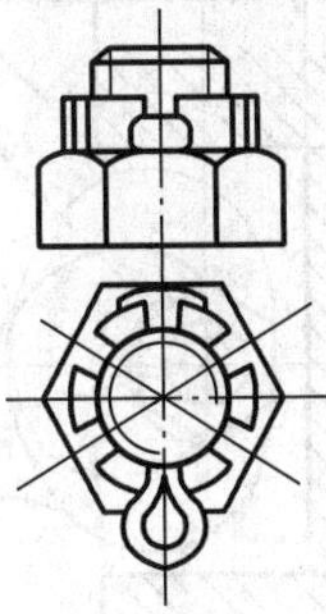 槽形螺母与开口销	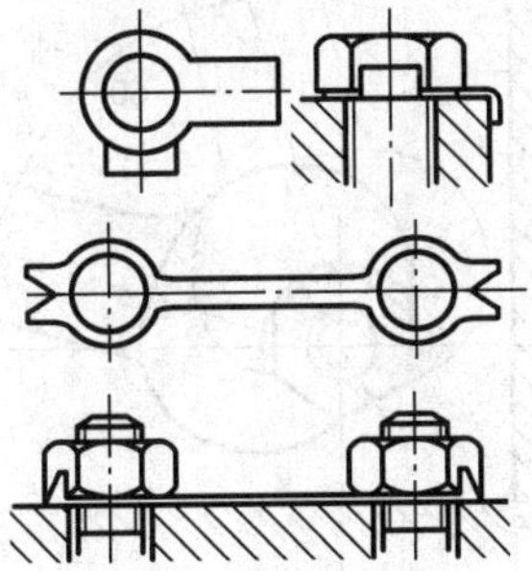 止动垫圈	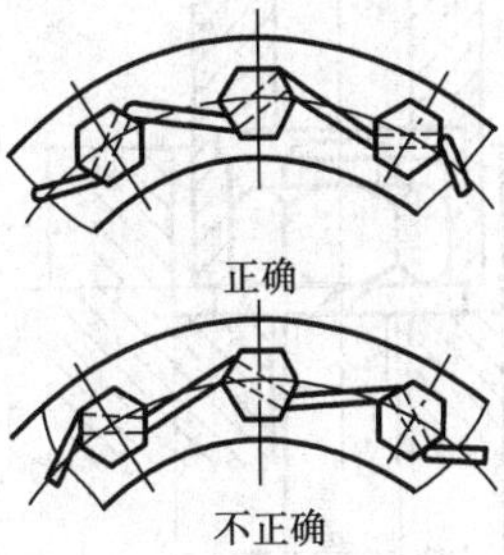 正确 不正确
	槽形螺母拧紧后,用开口销穿过螺母上的槽和螺栓尾的小孔,并将开口销尾部扳开与螺母侧面贴紧。只用于冲击、振动较大的重要联接	拧紧螺母后,将垫圈折边以固定螺母和被联接件的相对位置。若两个螺栓需要双联锁紧时,可采用双联止动垫圈,使两个螺母相互制动。使用方便,防松可靠	用金属丝穿入螺钉头部,将各螺钉串联起来,使其互相制约而防松。适用于螺钉组联接,防松可靠,但拆卸不便
破坏螺旋副防松	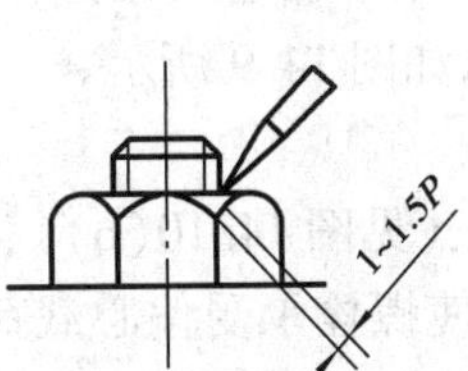	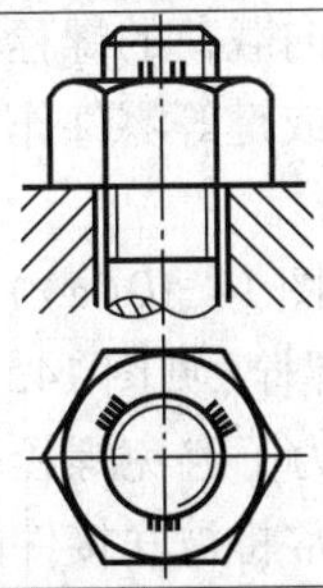	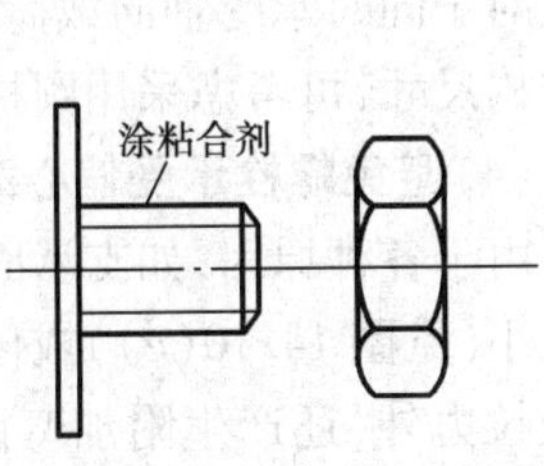 涂粘合剂
	螺母拧紧后,用冲头在螺栓末端与螺母的旋合缝处打冲2~3个冲点。防松可靠,适用于不需要拆卸的特殊联接	螺母拧紧后,将螺栓末端与螺母焊牢,联接可靠,但拆卸后联件被破坏	在旋合的螺纹之间涂以粘合剂,拧紧螺母后粘合剂固化,防松效果好

$1\sim1.5P$

231

（2）螺栓的数目及布置

1）螺栓的布置应使各螺栓受力合理。当螺栓组联接承受弯矩或扭矩时,应使螺栓的位置适当靠近接合面的边缘,以减小螺栓的受力(见图14.7);对铰制孔螺栓联接,应避免在平行于工作载荷方向成排布置8个以上的螺栓。

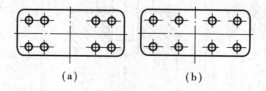

(a)   (b)

图14.7 结合面受弯矩或扭矩时螺栓的布置
(a)合理 (b)不合理

2）螺栓的布置应有合理的间距和边距,以便保证联接的紧密性和装配时所需要的扳手空间,如图14.8所示。扳手空间的尺寸可查阅有关手册。

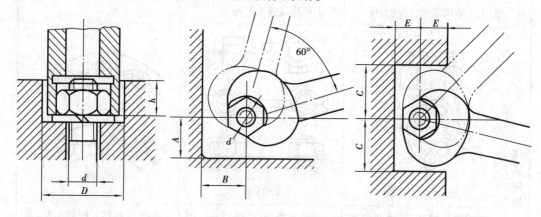

图14.8 扳手空间尺寸

3）同一螺栓组中螺栓的直径和长度均应相同。分布在同一圆周上的螺栓数目应取成4,6,8等偶数,以便于分度和划线。对于压力容器等紧密性要求较高的联接,螺栓的间距 t 应符合推荐的数值(见有关手册)。

（3）采用减载装置,减小螺栓的受力

对于同时承受轴向载荷和较大横向载荷的螺栓组联接,为了减小螺栓预紧力和整个联接的结构尺寸,可考虑采用圆柱销、套筒或键等零件作为减载装置,如图14.9所示。

（4）避免螺栓承受偏心载荷

由于各种原因,如支承面不平(见图14.10(a))、螺母孔不正(见图14.10(b))、被联接件刚度小(见图14.10(c))或使用钩头螺栓(见图14.10(d)),会使螺栓承受偏心载荷,使螺栓除受拉力外,还产生附加弯曲应力。为了避免螺栓受偏心载荷,螺钉头与螺母的支承面应平整,并保证与螺母轴线相垂直。为此,常将被联接件的支承面做成凸台、鱼眼坑(见图14.11),或采用斜垫圈和球面垫圈(见图14.12)等。

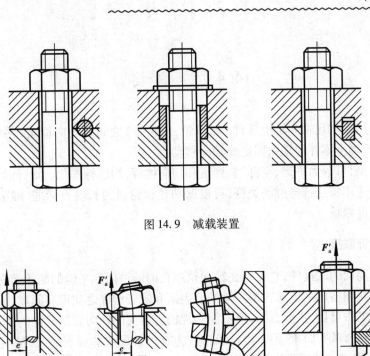

图 14.9　减载装置

图 14.10　螺栓的附加应力

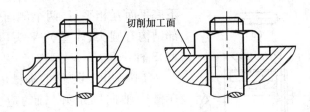

图 14.11　凸台、鱼眼坑

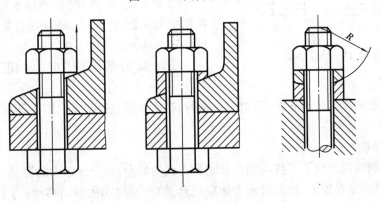

图 14.12　斜垫圈、球面垫圈

14.4 键联接

键联接主要用来实现轴和轴上零件(如带轮、齿轮等)之间的周向固定,并传递运动和转矩,有些还可实现轴上零件的轴向固定或轴向移动。

键有多种类型,可分为平键、半圆键、楔键和切向键等,均已标准化。设计时首先根据使用要求和各类键的应用特点选择键的类型,再根据轴径和轮毂的长度查标准,确定键的尺寸,然后进行必要的强度校核。

14.4.1 平键联接

平键是矩形剖面的联接件,它安装在轴和轮毂孔的键槽内。平键的两侧面是工作面,工作时靠键与槽侧面互相挤压来传递转矩。键的上表面和轮毂槽底之间留有间隙。平键联接结构简单,对中性好,工作可靠,装拆方便,但不能实现轴上零件的轴向固定。键的材料一般用碳钢制造,常用材料为中碳钢,如45钢。当轮毂材料为有色金属或非金属时,键的材料可用20或Q235钢。常用的平键有普通平键和导向平键。

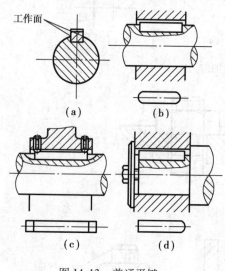

图 14.13 普通平键

平键联接按用途可分为普通平键、导向平键和滑键。其特点和应用如下:

(1)普通平键

如图14.13(a)所示,普通平键的上顶平面与下底平面互相平行,两个侧面也互相平行。其端部结构有圆头(A型)、平头(B型)和单圆头(C型)3种:

①圆头键(A型)的轴槽用指状铣刀加工,键在槽中轴向固定好,轴的应力集中较大,如图14.13(b)所示。

②方头键(B型)的轴槽用盘形铣刀加工,键在槽中轴向固定不好,轴的应力集中较小,如图14.13(c)所示。

③单圆头平键(C型)常用于轴端,如图14.13(d)所示。

普通平键靠两侧面传递转矩,其对中性良好,装拆方便,应用广泛,但不能实现轴上零件的轴向固定。

(2)导向平键

导向平键联接用于轴上零件的轴向移动量不大的场合,如变速箱中的滑移齿轮如图14.14所示,键用螺钉固定在轴上,键与键槽为间隙配合,轴上零件能做轴向移动,为了拆卸方便,设有起键螺孔,其他与普通平键相同。

(3)滑键

当轴上零件在轴上移动距离较大时,导向平键很长,不易制造,这时可采用滑键。如

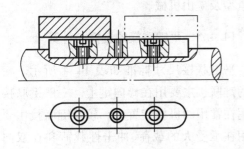

图 14.14　导向平键

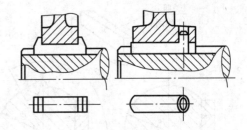

图 14.15　滑键

图 14.15 所示,滑键固定在轮毂上,轮毂零件带动滑键在轴槽中做轴向移动。

14.4.2　半圆键联接

半圆键联接用于轻载辅助性的联接,只能传递较小的转矩,用在轴端时,多与圆锥面联接配合使用。如图 14.16 所示,半圆键靠侧面传递转矩,有较好的对中性。键为半圆形,键在轴槽中能绕槽底圆弧曲率中心摆动,装配方便。键槽较深,故对轴的削弱较大。

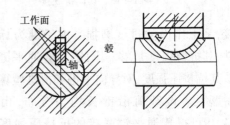

图 14.16　半圆键联接

14.4.3　楔键联接

楔键联接适用于需要承受单向轴向力、对中要求不高、载荷平稳和低速的场合。

楔键分为普通楔键和钩头楔键。如图 14.17 所示,键的顶面有 1∶100 的斜度,两侧面互相平行。安装时需要打入,工作时靠键的上下表面与轴及轮毂之间的摩擦力来传递转矩,因此,工作面是键的上下两面。其对中性差,能传递单方向的轴向力,轴上零件还可借以轴向定位。在冲击、振动和承受变载荷时易松动。

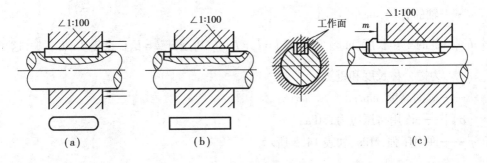

（a）　　　　　（b）　　　　　（c）

图 14.17　楔键联接

14.4.4　切向键联接

如图 14.18 所示,切向键由两个斜度为 1∶100 的楔键沿斜面拼合而组成。其中一个工作面在通过轴心线的平面上,工作压力沿轴的切线方向作用,能传递很大的转矩。但一个切向键只传递一个方向的转矩,传递双向转矩时须用两对键并分布互成 120°～130°。这种联接多用

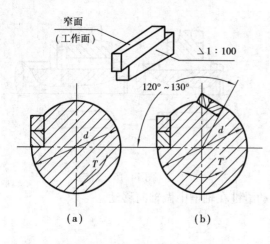

图 14.18 切向键联接

于重型及矿山机械。

14.4.5 平键联接的选择与计算

平键联接尺寸标准如表 14.4 所示。较松的键联接主要用在导向键上。一般键联接应用在常用的机械装置中。较紧键联接主要应用在承受大的载荷、冲击性载荷和在双向传递转矩等场合。

平键联接传递转矩时，受力情况如图 14.19 所示。平键联接的主要失效形式：对于普通平键的静联接，是工作面（通常为轮毂）的挤压破坏；对于导向平键、滑键的动联接，是工作面的过度磨损。由于键为标准件，其抗剪强度足够。因此，对普通平键校核其抗挤压强度，对导向平键和滑键验算其耐磨性。设载荷沿键长均匀分布，由图14.19可得普通平键联接的抗挤压强度条件为

$$\sigma_P = \frac{4T}{dhl} \leq [\sigma_P] \qquad (14.1)$$

耐磨性条件计算为

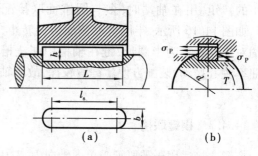

图 14.19 平键联接受力情况

$$p_P = \frac{4T}{dhl} \leq [p] \qquad (14.2)$$

式中　T——传递的转矩，N·mm；

　　　d——轴的直径，mm；

　　　l——键的工作长度，mm。A 型键 $l = l_s = L - b$，B 型键 $l = L$，C 型键 $l = L - \frac{b}{2}$，这里 L, b 为键公称长度和键宽；

　　　h——键的高度，mm；

　　　$[\sigma_P]$——许用挤压应力，MPa；

　　　p——许用压强，MPa，如表 14.5 所示。

表14.4　平键联接尺寸（摘自 GB/T 1096—1979）　　　　mm

轴	键	键　　　　槽											
		宽度 b						深度				半径 r	
公称尺寸 d	公称尺寸 b×h	公称尺寸 b	极限偏差					轴 t		毂 t₁			
			较松联接		一般联接		较紧联接	公称尺寸	极限偏差	公称尺寸	极限偏差		
			轴 H9	毂 D10	轴 N9	毂 JS9	轴毂 P9					最小	最大
>17~22	6×6	6	+0.030 0	+0.078 +0.030	0 -0.030	±0.015	-0.012 -0.042	3.5	+0.1 0	2.8	+0.1 0	0.16	0.25
>22~30	8×7	8	+0.036 0	+0.098 +0.040	0 -0.036	±0.018	-0.015 -0.051	4.0		3.3			
>30~38	10×8	10						5.0		3.3			
>38~44	12×8	12	+0.043 0	+0.120 +0.050	0 -0.043	±0.0215	-0.018 -0.061	5.0		3.3			
>44~50	14×9	14						5.5	+0.2 0	3.8	+0.2 0	0.25	0.40
>50~58	16×10	16						6.0		4.3			
>58~65	18×11	18						7.0		4.4			
>65~75	20×12	20	+0.052 0	+0.149 +0.065	0 -0.052	±0.026	-0.022 -0.074	7.5		4.9		0.40	0.60
>75~85	22×14	22						9.0		5.4			
键的长度系列	6，8，10，12，14，16，18，20，22，25，28，32，36，40，45，50，56，63，70，80，90，100，110，125，140，160，180，200，220，250，280，320，360												

注：1. 在工作图中，轴槽深用 t 或 d-t 标注，轮毂槽深用 d+t₁ 标注。

2. $d-t$ 和 $d+t_1$ 两组组合尺寸的极限偏差按相应的 t 和 t_1 的极限偏差选取，但 $d-t$ 的极限偏差应取负值。

3. 较松键联接用于导向平键；一般键联接用于载荷不大的场合；较紧键联接用于载荷较大，有冲击和双向转矩的场合。

4. 普通平键标记示例：平头普通平键（B 型）$b=18$ mm，$h=11$ mm，$L=100$ mm，标记：键 B18×100 GB1096—79。A 型的 A 可省去不写。

经校核若平键联接的强度不够时，可以采取下列措施：

1）适当增加键和轮毂的长度，但一般键长不得超过 $2.25d$；

2）采用双键，在轴上相隔 180°配置，考虑载荷分布不均匀性，强度校核时，只能按 1.5 个键来计算。

表14.5　键联接的许用挤压应力 $[\sigma_P]$ 和许用压强 $[p]$　　　　MPa

许用应力	联接工作方式	联接中薄弱零件的材料	载荷性质		
			静载荷	轻微冲击	冲击
$[\sigma_P]$	静联接	铸铁	70~80	50~60	30~45
		钢	12~150	100~120	60~90
$[p]$	动联接	钢	50	40	30

例 14.1　已知传递的转矩 $T = 1\ 250\ \text{N} \cdot \text{m}$，载荷有轻微冲击，与齿轮配合处的轴径 $d = 80\ \text{mm}$，轮毂长度为 120 mm。试选择一铸铁齿轮与钢轴的平键联接。

解　1）尺寸选择

为了便于装配和固定，选用圆头平键（A 型）。根据轴的直径 $d = 80\ \text{mm}$ 由表 14.4 查得：键宽 $b = 22\ \text{mm}$；键高 $h = 14\ \text{mm}$；根据轮毂长度取键长 $L = 110\ \text{mm}$。

2）强度校核联接中轮毂的强度最弱，从表 14.5 中查得 $[\sigma_\text{P}] = 53\ \text{MPa}$。键的工作长度 $l = L - b = 110 - 22\ \text{mm} = 88\ \text{mm}$。

由式（14.1）校核键联接的强度为

$$\sigma_\text{P} = \frac{4\ 000T}{dhl} = \frac{4\ 000 \times 1\ 250}{14 \times 88 \times 80} = 50.73\ \text{MPa} < [\sigma_\text{P}]$$

所选取的强度足够。

3）键槽尺寸

该平键联接键宽极限偏差按一般联接由表 14.4 查得：

轴槽深：　　　　　　　　　　$d - t = 71_{-0.2}^{\ 0}\ \text{mm}$

轴槽宽：　　　　　　　　　　$b = 22_{-0.052}^{\ 0}\ \text{mm}$

轮毂槽深：　　　　　　　　　$d + t_1 = 85.4_{\ 0}^{+0.2}\ \text{mm}$

轮毂槽宽：　　　　　　　　　$b = 22 \pm 0.026\ \text{mm}$

轴、轮毂键槽及其尺寸如图 14.20 所示。

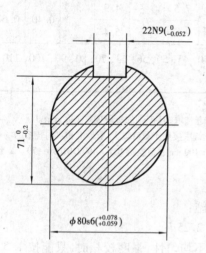
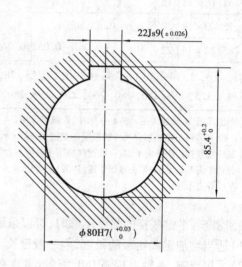

图 14.20　键槽尺寸及其偏差

14.5　花键联接、销联接与成形联接

14.5.1　花键联接

轴和轮毂周向均布的多个键齿构成的联接称为花键联接。如图 14.21 所示，齿的侧面是工作面。由于是多齿传递载荷，因此，花键联接比平键联接具有承载能力高，对轴削弱程度小，

定心好和导向性能好等优点。适用于定心精度高、载荷大或经常滑移的联接。

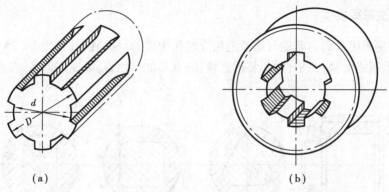

图 14.21 花键
（a）外花键 （b）内花键

花键按其齿形不同,分为矩形花键(见图 14.22)及渐开线花键(见图 14.23)。矩形花键制造方便,应用广泛。渐开线花键由于工艺性好(可用制造齿轮轮齿的各种方法加工)易获得较高精度,但需专用设备;它的齿根较厚,强度较高,因此,渐开线花键联接已逐渐获得广泛的应用。

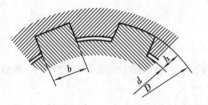

图 14.22 矩形花键联接

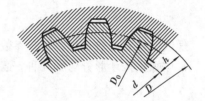

图 14.23 渐开线花键联接

14.5.2 销联接

销主要用于定位,即固定零件之间的相互位置,是组合加工和装配时的主要辅助零件(见图 14.24(a)、(b))。销还可用于轴与轴上零件的联接,以传递不大的载荷(见图 14.24(c)),或作为安全装置(见图 14.24(d))。

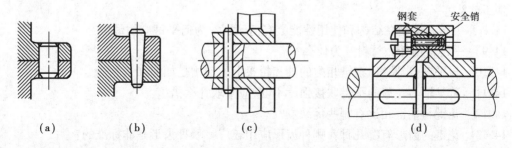

图 14.24 销联接

销为标准件,材料根据用途可选用为 35,45 钢。圆柱销利用微量过盈装配在铰制的销孔中,多次装拆会松动,降低定位的精确性和联接的紧固性。圆锥销有 1∶50 的锥度,小端直径为标准件,在受横向力时可以自锁,靠锥度紧密装配在铰制的销孔中,可多次装拆而不影响定

239

位的精确性。上述两种销孔均需铰削。

14.5.3 成形联接

成形联接是利用非圆剖面轴与轮毂上相应的孔构成的可拆联接(见图 14.25)。成形联接应力集中小,承载能力高,对中性好,装拆方便,缺点是加工困难,需专用设备,因而限制了这种联接的推广。

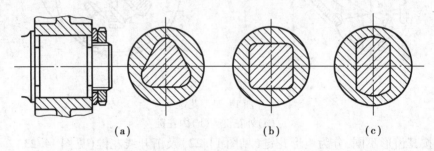

(a)　　　　(b)　　　　(c)

图 14.25　成形联接

习 题 14

14.1　螺纹的主要参数是什么?各参数间的关系如何?

14.2　常用螺纹按牙形分为哪几种?各有何特点?常用的联接螺纹和传动螺纹都有哪些牙形?

14.3　螺纹联接的基本类型有哪几种?各种联接的结构特点有什么不同?适用于什么场合?

14.4　为什么螺纹联接通常要采用防松措施?螺纹联接的防松方法,按其原理来分可分为哪几种?试分别举例说明。

14.5　螺栓联接的结构设计要求螺栓组对称布置于联接接合面的形心,理由是什么?

14.6　平键联接有哪些失效形式?平键的尺寸如何确定?

14.7　圆头、方头及单圆头普通平键各有何优缺点?分别用在什么场合?轴上的键槽是怎样加工的?

14.8　平键和楔键在结构和使用性能上有何区别?为何平键应用最广?

14.9　平键常用什么材料?为什么?

14.10　与平键、半圆键、楔键相配的轴和轮毂上的键槽是如何加工的?

14.11　若某轴与轮毂的平键联接强度不够,应采取什么措施?

14.12　花键与平键相比有哪些优缺点?

14.13　花键的齿形有哪几种?哪种齿形应用较广?哪种齿形是非标准的?

14.14　按结构形式分类,销有哪几种?各有何特点?各举一应用实例。

14.15　在轴与轮毂的成形联接中,哪种剖面形式应用较广,为什么?

14.16　如图 14.26 所示,试找出图中螺纹联接结构中的错误,并画出正确的结构图。

14.17　如图 14.27 所示为在直径 $d = 100$ mm 的轴上安装一钢制直齿圆柱齿轮,轮毂长

$L = 120$ mm，工作时有轻微冲击。试确定平键联接尺寸，并计算其能传递的最大转矩。

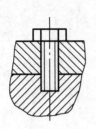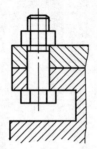

图 14.26

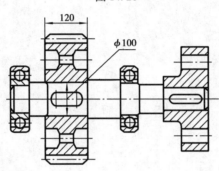

图 14.27

第 **15** 章
轴

15.1 概 述

15.1.1 轴的功用

轴是组成机器的重要零件之一。轴的主要功用是支承旋转零件(如齿轮、带轮等),以实现运动和动力的传递。

15.1.2 轴的分类

轴按其所受载荷的性质不同可分为:

1)心轴 只承受弯矩不承受扭矩的轴,按其是否与轴上零件一起转动可分为固定心轴和转动心轴。固定心轴工作时不转动,轴上所产生的弯曲应力为静应力(即应力不变),如自行车的前轮轴(见图 15.1(a))。转动心轴工作时随转动件一起转动,轴上所产生的弯曲应力为对称循环交变应力,如铁路机车的轮轴(见图 15.1(b))。

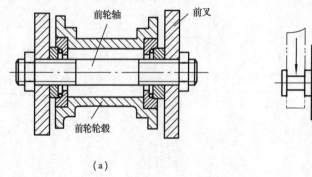

前轮轴   前叉

前轮轮毂

(a)

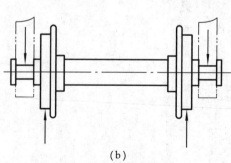

(b)

图 15.1 心轴

2)转轴　既承受弯矩作用又承受转矩作用的轴,如齿轮减速器中的轴(见图15.2)。这是机械中最常见的轴。

3)传动轴　主要承受转矩而不承受弯矩或承受弯矩很小的轴,如汽车中联接变速器与后桥差动器之间的传动轴(见图15.3)。

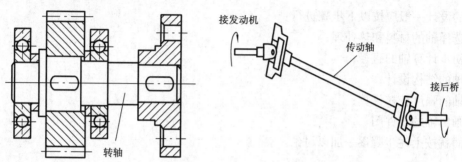

图 15.2　转轴　　　　　　　　　　　图 15.3　传动轴

根据轴线的几何形状,轴还可分为直轴、曲轴和软轴。中心线为一直线的轴称为直轴。在轴的全长上直径都相等的直轴称为光轴,各段直径不相等的直轴称为阶梯轴(见图15.2)。由于阶梯轴便于轴上零件的装拆和定位,又能节省材料和减轻重量,因此,在机械中应用最普遍。本章重点讨论阶梯轴。

15.1.3　轴的各部分名称

如图 15.4 所示为圆柱齿轮减速器中的低速轴。通常,轴由轴头、轴颈、轴身、轴肩、轴环及轴端组成。

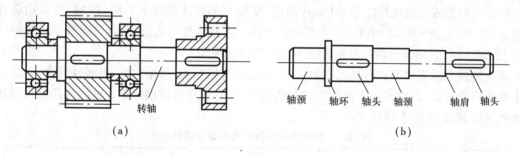

(a)　　　　　　　　　　　　　　　　　(b)

图 15.4

①轴头:安装轮毂的轴段。

②轴颈:轴与轴承配合处的轴段。

③轴身:轴头与轴颈间的轴段。

④轴肩或轴环:阶梯轴上截面尺寸单向变化处称为轴肩,轴肩又可分为定位轴肩和非定位轴肩。双向变化处称为轴环。

15.2 轴的设计

轴的设计一般应按以下步骤进行：

①选择轴的材料和热处理；

②初步计算轴的直径；

③轴的结构设计；

④轴的强度校核计算；

⑤画出轴的零件图。

下面就按上述步骤逐一加以讨论。

15.2.1 轴的材料和热处理

由于轴工作时产生的应力多为变应力，故轴的失效一般为疲劳断裂（约占失效总数的40% ~ 50%），因此，轴的材料应具有足够的疲劳强度、较小的应力集中敏感性，同时还须满足刚度、耐磨性及耐腐蚀性要求，并具有良好的加工工艺性。

根据上述要求，轴的材料一般宜选用中碳钢或中碳合金钢。对于载荷不大、转速不高的一些不重要的轴可采用 Q235，Q275 等碳素结构钢来制造，以降低成本；对于一般用途和较重要的轴，多采用 45 钢等中碳的优质碳素结构钢制造，这类钢对应力集中的敏感性小，加工性和经济性好，且经过调质（或正火）处理后可获得良好的综合机械性能，轴颈处可进行表面淬火处理。合金钢的机械性能和热处理工艺性能均优于碳素钢，因此，对于要求强度高而尺寸小、重量轻的重要的轴或有特殊性能要求（如在高温、低温或强腐蚀条件下工作）的轴，应采用合金钢制造，如 40Cr，35SiMn，40MnB 等，并经调质处理。需要注意的是，合金钢与碳素钢的弹性模量 E 值相近，因此，用合金钢代替碳素钢不能提高轴的刚度。

合金铸铁和球墨铸铁具有良好的加工工艺性，且价格低廉、吸振性好、耐磨性较高，对应力集中的敏感性较低，因而常用于制造形状复杂的轴，但铸造质量较难控制。轴的常用材料及其主要机械性能如表 15.1 所示。

表 15.1　轴的常用材料及其主要机械性能

材料		热处理方法	毛坯直径 d/mm	硬度（HBS）	主要机械性能/MPa				C
类别	牌号				抗拉强度极限 σ_b	屈服极限 σ_s	弯曲疲劳极限 σ_{-1}	剪切疲劳极限 τ_{-1}	
碳素结构钢	Q235A				440	240	200	105	160 ~ 135
	Q275				520	280	220	135	135 ~ 118

续表

材料		热处理方法	毛坯直径 d/mm	硬度（HBS）	主要机械性能/MPa				C
类别	牌号				抗拉强度极限 σ_b	屈服极限 σ_s	弯曲疲劳极限 σ_{-1}	剪切疲劳极限 τ_{-1}	
优质碳素钢	20	正火	25	≤156	420	250	180	100	160～135
		正火	≤100	103～156	400	220	165	95	
		正火	>100～300	103～156	380	200	155	90	
		回火	>300～500	103～156	370	190	150	85	
	35	正火	25	≤187	540	320	230	130	135～118
		正火	≤100	149～187	520	270	210	120	
		正火	>100～300	143～187	500	260	205	115	
		调质	≤100	156～207	560	300	230	130	
		调质	>100～300	156～207	540	280	220	125	
	45	正火	25	≤241	610	360	260	150	118～112
		正火	>100～300	162～217	580	290	235	135	
		回火	>300～500	162～217	560	280	225	130	
		回火	>500～750	156～217	540	270	215	125	
		调质	≤200	217～255	650	360	270	155	
合金钢	40Cr	调质	25		1 000	800	485	280	106～97
			≤100	241～286	750	550	350	300	
			>100～300	241～286	700	500	320	185	
			>300～500	229～269	650	450	295	170	
	35SiMn（42SiMn）	调质	≤100	229～286	800	520	400	205	
			>100～300	219～269	750	450	350	185	
	40MnB	调质	25	207	1 000	800	485	280	
			≤200	241～286	750	500	335	195	
			≤60		650	400	280	160	

注：当作用在轴上的弯矩比转矩小或只受转矩时，C 取较小值；否则，C 取较大值。

15.2.2 初步计算轴的直径

轴的设计不同于一般零件的设计计算。对于既受扭矩又受弯矩作用的转轴，在轴的结构设计未进行前，则轴的跨度（轴的支承位置）和轴上零件的位置均未确定，因此，就无法作出轴的弯矩图并确定其危险截面，也就不能进行弯、扭组合变形下的强度计算。然而，在轴的结构设计时,需要初定轴端直径时又不能毫无根据,而必须以强度计算为基础才能进行。可见轴的强度设计和结构设计互相依赖、互为前提。在工程中,时常会遇到这种类似情况。

解决上述问题的办法是先不考虑弯矩(未知)对轴强度的影响,而只考虑扭矩(已知)的作用,即按纯扭转时的强度条件来估算轴的直径,并作为轴的最小直径,通常为轴端直径。至于弯矩对轴强度的影响,可由以下两方面给予考虑:

①降低扭转强度计算时,材料的许用切应力$[\tau]$的值;

②为了结构设计的需要,各轴段的直径都要在轴端最小直径的基础上逐渐加粗,也可抵消弯矩对轴强度的影响。

在初估轴径的基础上,就可进行轴的结构设计,定出支承位置和轴上零件的位置,得出受力点,作出弯矩图。于是可进行弯、扭同时作用下的强度校核。

下面就按扭矩来初估轴的直径,根据圆轴扭转时的强度条件可得

$$\tau = \frac{T}{W_T} \approx \frac{9.55 \times 10^6 \dfrac{P}{n}}{0.2d^3} \leq [\tau] \quad \text{MPa}$$

式中 $\tau, [\tau]$——轴的扭转切应力和许用扭转切应力,MPa;

T——轴所传递的转矩,$N \cdot mm$;

W_T——轴的抗扭截面系数,mm^3;

P——轴所传递的功率,kW;

n——轴的转速,r/min;

d——轴的估算直径,mm。

由上式可得轴的设计计算公式为

$$d \geqslant \sqrt[3]{\frac{9.55 \times 10^6}{0.2[\tau]}} \cdot \sqrt[3]{\frac{P}{n}} = C\sqrt[3]{\frac{P}{n}} \quad \text{mm} \tag{15.1}$$

式中,C 为由轴的材料和承载情况确定的常数,$C = \sqrt[3]{\dfrac{9.55 \times 10^6}{0.2[\tau]}}$,其值由表15.1查取。

当该段轴的剖面上开有键槽时,应增大轴径以考虑键槽对轴的强度的削弱。一般在有一个键槽时,轴径应增大3%~5%;有两个键槽时,应增大7%~10%。最后应将计算出的轴径圆整为标准直径。当该轴段与滚动轴承、联轴器、V带轮等标准零部件装配时,其轴径必须与标准零部件相应的孔径系列取得一致。

15.2.3 轴的结构设计

轴的结构设计就是在强度计算(求得轴端直径)的基础上,合理地定出轴的各部分的结构形状和尺寸。影响轴结构的因素很多,设计时应针对不同情况具体分析。但轴的结构设计原则上应满足如下要求:

①轴上零件有准确的位置和可靠的相对固定;

②良好的制造和安装工艺性;

③形状、尺寸应有利于减少应力集中。

下面分别进行讨论。

(1)轴上零件的布置

轴的结构应考虑合理布置轴上零件的要求。轴上零件布置合理,可改善轴的受力情况,提

高轴的强度、刚度。如图 15.5 所示为轴上两种不同布置方式,在传递相同的动力时,图 15.5(a)中的轴所受的最大扭矩为 $T_1 + T_2$。而采用图 15.5(b)布置时(输入轮在中间),轴受到的最大扭矩仅为 T_1,因此,两者所需的轴径和轴的结构也不同。

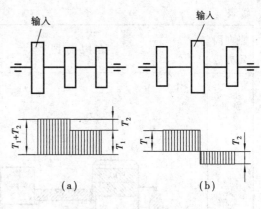

图 15.5　合理布置轴上零件

同理,对于中间传动轴(属简支梁),其轴上传动零件应尽量采取对称布置;对于动力输入轴和输出轴(属外伸梁),其外伸端的传动零件应尽量靠近轴承布置,以减少外伸长度;对于同一轴上多个零件受到轴向力作用时,应使轴向力相反,互相抵消。

(2)轴上零件的定位和固定

轴上零件的定位是为了保证传动件在轴上有准确的安装位置;固定则是为了保证轴上零件在运转中保持原位不变。作为轴的具体结构,既起定位作用又起固定作用。

1)轴上零件的轴向定位和固定　为了防止零件的轴向移动,通常采用下列结构形式以实现轴向固定:轴肩、轴环、套筒、圆螺母和止退垫圈、弹性挡圈、螺钉锁紧挡圈、轴端挡圈以及圆锥面和轴端挡圈等,其特点及应用如表 15.2 所示。

2)轴上零件的周向定位　周向定位的目的是为了限制轴上零件相对于轴的转动,以满足机器传递扭矩和运动的要求。常用的周向定位方法有销、键、花键、过盈配合和成形联接等,其中,以键和花键联接应用最广。

表 15.2　轴上零件的轴向固定方法

轴向固定方法	结 构 简 图	特点及应用	设计注意要点
轴肩与轴环		结构简单,定位可靠,不需附加零件,能承受较大的轴向力。应用于轴向力较大,且不致过多地增加轴的阶梯数的场合 使用轴肩实现轴向定位会使轴的直径加大,且在轴肩处会因剖面的突变而引起应力集中,轴肩过多也将不利于加工	图中 h 为轴肩定位高度,一般取 $(0.07 \sim 0.1)d$ 轴环 $b = 1.4h$ 为便于滚动轴承的装拆,滚动轴承定位轴肩的高度必须低于轴承内圈端面的高度,其值详见相关机械设计手册 非定位轴肩的高度无严格规定,一般取 $1.5 \sim 2$ mm

续表

轴向固定方法	结 构 简 图	特点及应用	设计注意要点
套筒		减少轴肩,避免了轴的直径增大,简化了轴的结构,减小了轴的应力集中,但增加了零件数目 应用于轴上两零件相近时的轴向固定 不宜用于高速轴上的零件的轴向固定	套筒与轴的配合较松;轴段长度 l 应小于零件的宽度 b 为便于滚动轴承的装拆,用于滚动轴承内圈轴向定位的套筒的外径应低于滚动轴承内圈
轴承端盖		轴承端盖用螺钉或榫槽与箱体联接而使滚动轴承的外圈实现轴向固定 一般情况下,整个轴的轴向固定常用轴承端盖来实现	见相关机械设计手册
轴端挡圈		工作可靠,能承受较大的轴向力,应用广泛 螺栓紧固轴端挡圈的结构尺寸见GB/T 892—1986(单孔)及 JB/ZQ 4349—1986(双孔)	只应用于轴端 应采用止动垫片等防松措施

续表

轴向固定方法	结 构 简 图	特点及应用	设计注意要点
圆锥面		轴上零件装拆方便,能消除轴与轴毂间的径向间隙,且可兼做周向固定,能承受冲击载荷 多应用于轴上零件与轴的对中性要求较高或高速、受振动的场合。圆锥形轴见GB/T 1570—1990	只应用于轴端 圆锥面轴端只能实现轴上零件的单向固定,因此,常与轴端挡圈联合使用,以实现轴上零件的双向固定
圆螺母		固定可靠,可承受较大的轴向力。能实现轴上零件的间隙调整 在切螺纹处有很大的应力集中,降低了轴的疲劳强度 应用于轴上两零件距离较大处或轴端零件的轴向固定	宜采用细牙螺纹,以减小切制螺纹后对轴的强度的削弱 为防止松动,需加止动垫圈或使用双螺母
弹性挡圈		结构简单、紧凑,装拆方便,但轴上切槽处的轴段应力集中较大,当切槽处位于受载荷轴段时,轴的强度削弱严重 受轴向力较小 常用于滚动轴承的轴向定位	通常与轴肩联合使用 轴上所开槽的精度要求高

续表

轴向固定方法	结 构 简 图	特点及应用	设计注意要点
紧定螺钉与锁紧挡圈	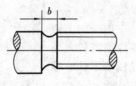 紧定螺钉 锁紧挡圈	结构简单,受力较小 轴向力较小时使用 不宜用于高速轴的轴上零件的固定 紧定螺钉用孔的结构尺寸见 GB/T 71—1985	

(3)轴的结构工艺性

1)轴的形状应力求简单,以便于加工和检验。为了装配和定位方便,一般采用阶梯轴,但应做到在满足装配要求的前提下,阶梯数应尽可能少。若轴上阶梯数过多,加工时对刀、调整或更换刃、量具的次数将会增加,同时也会使轴上的应力集中增多。

2)轴上某一段需要车削螺纹时,其直径应符合螺纹标准。在车削螺纹或磨削加工时,应留有退刀槽(见图15.6)或砂轮越程槽(见图15.7)。

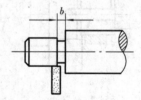

图15.6 螺纹退刀槽   图15.7 砂轮越程槽

3)阶梯轴上的轴肩处若装有零件,为了保证零件能紧贴轴肩端面,轴肩处的过渡圆角半径 r 应小于零件的圆角半径 R 或倒角 C。配合表面处的圆角半径或倒角尺寸应符合标准。

4)在不同轴段开设键槽时,应使各键槽沿轴的同一母线布置。在同一轴段开设几个键槽时,各键槽应对称布置。

5)轴端应有倒角,以利于装配时的对中和避免轴端擦伤装配零件的孔壁。轴端倒角一般为45°(见图15.8)。有较大过盈配合处的压入端应加工出半锥面为10°或30°的导向锥面(见图15.9)。

6)轴上直径相近处的圆角、倒角、退刀槽、越程槽和键槽尺寸应尽量相同,以减少加工时刃、量具的数量和节约换刀时间。

(4)确定各轴段的长度

上面由扭转强度确定了轴段直径(最小直径);又根据结构要求,确定了需要的定位轴肩和装配轴肩(非定位轴肩)及其相应的轴肩高度。实际上也是确定了各轴段的直径。在确定

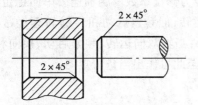
图 15.8　倒角

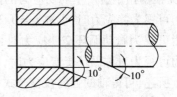
图 15.9　锥角

各轴段的长度时,应主要依据以下几点:

1)对于装有传动件、轴承和联轴器等的轴段,其长度主要取决于轴上零件的轮毂长度。

2)机器工作时,各零件间不能发生干涉(相碰),因此,相对运动的零件间隙应留有必要的空隙。

3)在机器的装拆过程中,要保证零件、工具和操作者所需的必要活动空间。

具体的确定方法详见后面轴的设计实例分析。

15.2.4　轴的强度校核

上面按扭转强度条件求出轴的最小直径(轴端直径)d 时,暂时略去了弯矩对轴强度的影响。因此,在 d 的基础上进行轴的结构设计时,加大了各轴段的直径,这一方面满足了轴上零件的轴向定位和便于装拆等结构设计的要求;另一方面也就定性地补偿了弯矩对轴强度的影响。其结果是否满足转轴在弯、扭同时作用下的强度要求,还需要进一步进行定量计算,即进行强度校核才能最终确定。

(1)轴的合成弯矩 M 和扭矩 T

鉴于轴的结构设计中已确定了轴上零件的位置和轴的跨距等,再计算出轴上传动件所受的力的大小和方向,即可得到轴上所受的全部外力的大小、方向和作用点,因而可作出水平面内的受力图和弯矩图(即 M_{H} 图)、垂直面内的受力图和弯矩图(即 M_{v} 图)。并可用下式求出合成弯矩 M 为

$$M = \sqrt{M_{\mathrm{H}}^2 + M_{\mathrm{V}}^2}$$

由此可作出合成弯矩图(即 M 图),再根据轴上所受的扭矩作出扭矩图(即 T 图)。

(2)轴的当量弯矩

转轴同时受到弯矩和扭矩的作用,即同时受到弯曲正应力 σ 和扭转剪应力 τ 的作用,可根据材料力学中的第三强度理论,将两种应力合成为弯曲正应力 σ_{e} 为

$$\sigma_{\mathrm{e}} = \frac{\sqrt{M^2 + T^2}}{W}$$

由此可求得当量弯矩为

$$M_{\mathrm{e}} = \sqrt{M^2 + T^2}$$

(3)当量弯矩的修正和强度校核公式

考虑到弯矩 M 作用下产生的弯曲正应力 σ(为对称循环)与扭矩 T 作用下产生的扭转切应力的应力 τ 性质不同,故在计算当量弯矩时,上式应修正为

$$M_{\mathrm{e}} = \sqrt{M^2 + \alpha T^2}$$

式中,α 为根据扭矩所产生的切应力的性质而定的应力修正系数。当轴连续单向稳定运转,扭转切应力可视为静应力时,可取 $\alpha = 0.3$;当轴单向运转,但频繁启动和(或)转速经常变动,扭转切应力可视为脉动循环交变应力时,可取 $\alpha = 0.6$;当轴双向运转、频繁启动、换向和变速扭转切应力可视为对称循环交变应力时,可取 $\alpha = 1$。至此可作出当量弯矩图。

综上所述,可得轴的强度校核公式为

$$\sigma = \frac{M_e}{W} = \frac{M_e}{0.1d^3} \leq [\sigma_{-1}]_b \tag{15.2}$$

式中 $[\sigma_{-1}]_b$——对称循环应力下轴的许用弯曲应力,其值见表15.3。

还需要说明以下几点:

1)计算结果若强度不够,应修改结构设计,适当地加大轴的直径。如强度足够,即使强度裕度较大,一般就以结构设计的轴径为准。这是因为:

①所选用来进行强度校核的危险截面可能不准确。对于各段轴径不同的阶梯轴,其危险截面可能是弯矩最大的截面,也可能是轴径最小的截面或弯矩较大而轴径较小的截面。

②未计算危险截面上的键槽对轴强度的削弱。

③未考虑应力集中对轴疲劳强度的影响。

④未进行刚度验算。

⑤未涉及轴的振动和共振问题。

2)对于重要的轴,应考虑应力集中等因素的影响,进一步进行安全系数法的校核。

3)对于刚度要求较高的电动机轴、机床主轴等还应进行刚度计算。

4)对于高速运转的轴,还应进行振动稳定性计算。

以上几方面的计算,需要时可参考其他有关文献。而对于转速不高、刚度较好的一般用途的轴,如减速器的轴,只需进行强度校核即可。

表 15.3 轴的许用弯曲应力/MPa

材　料	σ_b	$[\sigma_{+1}]_b$	$[\sigma_0]_b$	$[\sigma_{-1}]_b$
碳素钢	400	130	70	40
	500	170	75	45
	600	200	95	55
	700	230	110	65
合金钢	800	270	130	75
	900	300	140	80
	1 000	330	150	90
	1 200	400	180	110
铸钢	400	100	50	30
	500	120	70	40

注:表中 σ_b 为抗粒强度,$[\sigma_{+1}]_b$、$[\sigma_0]_b$、$[\sigma_{-1}]_b$ 分别为静应力状态、脉动循环、对称循环下的许用弯曲应力。

15.2.5　绘制轴的零件图（受篇幅限制，本章略）

15.2.6　轴的设计实例分析

例 15.1　试设计如图 15.10 所示二级直齿圆柱齿轮减速器的中间轴，绘出轴的结构图并校核轴的疲劳强度。已知中间轴传递的功率 $P_{II} = 2.65$ kW，转速 $n = 320$ r/min，轴上大齿轮的分度圆直径 $d_2 = 148$ mm，齿宽 $b_2 = 45$ mm，小齿轮的分度圆直径 $d_3 = 55$ mm，齿宽 $b_3 = 60$ mm。

解　1）选择轴的材料

该轴无特殊要求，因而选用调质处理的 45 号钢，由表 15.1 可知，$\sigma_b = 650$ MPa。

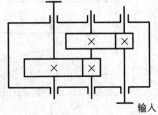

图 15.10　二级直齿圆柱齿轮减速器

2）初步估算轴径

按扭转强度估算最小轴径，由式 15.1 和表 15.1 可得

$$d \geqslant C \sqrt[3]{\frac{P}{n}} = (118 \sim 112)\sqrt[3]{\frac{2.65}{320}} \text{ mm} = 23.87 \sim 22.66 \text{ mm}$$

考虑到与轴配合的滚动轴承的内径为标准值，故取 $d = 25$ mm。

3）轴的结构设计

①轴上零件的轴向定位

两齿轮的一端靠轴肩定位，另一端靠套筒定位，装拆、传力均较方便；两端轴承常用同一尺寸，以便于购买、加工、安装和维修；为便于装拆轴承，轴承处套筒高度不宜太高，其高度的最大值可从轴承标准中查得。

②轴上零件的周向定位

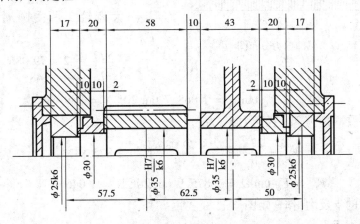

图 15.11　轴的设计

齿轮与轴的周向定位均采用平键联接及过渡配合，根据设计手册，键剖面尺寸为 $b \times h = 10 \times 8$，配合均用 H7/k6；滚动轴承内圈与轴的配合采用基孔制，轴的配合为 k6。

③确定各段轴径和长度

轴径：从左端轴承向右取 $\phi 25 \rightarrow \phi 30 \rightarrow \phi 35 \rightarrow \phi 42 \rightarrow \phi 35 \rightarrow \phi 30 \rightarrow \phi 25$。

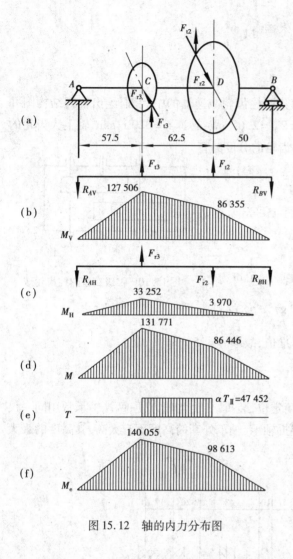

(a)

57.5   62.5   50

(b) M_V R_{AV} 127 506   86 355 R_{BV}

(c) M_H R_{AH} 33 252 F_{r2} 3 970 R_{BH}

(d) M 131 771   86 446

(e) T $\alpha T_{II} = 47\ 452$

(f) M_e 140 055   98 613

图 15.12 轴的内力分布图

轴长:取决于轴上零件的宽度和它们的相对位置。由于是直齿,故选用一对深沟球轴承,由轴承内径 25 mm,查手册选用 6205 轴承,其宽度为 17 mm,齿轮端面到箱壁间的距离取 10 mm,两齿轮之间的距离亦为 10 mm,考虑轴承采用脂润滑,取轴承与箱内边距为 10 mm,且轴上设置挡油环;为保证齿轮定位可靠,与齿轮配合的轴段长度应比齿轮宽度约小 2 mm。各段长度如图 15.11 所示。

④考虑轴的结构工艺性

在轴的左端与右端均制成 2 × 45° 倒角,为便于加工,两齿轮处的键槽布置在同一母线上,并取同一剖面尺寸。

4)轴的强度校核

先作出轴的受力图,如图 15.12(a)所示,取集中载荷作用于齿轮及轴承的中点。

①求齿轮上的作用力

中间轴所传递的扭矩 T_{II} 为

$$T_{II} = 9.55 \times 10^6 \frac{P_2}{n_2} = 9.55 \times 10^6 \times$$

$$\frac{2.65}{320} \text{N} \cdot \text{mm} = 79\ 086 \text{ N} \cdot \text{mm}$$

大齿轮 2 所受圆周力 F_{t2}、径向力 F_{r2} 为

$$F_{t2} = \frac{2T_{II}}{d_2} = \frac{2 \times 79\ 086}{148} \text{ N} = 1\ 068.7 \text{ N}$$

$$F_{r2} = F_{t2} \tan \alpha = 1\ 068.7 \tan 20° \text{ N} = 389 \text{ N}$$

小齿轮 3 所受圆周力 F_{t3}、径向力 F_{r3} 为

$$F_{t3} = \frac{2T_{II}}{d_3} = \frac{2 \times 79\ 086}{55} \text{ N} = 2\ 875.9 \text{ N}$$

$$F_{r3} = F_{t3} \tan \alpha = 2\ 875.9 \tan 20° \text{ N} = 1\ 046.7 \text{ N}$$

②求垂直面的支反力,作弯矩图

垂直面上的支反力:

$$R_{AV} \times (57.5 + 62.5 + 50) - F_{t3} \times (62.5 + 50) - F_{t2} \times 50 = 0$$

$$R_{AV} = 2\ 217.5 \text{ N}$$

$$- R_{BV} \times (57.5 + 62.5 + 50) + F_{t2} \times (57.5 + 62.5) + F_{t3} \times 57.5 = 0$$

$$R_{BV} = 1\ 727.1 \text{ N}$$

垂直面 C 处的弯矩:$M_{CV} = R_{AV} \times 57.5 = 127\ 506 \text{ N} \cdot \text{mm}$

254

垂直面 D 处的弯矩：$M_{DV} = R_{BV} \times 50 = 86\,355$ N·mm

③求水平面上的支反力，作弯矩图

$$R_{AH} \times (57.5 + 62.5 + 50) - F_{r3} \times (62.5 + 50) + F_{r2} \times 50 = 0$$

$$R_{AH} = 578.3 \text{ N}$$

$$-R_{AH} \times (57.5 + 62.5 + 50) - F_{r2} \times (62.5 + 57.5) + F_{r3} \times 57.5 = 0$$

$$R_{BH} = 79.4 \text{ N}$$

水平面 C 处的弯矩：$M_{CH} = R_{AH} \times 57.5 = 33\,252$ N·mm

水平面 D 处的弯矩：$M_{DH} = R_{BH} \times 50 = 3\,970$ N·mm

④求合成弯矩，并画出合成弯矩图

$$M_C = \sqrt{M_{CV}^2 + M_{CH}^2} = \sqrt{127\,506^2 + 33\,252^2} \text{ N·mm} = 131\,771 \text{ N·mm}$$

$$M_D = \sqrt{M_{DV}^2 + M_{DH}^2} = \sqrt{86\,355^2 + 3\,970^2} \text{ N·mm} = 86\,446 \text{ N·mm}$$

⑤作出扭矩图

对脉动循环扭矩，取 $\alpha = 0.6$

$$\alpha T_{II} = 0.6 \times 79\,086 \text{ N·mm} = 47\,452 \text{ N·mm}$$

⑥作当量弯矩图

$$M_{Ce} = \sqrt{M_C^2 + (\alpha T_{II})^2} = \sqrt{131\,771^2 + 47\,452^2} \text{ N·mm} = 140\,055 \text{ N·mm}$$

$$M_{De} = \sqrt{M_D^2 + (\alpha T_{II})^2} = \sqrt{86\,446^2 + 47\,452^2} \text{ N·mm} = 98\,613 \text{ N·mm}$$

⑦校核轴的强度　由图 15.12 可知，受载荷最大的截面在小齿轮轮毂中点 C 处，此截面虽有键槽，但仍可近似用 $W \approx 0.1d^3$ 计算，由式(15.2)得

$$\sigma_{Ce} = \frac{M_{Ce}}{W} = \frac{140\,055}{0.1 \times 35^3} \text{ MPa} = 32.7 \text{ MPa} < [\sigma] = 55 \text{ MPa}$$

满足强度要求。

习 题 15

15.1　轴的功用是什么？

15.2　试说明下列几种轴材料的适用场合：Q235A，45，40Cr，20CrMnTi，QT600—2。

15.3　在齿轮减速器中，为什么低速轴的直径要比高速轴粗得多？

15.4　从轴的结构工艺性来看，在作轴的设计时应注意哪些问题？

15.5　如图 15.13 所示为几种轴上零件的轴向定位和固定方式，试指出其设计错误，并画出改正图。

15.6　如图 15.14 所示为一单级直齿圆柱齿轮减速器，图中 V 带和齿轮均为水平传动，动力由轴伸端的 V 带传来，已知 V 带的压轴力 $F_Q = 4\,850$ N，传递的功率 $P = 40$ kW，主动轴的转速 $n_1 = 580$ r/min，主动齿轮的齿数 $z_1 = 24$，模数 $m = 5$ mm，压力角 $\alpha = 20°$。经结构设计主动轴两端采用深沟球轴承支承，齿轮居中布置。并将主动轴分成 7 个轴段，见图 15.14(b)，其中轴段Ⅶ的直径 $d_7 = 60$ mm，轴段 Ⅰ，Ⅴ 的直径 $d_1 = d_5 = 70$ mm，轴段Ⅲ的直径 $d_3 = 75$ mm，轴的跨距 $l = 180$ mn，轴伸长度 $a = 110$ mm。主动轴选用 45 钢，正火。试求：

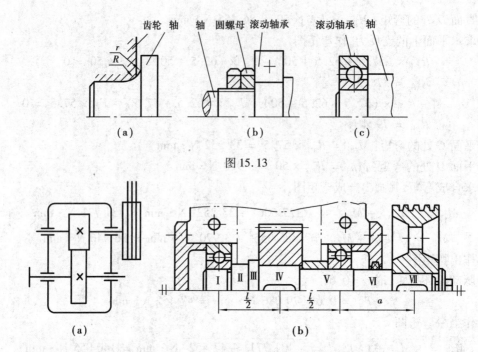

图 15.13

图 15.14

1）按扭转强度计算轴伸端直径 $d_7 = 60$ mm 是否合适？

2）分析结构设计中，哪些是定位轴肩，哪些是装配轴肩，并请定出轴径 d_2, d_3, d_4 和 d_6（说明理由）？ 说明确定轴段Ⅲ，Ⅶ的长度有什么要求？

3）根据弯、扭组合变形，校核轴的强度。

要求画出受力图、弯矩图、扭矩图和当量弯矩图（取弯矩最大的截面处为危险截面）。

第 **16** 章

轴　承

轴承的功用是支承轴及轴上的零件,保持轴的旋转精度,减少转轴与支承之间的摩擦和磨损。根据支承处相对运动表面摩擦性质的不同,轴承可分为滑动轴承和滚动轴承。

16.1　滚动轴承的类型、代号和选择

滚动轴承是各种机械中普遍使用的标准件,具有摩擦阻力小、效率高、启动轻快和润滑简单等优点,因此,在各种机械设备中都获得了十分广泛的应用。一般机械设计中,滚动轴承不需自行设计,只需根据载荷、转速、旋转精度和工作条件等方面的要求,按标准选用。

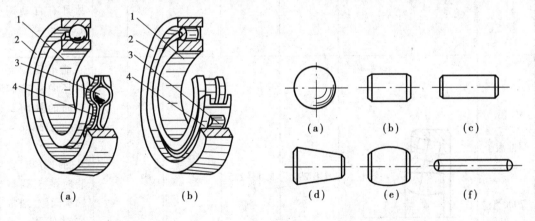

<table>
<tr><td>（a）　　　　（b）</td><td>（a）　　（b）　　（c）
（d）　　（e）　　（f）</td></tr>
<tr><td>图 16.1</td><td>图 16.2</td></tr>
</table>

通常,滚动轴承由内圈 1、外圈 2、滚动体 3 和保持架 4 组成(见图 16.1)。内圈装在轴颈上,外圈装在机座或零件的轴承孔内。工作时滚动体在内、外圈间的滚道上滚动,形成滚动摩擦。保持架的作用是把滚动体相互隔开。

16.1.1　滚动轴承的类型

按照滚动体的形状(见图 16.2),可将滚动轴承分为球轴承和滚子轴承。根据轴承承受载荷的方向,滚动轴承又可分为向心轴承(主要承受径向载荷)和推力轴承(主要承受轴向载

257

荷）。滚动轴承的滚动体与外圈滚道接触点的法线与径向平面之间的夹角 α 称为接触角，α 越大，轴承承受轴向载荷的能力也越大。向心轴承的公称接触角为 $0° \le \alpha \le 45°$，推力轴承的公称接触角为 $45° < \alpha \le 90°$。滚动轴承的常用类型如表 16.1 所示。

表 16.1　滚动轴承的主要类型及特征

轴承名称及类型代号	结构简图及承载方向	标准号	基本额定动载荷比	允许偏转角 δ	极限转速比	价格比	特　性
双列角接触球轴承 0 [6000 型]		GB 296	1.6~2.1		中		可同时承受径向载荷和轴向载荷，它比角接触球轴承具有更大的承载能力
调心球轴承 1 [1000 型]		GB 281	1~1.4	2°~3°	高	1.3	主要承受径向载荷，也可承受较小的双向轴向载荷。因外圈滚道表面是以轴承中心为中心的球面，故具有自动调心功能
圆锥滚子轴承 3 [7000 型]		GB 297	1.1~2.5	2′	中	1.5	能承受较大的径向载荷和单向的轴向载荷。接触角 $\alpha = 11° \sim 16°$，内、外圈可分离，安装时便于调整轴承间隙，通常成对使用。承载能力大于角接触球轴承

续表

轴承名称及类型代号	结构简图及承载方向	标准号	基本额定动载荷比	允许偏转角δ	极限转速比	价格比	特 性
推力球轴承 5 单向 51000 双向 52000 [8000型]	51000　52000	GB 301	1	0	低	单向：0.9 双向：1.8	套圈可分离。单向推力球轴承只能承受单向轴向载荷,两个套圈的内孔不一样大,内孔较小的是与轴相配合的紧圈,内孔较大的是与轴承座孔固定的松圈。双向推力球轴承可以承受双向轴向载荷,中间套圈为与轴相配合的紧圈,另两个套圈为松圈。工作时轴线必须与轴承座底面垂直,载荷必须与轴线重合,以保证钢球载荷的均匀分布
深沟球轴承 6 [0000型]		GB 276	1	8′~16′	高	1	主要承受径向载荷,也可同时承受较小的双向轴向载荷。当量摩擦因数小,极限转速高。结构简单,价格低廉,大量生产。在高速时可代替推力球轴承

续表

轴承名称及类型代号	结构简图及承载方向	标准号	基本额定动载荷比	允许偏转角δ	极限转速比	价格比	特 性
角接触球轴承 7 [6000型]		GB 292	1.0~1.4 （C） 1.0~1.3 （AC） 1.0~1.2 （B）	2′~10′	高	1.7	可同时承受径向载荷和单向的轴向载荷，也可单独承受轴向载荷。由于一个轴承只能承受单向的轴向载荷，因而一般成对使用。承受轴向载荷的能力由接触角α决定。α越大，承受轴向载荷的能力越强。α有15°（C），25°（AC），40°（B）3种
圆柱滚子轴承 N [2000型] NU [32000型]	N NU	GB 283	1.5~3	2′~4′	高	2	N型外圈可分离，NU型内圈可分离，不能承受轴向载荷，只能承受径向载荷。刚性好，承受冲击载荷能力强

16.1.2 滚动轴承的代号

滚动轴承类型较多,每一类型又有不同的尺寸和结构等多种规格。为便于设计、制造和使用,GB/T 272—93 规定了轴承代号的表示方法。滚动轴承代号由基本代号、前置代号和后置代号构成,其排列如下:

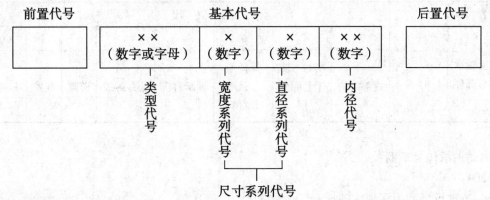

（1）基本代号

基本代号由轴承类型代号、尺寸系列代号和内径代号构成,它表示轴承的基本类型、结构和尺寸,是轴承代号的核心部分。

1）类型代号

轴承类型代号用数字或大写拉丁字母表示,其含义见表 16.1 第 1 列。

2）尺寸系列代号

①直径系列代号　表示内径相同的同类轴承有几种不同的外径和宽度。用数字 7,8,9,0,1,2,3,4,5 表示,外径和宽度依次增大,如图 16.3 所示。

②宽度系列代号　表示内、外径相同的同类轴承宽度的变化。宽度系列用数字 8,0,1,2,3,4,5,6 表示,宽度依次增加,其中,常用的为 0,1,2,3。当宽度系列代号为 0 时,可省略不标。但 3 类轴承不能省略。

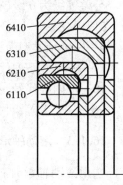

图 16.3　宽度系列代号

3）内径代号

常用轴承内径代号如表 16.2 所示。

表 16.2　轴承内径代号

内径代号	00	01	02	03	04 ~ 96
轴承内径/mm	10	12	15	17	内径代号 ×5

（2）前置、后置代号

前置、后置代号是轴承在结构形状、尺寸、公差及技术要求等有改变时,在基本代号左右添加的补充代号,其排列如表 16.3 所示。前置代号用字母表示,后置代号用字母（或加数字）表示。例如,角接触球轴承,内部结构代号表示公称接触角,代号 C 表示 $\alpha = 15°$;代号 AC 表示 $\alpha = 25°$;代号 B 表示 $\alpha = 40°$;代号 E 表示轴承是加强型。公差等级代号/P0,/P6,/P6x,/P5,

/P4、/P2 分别表示公差等级符合 0 级、6 级、6x 级、5 级、4 级、2 级，其中，/P0 在代号中省略不标。更详细的前置、后置代号的含义及表示方法参见 GB/T 272—93。对于一般用途的轴承，没有特殊改变，公差等级为/P0 级时，无前置、后置代号，即只用基本代号表示。

表 16.3　轴承的前置、后置代号的排列

前置代号	轴　承　代　号							
	基本代号	后　置　代　号						
		1	2	3	4	5	6	7	8
成套轴承的分部件		内部结构	密封与防尘套圈变形	保持架及其材料	轴承材料	公差等级	游隙	配置	其他

滚动轴承代号举例：

6204：

6——轴承类型为深沟球轴承；

(0)2——尺寸系列代号，宽度系列为 0（省略），2 为直径系列代号；

04——内径代号，$d = 4 \times 5 \text{ mm} = 20 \text{ mm}$；

公差等级为 0 级（公差等级代号/P0 省略）

61710/P6：

6——轴承类型为深沟球轴承；

17——尺寸系列代号，宽度系列为 1,7 表示直径系列代号；

10——内径代号，$d = 10 \times 5 \text{ mm} = 50 \text{ mm}$；

P6——公差等级代号，轴承公差等级为 6 级。

16.1.3　滚动轴承的选择

选用滚动轴承时，首先是选择其类型。选择滚动轴承类型应考虑的因素有：轴承所受载荷的大小、方向和性质；轴向固定方式；转速与工作环境；空间位置；调心性能、经济性和其他特殊要求等。表 16.1 列出了各类轴承的特性，可根据此表并参考下列原则来正确选择滚动轴承：

（1）载荷条件

轴承所承受载荷的大小、方向和性质是选择轴承类型的主要依据。

1）载荷的大小　载荷较大、有冲击时，应选用线接触的滚子轴承；载荷较小及较平稳时，应优先选用点接触的球轴承。

2）载荷的方向　对于纯轴向载荷，一般选用推力轴承，如 5 类轴承。对于纯径向载荷，一般选用径向轴承，如 6 类、N 类、NA 类。当轴承同时承受径向载荷和轴向载荷时，若轴向载荷相对径向载荷较小，可选用深沟球轴承或公称接触角不大的角接触轴承，如 6 类、7 类；若轴向载荷较大时，则选用公称接触角较大的角接触轴承（如 7 类、3 类轴承），或推力轴承与深沟球轴承（或圆柱滚子轴承）的组合（这在轴向载荷超过径向载荷较多或要求变形较小时尤为适宜）。推力轴承不能承受径向载荷，圆柱滚子轴承不能承受轴向载荷。

（2）**转速条件**

在一般转速下，转速的高低对类型的选择不产生影响，但在转速较高时，则影响较为显著。轴承标准中列出了各种类型、尺寸轴承的极限转速 n_{lim} 值。

滚子轴承的极限转速较球轴承低，因而当转速较高且旋转精度要求较高时，应选用球轴承。推力轴承的极限转速均较低，当工作转速高时，若轴向载荷不十分大，可采用角接触球轴承或深沟球轴承。在外径相同的条件下，外径愈小，则滚动体愈轻小，运转时滚动体施加于外圈滚道上的离心力也愈小，也就更适用于更高的转速，因而在高速时，宜选用尺寸小的轴承。

（3）**轴承刚度及调心性能**

滚子轴承的刚度比球轴承高，因而对轴承刚度要求高的场合宜选用滚子轴承。

若装配一根轴的两个轴承座孔的同心度难以保证，或轴受载荷作用后发生较大的挠曲变形，则应选用具有调心性能的轴承。

（4）**装调性能**

便于装调，也是在选择轴承类型时应考虑的一个因素。在轴承座没有剖分面而又必须沿轴线装配和拆卸轴承部件时，应选用内、外圈可分离的 3 类（圆锥滚子轴承）或 N 类（圆柱滚子轴承）轴承。有时由于轴承安装尺寸的限制，如当轴承径向尺寸不允许太大时，可考虑选用滚针轴承。

（5）**经济性**

在满足使用要求的前提下，应优先选用价格低廉的轴承。一般球轴承的价格较滚子轴承低。轴承的精度越高则价格越高，在同等精度的轴承中深沟球轴承的价格最低。同型号不同精度等级轴承的价格比为：P0∶P6∶P5∶P4∶P2 = 1∶1.5∶1.8∶6∶10，因此，必须慎重选用高精度轴承。

16.2 深沟球轴承的寿命计算

16.2.1 滚动轴承的失效形式

滚动轴承的失效形式主要有以下 3 种：

1）疲劳点蚀 在轴承工作过程中，滚动体和内圈（或外圈）不断转动，滚动体与滚道表面的接触应力将按脉动循环变化。工作若干时间后，滚动体、内圈和外圈的接触表面上都可能发生疲劳点蚀。轴承发生疲劳点蚀后，运转时将产生噪声和振动，同时还将导致旋转精度降低、摩擦阻力增大和发热等现象，使轴承很快失去工作能力。

2）塑性变形 当轴承在极低转速下使用时，由于表面接触应力变化次数很少，不会出现疲劳点蚀现象。但若载荷过大，滚动体或内、外圈滚道表面会产生塑性变形，使轴承失效。

3）磨损 即使在润滑和密封良好的情况下，轴承也会发生磨损。磨损后轴承间隙增大，旋转精度降低，引起噪声和振动，使轴承失效。

此外，由于轴承的配合和安装不当，在轴承中引起极大的附加载荷，有时会使套圈或滚动体破裂。轴承转速高时,离心力增大,也会引起保持架的严重磨损和破裂。

实践表明,在一般使用条件下,如果轴承组合件设计合理,类型和尺寸选择恰当,安装、润滑、密封和维护正常,滚动轴承的主要失效形式是疲劳点蚀。因此,疲劳点蚀是滚动轴承寿命计算和尺寸选择的主要依据。

16.2.2　滚动轴承的寿命和额定动载荷

轴承的疲劳点蚀与轴承的载荷和工作总转数有关。在一定的载荷下,轴承的任一滚动体或内、外圈滚道上出现疲劳点蚀前所经历的总转数,或在一定转速下所经历的工作小时数称为滚动轴承的寿命。实验和试验研究表明,一批同型号的轴承,由于其制造精度、材料、热处理等方面不可避免的差异,即使在同样工作条件下使用,其使用寿命也相差很多倍,这种现象称为轴承寿命的离散性。故不能以单个轴承寿命作为计算依据,为此引进额定寿命的概念。

一批同样的轴承,在相同条件下运转,其中 90% 的轴承不发生疲劳点蚀时所能达到的寿命称为轴承的基本额定寿命,用 L 表示,其单位为 $10^6 r$(10^6 转)。

显然,轴承的基本额定寿命与轴承所受的载荷有关。载荷愈大,其基本额定寿命愈短;反之,则愈长。为此在轴承标准中,引进了基本额定动载荷这一概念。基本额定动载荷 C 指一批同样的轴承,其额定寿命为 $10^6 r$ 时的载荷值,其单位为 N。基本额定动载荷 C 是衡量轴承承载能力的主要指标。基本额定动载荷对向心轴承指的是径向载荷,对推力轴承指的是轴向载荷。各种轴承在正常工作温度($t \leqslant 120$ ℃)下的基本额定动载荷 C 可由有关手册查得。当轴承温度高于 120 ℃时,因材料、金属组织及硬度等的变化,基本额定动载荷将降低。故引进温度系数 f_t,对 C 值加以修正。系数 f_t 如表 16.4 所示。

表 16.4　温度系数 f_t

轴承的工作温度/℃	≤120	125	150	175	200	225	250	300	350
温度系数 f_t	1.00	0.95	0.90	0.85	0.80	0.75	0.70	0.60	0.50

轴承工作时,实际上往往同时受到径向载荷和轴向载荷作用,而两者对轴承寿命的影响是不一样的。为了表示两种载荷同时作用的效果,可引进当量动载荷 P,该当量动载荷单独作用时轴承的额定寿命与上述两种载荷同时作用时的相同。

大量的实验分析表明,滚动轴承的额定寿命 L、额定动载荷 C 和当量动载荷 P 之间的关系为

$$L = \left(\frac{C}{P} \right)^{\varepsilon} \qquad 10^6 r$$

式中　P——当量动载荷,N;

　　　L——基本额定寿命,$10^6 r$;

　　　ε——寿命指数,球轴承 $\varepsilon = 3$,滚子轴承 $\varepsilon = 10/3$。

实际计算时,用小时数表示轴承寿命比较方便。以 n 表示轴承转速(r/min),以 L_h 表示以小时计算的额定寿命,则上式可写为

$$L_{\mathrm{h}} = \frac{10^6}{60n}\left(\frac{C}{P}\right)^{\varepsilon} = \frac{16\ 667}{n}\left(\frac{C}{P}\right)^{\varepsilon} \qquad (16.1)$$

式(16.1)即为轴承寿命的计算式。

考虑温度系数,则式(16.1)变为

$$L_{\mathrm{h}} = \frac{10^6}{60n}\left(\frac{f_{\mathrm{t}}C}{P}\right)^{\varepsilon} = \frac{16\ 667}{n}\left(\frac{f_{\mathrm{t}}C}{P}\right)^{\varepsilon} \qquad (16.2)$$

16.2.3 深沟球轴承的当量动载荷计算

当量动载荷 P 根据作用在轴承上的径向载荷 F_{r} 和轴向载荷 F_{a} 求得。考虑到冲击、振动及传动不平稳等因素会使轴承寿命降低,故需引进动载荷系数对当量动载荷进行修正。当量动载荷的计算式为

$$P = f_{\mathrm{P}}(XF_{\mathrm{r}} + YF_{\mathrm{a}}) \qquad (16.3)$$

式中 f_{P}——动载荷系数,见表16.5;

　　 X——径向载荷系数,见表16.6;

　　 Y——轴向载荷系数,见表16.6。

表 16.5　动载荷系数 f_{P}

载荷性质	无冲击或轻微冲击	中等冲击	剧烈冲击
f_{P}	1.0 ~ 1.2	1.2 ~ 1.8	1.8 ~ 3.0

表 16.6　深沟球轴承的 X,Y 值

$\dfrac{F_{\mathrm{a}}}{C_{0\mathrm{r}}}$	e	单列轴承				双列轴承(或成对安装单列轴承)			
		$\dfrac{F_{\mathrm{a}}}{F_{\mathrm{r}}} \leqslant e$		$\dfrac{F_{\mathrm{a}}}{F_{\mathrm{r}}} > e$		$\dfrac{F_{\mathrm{a}}}{F_{\mathrm{r}}} \leqslant e$		$\dfrac{F_{\mathrm{a}}}{F_{\mathrm{r}}} > e$	
		X	Y	X	Y	X	Y	X	Y
0.014	0.19				2.30				2.30
0.028	0.22				1.99				1.99
0.056	0.26				1.71				1.71
0.084	0.28				1.55				1.55
0.11	0.30	1	0	0.56	1.45	1	0	0.56	1.45
0.17	0.34				1.31				1.31
0.28	0.38				1.15				1.15
0.42	0.42				1.04				1.04
0.56	0.44				1.00				1.00

注:1. $C_{0\mathrm{r}}$ 为径向额定静载荷,由表16.7中查得。

　　2. e 为轴向载荷影响系数,用以判别轴向载荷 F_{a} 对当量动载荷 P 影响的程度。

表 16.7　深沟球轴承的额定动载荷 C 和额定静载荷 C_{0r} 值/N

轴承型号	C	C_{0r}	轴承型号	C	C_{0r}	轴承型号	C	C_{0r}
6004	7 200	4 450	6204	9 880	61 800	6304	12 200	7 780
6005	7 740	5 180	6205	10 800	69 500	6305	17 200	11 200
6006	10 200	6 880	6206	15 000	100 000	6306	20 800	14 200
6007	12 300	8 600	6207	19 800	13 500	6307	25 800	17 800
6008	12 900	9 420	6280	22 800	15 800	6308	31 200	22 200
6009	16 000	11 800	6209	24 500	17 500	6309	40 800	29 800
6010	16 000	12 800	6210	27 000	19 800	6310	47 500	35 600
6011	21 700	15 800	6211	33 500	25 000	6311	55 200	41 800
6012	23 500	19 200	6212	36 800	27 800	6312	62 800	48 500
6013	24 700	19 800	6213	44 000	34 000	6313	72 200	56 500
6014	29 700	24 200	6214	46 800	37 500	6314	80 200	63 200
6015	30 800	26 000	6215	50 800	41 200	6315	87 200	71 500
6016	36 500	31 000	6216	55 000	44 800	6316	94 500	80 000
6017	39 000	33 500	6217	64 000	53 200	6317	102 000	89 200
6018	44 500	39 000	6218	73 800	60 500	6318	11 200	100 000
6019	44 500	39 000	6219	84 800	70 500	6319	122 000	112 000
6020	49 500	43 800	6220	94 000	79 000	6320	132 000	132 000

例 16.1　一带式输送机上单级齿轮减速器从动轴用两个 $d = 35$ mm 的 6307 深沟球轴承支承,如图 16.4 所示。已知轴承所受径向载荷 $F_{r1} = 3\ 000$ N,$F_{r2} = 2\ 200$ N,轴向外载荷 $F_A = 800$ N,轴承转速 $n = 500$ r/min,运转过程中有中等冲击,求该轴承的寿命。

解　1)计算轴承的当量动载荷

由于输送机工作时有中等冲击,由表 16.5 取 $f_P = 1.5$。

轴承 2 不受轴向载荷,其当量动载荷 $P_2 = f_P F_{r2} = 1.5 \times 2\ 200$ N $= 3\ 300$ N;轴承 1 所受轴向载荷为 $F_{a1} = F_A = 800$ N,则由式(16.3)有:$P_1 = f_P(X F_{r1} + Y F_{a1})$。

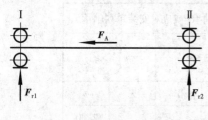

图 16.4

查表 16.7 可知 6307 轴承 $C_{0r} = 17\ 800$ N,$C = 25\ 800$ N,则 $F_{a1}/C_{0r} = 800/17\ 800 = 0.045$,查表 16.6 并利用线性插值法可求得

$$e = 0.22 + \frac{0.26 - 0.22}{0.056 - 0.028} \times (0.045 - 0.028) = 0.24$$

$$\frac{F_{a1}}{F_{r1}} = \frac{800}{3\ 000} = 0.27 > e,\text{由表 16.6 查得}$$

$$X = 0.56, Y = 1.99 - \frac{1.99 - 1.71}{0.056 - 0.028} \times (0.045 - 0.028) = 1.82$$

故　　　　$P_1 = 1.5 \times (0.56 \times 3\ 000 + 1.82 \times 800)$ N $= 4\ 704$ N

2)求轴承的寿命

因 $P_1 > P_2$,故以轴承 1 为准计算轴承的寿命,即

$$L_h = \frac{10^6}{60n}\left(\frac{C}{P_1}\right)^\varepsilon = \frac{10^6}{60 \times 500} \times \left(\frac{25\ 800}{4\ 704}\right)^3 \mathrm{h} = 5\ 495\ \mathrm{h}$$

16.3 滚动轴承的组合设计

为保证轴承正常工作,除正确选择轴承型号外,还必须合理地设计轴承组合的结构。通常,轴承组合的结构设计要考虑以下问题:

16.3.1 轴系的轴向固定

为了使轴和轴上零件在机器中有确定的位置,并能承受轴向载荷,除游动支承外,轴承的内圈必须在轴上沿轴向固定,轴承的外圈也必须在轴承座中沿轴向固定。常见的轴向固定方式有三种,即两端单向固定、一端固定一端游动式和两端游动式,本节讲前面两种。

(1)**两端单向固定**

如图 16.5 所示,这种固定方式是利用轴肩(或轴上零件)顶住轴承内圈,轴承盖顶住轴承外圈,每一支承只能限制单方向的轴向移动,两个支承共同限制轴的双向移动。考虑到轴在工作时因温升会伸长,对深沟球轴承,需在轴承盖端面与轴承外圈之间留出热补偿间隙 $a = 0.2 \sim 0.4$ mm(见图 16.5(b))。这种固定方式适用于工作温度变化不大的短轴。

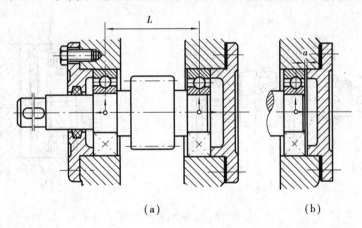

(a)　　　　　　　　　　　(b)

图 16.5　两端单向固定

(2)**一端固定一端游动**

一端固定一端游动(见图 16.6(a))是指在轴的一个支承端使轴承与轴及外壳孔的位置相对固定(称为固定端),以实现轴的轴向定位;而在轴的另一支承端使轴承与轴或外壳孔间可以相对移动(称为游动端),以补偿轴因热变形及制造安装误差所引起的长度变化。选用深沟球轴承作为游动支承时,应在轴承外圈与端盖间留有适当的间隙(见图 16.6(a));选用圆柱滚子时,轴承外圈与端盖间不需留有间隙,但轴承外圈应作双向固定(见图 16.6(b)),以保证内圈和滚子相对于外圈做较大的轴向移动。这种固定方式适用于工作温度变化较大的长轴。

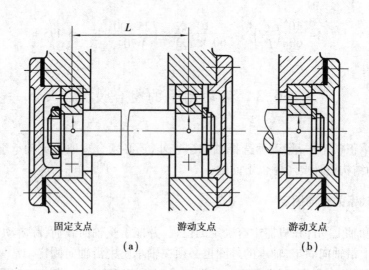

固定支点　　　　　游动支点　　　　　游动支点

（a）　　　　　　　　　　　（b）

图 16.6　一端固定一端游动式支承

16.3.2　滚动轴承的调整

（1）轴承游隙的调整

滚动轴承的滚动体在内、外圈之间应有适当的游隙。游隙过大,轴承会产生振动和噪声,降低旋转精度;游隙过小,轴承容易发热和磨损。

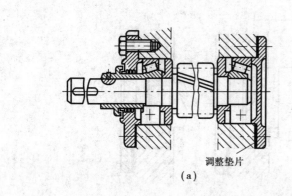

调整垫片

（a）　　　　　　　　　　　　　　　　　　　（b）

图 16.7　轴承游隙调整

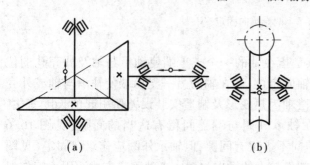

（a）　　　　　　　　　（b）

图 16.8　轴的工作位置

常用的调整方法如下:

①靠加减轴承盖与机座之间的垫片厚度进行调整(见图 16.7(a));

②利用螺钉 1 通用轴承外圈压盖 3 移动外圈位置进行调整,调整后,用螺母 2 锁紧防松(见图 16.7(b))。

（2）轴承组合位置的调整

轴承组合位置的调整的目的是使轴上零件(如齿轮、蜗轮等)具有准确的工作位置,如锥齿轮传动,要求两个节锥顶点要重合(见图 16.8(a));蜗杆传动,要求蜗轮的中间平面通过蜗杆的轴线(见图 16.8(b))等。如图 16.9 所示为锥齿轮轴系支承结构,套杯和机座之间的垫片 1 用来调整锥齿轮的轴向位置,而垫片 2 则用来调整轴承游隙。

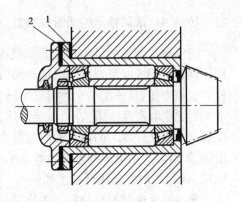

图 16.9 轴承组合位置调整

16.3.3 轴承的配合与装拆

滚动轴承的配合是指轴承内圈与轴颈、外圈与座孔之间的配合。因滚动轴承是标准件,因此,轴承内圈与轴颈的配合采用基孔制,外圈与座孔的配合采用基轴制。选择轴承的配合时,应考虑载荷的大小和性质、转速高低、旋转精度和装拆方便等因素。一般情况是内圈随轴一起转动,外圈固定不动。故内圈一般采用较紧的配合;而外圈采用较松的配合。转速愈高,载荷和振动愈大,旋转精度愈高时,采用的配合较紧。当轴承作游动支承时,外圈与座孔的配合较松。对于需要经常拆装或因使用寿命较短而须经常更换的轴承,可采取较松的配合。滚动轴承与轴和外壳孔配合的常用公差带如图 16.10。需要说明的是滚动轴承的内孔虽视为基准孔,但其公差带却在零线以下,而一般圆柱基准孔的公差带则在零线以上,因此,轴承内孔与轴的配合比一般圆柱体基孔制的同名配合要紧得多。

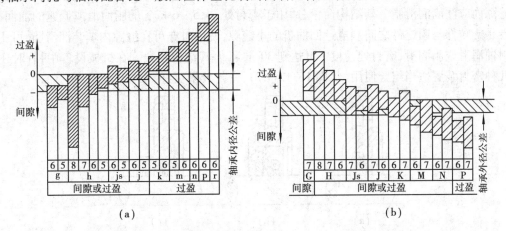

图 16.10 滚动轴承与轴和外壳孔配合的常用公差带
(a)与轴配合的常用公差带 (b)与外壳孔配合的常用公差带

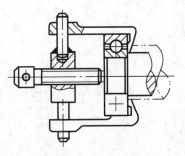

图 16.11 内圈的拆卸

滚动轴承的装拆应方便。在装拆时注意不要通过滚动体来传递装拆压力,以免损伤轴承。由于轴承的内圈与轴颈配合较紧,对于小尺寸的轴承,一般可用压力直接将轴承的内圈压入轴颈;对于尺寸较大的轴承,可先将轴承放在温度为 80 ~ 100 C°的热油中加热,使内孔胀大,然后用压力机装在轴颈上。轴承内圈的拆卸常用拆卸器进行(见图 16.11),为便于拆卸,应留有足够的拆卸高度,因此,设计时轴肩高度不能大于内圈高度。

269

16.3.4 滚动轴承的润滑与密封

滚动轴承润滑的目的是降低摩擦及减少磨损,同时也起冷却、防锈、吸振和减少噪声等作用。轴承常用的润滑剂有润滑油和润滑脂。润滑脂不易渗漏,不需经常添加,便于密封,维护保养也较方便,且一次填充后可以运转较长时间,适用于轴颈圆周速度 $v < 4 \sim 5$ m/s 的场合。油润滑比脂润滑摩擦阻力小,并能散热,主要用于高速或工作温度高的轴承。轴承载荷大、温度高时应采用粘度大的润滑油。润滑方式主要有滴油润滑、浸油润滑、溅油润滑与压力喷油润滑等,润滑方式由轴承的速度参数 dn(d 为轴承内径,mm;n 为轴承转速,r/min)参阅有关资料选用,dn 值大时宜选用低粘度油。

滚动轴承密封的目的是防止外界灰尘、水分等侵入轴承以及防止润滑剂的流失。常用密封装置可分为接触式和非接触式两大类。接触式密封装置利用毛毡圈(见图 16.12(a))或密封圈(见图 16.12(b))等弹性材料与轴的紧密摩擦接触实现密封。前者主要用于密封处速度 $v \leq 3 \sim 5$ m/s 的场合;后者所用密封圈是标准件,借本身弹性压紧在轴上,适用于密封处速度 $v < 10$ m/s 的脂润滑和油润滑。接触式密封在接触处有较大摩擦,密封件易磨损,限制了使用速度,对与密封件接触的轴段的硬度、表面粗糙度均有较高的要求。非接触密封则避免了轴段与密封件的直接接触,适用于较高转速。常用的有间隙密封(见图 16.12(c))和迷宫密封(见图 16.12(d))。前者利用轴和轴承盖孔之间细小的圈形缝隙来密封,为了防止杂质的侵入,圈形缝隙内应注满润滑脂。其结构简单,适用于密封处 $v < 5 \sim 6$ m/s 的脂润滑或低速的油润滑;后者是旋转件与固定件之间制成迂回曲折的小缝隙,使用时亦可在缝隙内填装润滑脂,可用于密封油润滑或脂润滑,密封处速度 v 可达到 30 m/s,但其结构复杂。在机械设备中,有时还常将几种密封装置适当组合使用(见图 16.12(e)),密封效果更好。

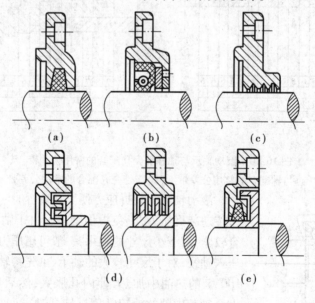

图 16.12

16.4 滑 动 轴 承

滑动轴承与滚动轴承相比,虽然有启动摩擦阻力大、维护比较复杂等缺点,但它的承载能力大、抗振性好、耐冲击、噪声小、径向尺寸小、寿命长,又可制成剖分式,使轴的结构简单、制造容易、成本较低,因而在汽轮机、内燃机、大型电机、仪表、机床及航空发动机等机械上被广泛应用。此外,在低速、伴有冲击的机械中,如水泥搅拌机、破碎机等也常采用滑动轴承。

按受载方向,滑动轴承可分为受径向载荷的径向轴承和受轴向载荷的推力轴承。

滑动轴承按摩擦(润滑)状态可分为液体摩擦(润滑)轴承和非液体摩擦(润滑)轴承(见图16.13)。

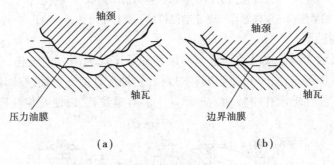

图 16.13 摩擦状态

1)液体摩擦轴承(完全液体润滑轴承)　液体摩擦轴承的原理是在轴颈与轴瓦的摩擦面间有充足的润滑油,润滑油的厚度较大,将轴颈和轴瓦表面完全隔开(见图16.13(a)),因而摩擦系数很小,一般摩擦系数为 0.001 ~ 0.008。由于始终能保持稳定的液体润滑状态,这种轴承适用于高速、高精度和重载等场合。

2)非液体摩擦轴承(不完全液体润滑轴承)　若轴颈与轴瓦表面间虽有润滑油,但未能将接触表面完全隔开,仍有局部的波峰接触时(见图16.13(b)),这种轴承称为非液体摩擦轴承。其摩擦系数较大,一般摩擦系数为 0.05 ~ 0.5。如果润滑油完全流失,将会出现剧烈摩擦、磨损,甚至发生胶合破坏。

16.4.1 滑动轴承的结构

滑动轴承一般由轴承座、轴瓦、润滑装置和密封装置等部分组成。

(1)径向滑动轴承

1)整体式滑动轴承

如图16.14所示为整体式滑动轴承。轴承座用螺栓与机座联接,顶部装有润滑油杯,内孔中压入带有油沟的轴套。

这种轴承结构简单且成本低,但装拆这种轴承时轴或轴承必须做轴向移动,而且轴承磨损后径向间隙无法调整。因此,这种轴承多用在间歇工作、低速轻载的简单机械中,其结构尺寸已标准化。

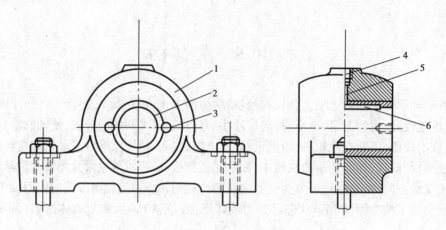

图 16.14　整体式径向滑动轴承

1—轴承座;2—整体轴套;3—止动螺钉;4—油杯螺纹孔;5—油孔;6—油沟

2)剖分式滑动轴承

如图 16.15 所示为剖分式滑动轴承。轴瓦和轴承座均为剖分式结构,在轴承盖与轴承座的剖分面上制有阶梯形定位止口,便于安装时对心。轴瓦直接支承轴颈,因而轴承盖应适度压紧轴瓦以使轴瓦不能在轴承孔中转动。轴承盖上制有螺纹孔,以便安装油杯或油管。

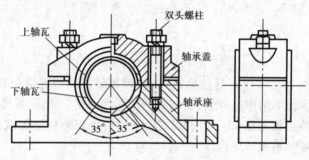

图 16.15　剖分式滑动轴承

剖分式滑动轴承克服了整体式轴承装拆不便的缺点,而且当轴瓦工作面磨损后,适当减薄剖分面间的垫片并进行刮瓦,就可调整轴颈与轴瓦间的间隙。因此,这种轴承得到了广泛应用,且现已标准化。

(2)推力滑动轴承

推力滑动轴承适用于承受轴向载荷,且能防止轴的轴向移动。常见的推力轴颈形状如图 16.16 所示。推力滑动轴承基本结构可分为以下 3 种形式:

1)实心止推滑动轴承　由于工作时轴心与边缘磨损不均匀,轴颈端面的中部压强比边缘大,润滑油不易进入,润滑条件差,极少采用。

2)空心止推滑动轴承　轴颈端面的中空部分能存油,压强也较均匀,承载能力不大。

3)多环止推滑动轴承　压强较均匀,能承受较大载荷,还能承受双向轴向载荷,但各环承载不等,环数不能太多。

16.4.2　轴瓦的结构和滑动轴承的材料

轴瓦是滑动轴承中直接与轴颈接触的零件。由于轴瓦与轴颈的工作表面之间具有一定的

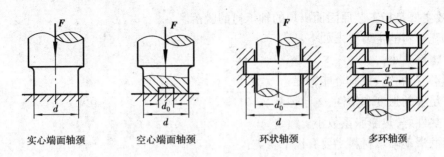

| 实心端面轴颈 | 空心端面轴颈 | 环状轴颈 | 多环轴颈 |

图 16.16 止推滑动轴承

相对滑动速度,因而从摩擦、磨损、润滑和导热等方面都对轴瓦的结构和材料提出了要求。

（1）**轴瓦的结构**

轴瓦的结构分为整体式（轴套）和对开式两种结构。对开式轴瓦有承载区和非承载区,一般载荷向下,故上瓦为非承载区,下瓦为承载区。润滑油应由非承载区进入。故上瓦顶部开有进油孔。在轴瓦内表面,以进油口为对称位置,沿轴向、周向或斜向开有油沟,油经油沟分布到各个轴颈。油沟离轴瓦两端面应有段距离,不能开通,以减少端部泄油,如图 16.17 所示。

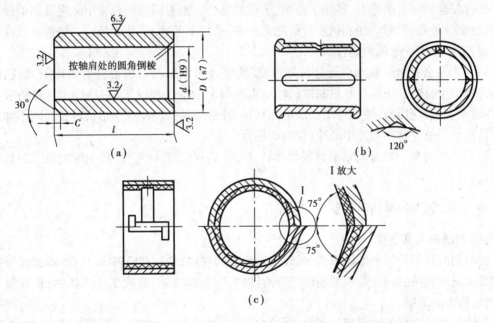

图 16.17 轴瓦的结构

轴瓦可用同一种材料制成,也可用双层或三层金属加工成的复合材料制成,以便节约贵重金属和改善表面的摩擦性质。轴瓦内层合金部分称为轴承衬,为了使轴承衬与轴瓦结合牢固,可在轴瓦内表面开设一些沟槽。如图 16.17 所示是轴瓦的基本结构。图 16.17（a）是整体式轴瓦,用同一种材料制成;图 16.17（b）是用同一种材料制成的剖分式轴瓦;图 16.17（c）是用双层金属复合材料制成的剖分式轴瓦。

（2）**滑动轴承的材料**

滑动轴承的材料是指轴瓦和轴承衬的材料。

滑动轴承的主要失效形式是磨损和因强度不足而出现的疲劳破坏。对于双层和三层金属轴瓦,失效主要是指工艺原因而出现的轴承衬的脱落。

对轴瓦材料的主要要求如下:

①摩擦系数小;

②耐磨、抗腐蚀、抗胶合能力强;

③有足够的强度和塑性;

④导热性好,热膨胀系数小。

常用的滑动轴承材料主要有以下4类:

1)轴承合金(又称为巴氏合金、白合金) 它是以锡或铅作为软基体,加入锑锡或铜锡而组成的合金,分别称为锡基轴承合金或铅基轴承合金。轴承合金具有良好的减摩性、耐磨性、顺应性、嵌藏性和跑合性,但机械强度较低,价格高,因此,常用作轴承衬材料浇铸在青铜、铸铁或软钢轴瓦基体上。多用于中、高速和重载场合。

2)铜合金 铜合金是传统的轴承材料,它具有较高的强度和较好的减摩性、耐磨性,可分为青铜和黄铜两类。青铜轴瓦的减摩性和耐磨性较黄铜轴瓦好。常用的锡青铜强度高且减摩性和耐磨性最好,顺应性、跑合性和嵌入性较轴承合金差,适用于中速、重载的场合。铅青铜有较好的抗胶合和冲击的能力,适用于高速、重载的场合。铝青铜是铜合金中强度最高的轴瓦材料,其硬度也较高,但顺应性和抗胶合的能力较差,适用于低速、重载的场合。铸造黄铜减摩性较青铜差,一般用于低速的场合。

3)粉末冶金材料 粉末冶金材料是由铜、铁等金属粉末与石墨混合后经压制、烧结而成的多孔隙轴承材料。用这类材料制造的轴承称为粉末冶金含油轴承,它是利用材料的多孔特性,在轴承安装、使用前,使润滑油浸润轴瓦材料,轴承在工作期间可不加或较长时间不加润滑油。适用于不便经常加油的中低速、轻载的场合。

4)非金属材料 非金属轴承材料有塑料、橡胶、碳-石墨及硬木等,其中应用最多的是各种塑料。

16.4.3 润滑剂和润滑装置

(1)润滑剂及其选择

润滑剂的作用是减少摩擦损失、减轻工作表面的磨损、冷却和吸振等,因此,应该尽可能地使润滑剂充满摩擦面间。常用的润滑剂是液体的,称为润滑油;其次是半固体的,在常温下呈油膏状,称为润滑脂。

润滑油是最主要的润滑剂。润滑油最重要的物理性能是粘度。表征液体流动的内摩擦性能。它是液体流动时内摩擦阻力的量度。润滑油的粘度愈大,内摩擦阻力愈大,润滑油的流动性愈差,因此,在压力作用下,油不易被挤出,易形成油膜,承载能力强,但摩擦系数大、效率较低。粘度随温度的升高而降低。

润滑油的另一个物理性能是油性。油性是指润滑油在金属表面上的吸附能力。在非液体摩擦轴承中,润滑油的油性对防止金属磨损起着主要作用。

选择润滑油的品种时,以粘度为主要指标,原则上是当转速高、载荷小时,可选粘度较低的油;反之,当转速低、载荷大时,则选粘度较高的油。

润滑脂是用矿物油、各种稠化剂(如钙、钠、锂及铝等金属皂)和水调制成的。通常,用针入度(稠度)、滴点及耐水性来衡量润滑脂的特性。针入度系指用一特制锥形针在 5 s 内刺入润滑脂内的深度,借以衡量其稠密程度。它标志着润滑脂内阻力的大小和受力后流动性的强弱。滴点系指温度升高时,润滑脂第一滴掉下时的温度,借以衡量其耐热性。耐水性系指润滑脂与水接触时,其特性的保持程度。润滑脂多用在低速及重载或摆动的轴承中。

（2）润滑装置及润滑方法

为了获得良好的润滑效果,除应正确地选择润滑剂外,还应选用合适的润滑方法和润滑装置。通常,可根据轴承的载荷系数 k 值来确定,其经验公式为

$$k = \sqrt{pv^3} = \sqrt{\frac{F}{Bd}v^3} \tag{16.4}$$

式中　p——轴承的压强,MPa;

　　　v——轴颈的圆周速度,m/s;

　　　F——轴承的载荷,N;

　　　d——轴承的直径,mm;

　　　B——轴承的宽度,mm。

k 值愈大,表示轴承的载荷愈大,速度愈高,则发热量愈多、磨损愈快,因此,相应的润滑要求也愈高。不同 k 值时,推荐的润滑方法和润滑装置如表 16.8 所示。

表 16.8　滑动轴承润滑方法的选择

载荷系数 k	润滑剂	润滑方法	润滑装置	适用场合
$k \leqslant 2$	润滑脂	手工供脂间断润滑	旋盖式油杯(见图 16.18)	低速轻载不重要的滑动轴承
	润滑油	手工供油间断润滑	压配式压注油杯(见图 16.19)	
$k = 2 \sim 16$	润滑油	滴油润滑	针阀式注油杯(见图 16.20)	中低速、轻中载轴承
$k = 16 \sim 32$	润滑油	油环润滑	油环(见图 16.21)	中速、中载轴承
	润滑油	飞溅润滑	依靠运动件飞溅	
	润滑油	压力循环润滑	油泵供油系统	
$k > 32$	润滑油	压力循环润滑	油泵供油系统	高速、重载的重要轴承

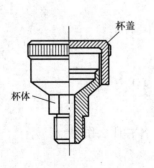 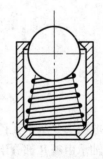

图 16.18　旋盖式油杯　　　图 16.19　压配式压注油杯

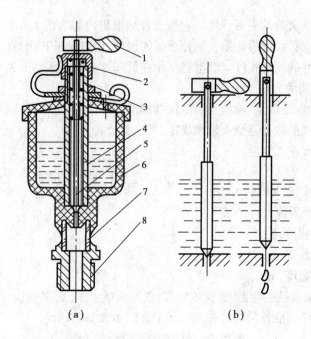

图 16.20　针阀式注油杯

1—手柄;2—调节螺母;3—弹簧;4—油孔;5—针阀;
6—锦纶杯体;7—观察窗口;8—螺纹

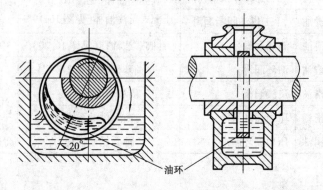

图 16.21　油环润滑

习 题 16

16.1　滚动轴承一般由哪些基本元件组成? 各有什么作用?

16.2　剖分式滑动轴承由哪几部分组成?

16.3　试阐述润滑剂的粘度、油性、针入度及滴点的含义。

16.4　试比较滑动轴承和滚动轴承的特点和应用范围。

16.5　试说明下列轴承代号的含义,并说明哪个轴承不能承受径向载荷? 哪个轴承不能承受轴向载荷?

　　　　　30308　　　　6210　　　　7200AC/P6　　　　N409/P5　　　　5307/P6

16.6 选择滚动轴承时应考虑哪些因素？并列举出相应的工程实例加以说明。

16.7 试说明滚动轴承的基本额定寿命、基本额定动载荷、当量动载荷的意义。

16.8 试按滚动轴承寿命计算公式分析 6210 轴承：

1）当其转速一定时，若当量动载荷由 P 增大为 $2P$ 时，寿命是否下降为原来的 $1/2$？

2）当其当量动载荷一定时，工作转速由 n 增大为 $2n$，其寿命又将如何变化？

16.9 为什么两端固定支承适用于工作温度不高的短轴？而一端固定一端游动支承适用于工作温度较高的长轴？

16.10 某机械传动装置中轴的两端各用一 6213 深沟球轴承。每一轴承各承受径向载荷 $F_r = 5\,500$ N，轴的转速 $n = 970$ r/min，工作平稳，常温下工作，试计算该轴承的寿命。

16.11 已知一传动轴上的深沟球轴承，承受的径向载荷 $F_r = 1200$ N，轴向载荷 $F_a = 300$ N，轴承转速 $n = 1\,460$ r/min，轴颈直径 $d = 40$ mm，要求使用 $L_h = 8\,000$ h，载荷有轻微冲击，常温下工作，试选择轴承的型号尺寸。

16.12 指出图 16.22 中主要的错误结构（错处用○号引注到图外），说明错误原因并加以改正。

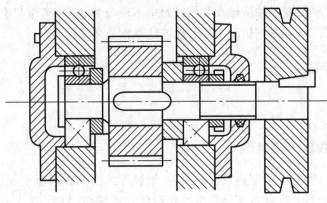

图 16.22

第**17**章

联轴器及离合器

联轴器和离合器是机械上常用的部件。它们的主要作用是联接两轴使之一起回转用以传递运动和动力。用联轴器联接的两轴在工作过程中不能分离,要分离则只有在机器停车并将联接拆开后才能实现。离合器在机器工作时就能使两轴分离或接合。

17.1 联 轴 器

17.1.1 联轴器的功用及类型

联轴器所联接的两轴,由于制造及安装误差、承载后的变形以及温度变化的影响等,往往不能保证两轴严格的对中,存在着某种程度的相对位移或偏斜,如图 17.1 所示。如果这些偏移量得不到补偿,将会在轴、轴承和联轴器上引起附加载荷,甚至发生振动,这就要求在设计联轴器时,要从结构上采取某种措施,使其具有补偿上述偏移量的性能。

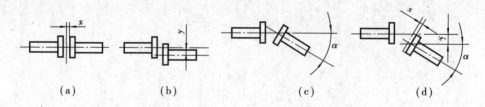

(a)   (b)   (c)   (d)

图 17.1 联轴器所联两轴间的偏移形式

(a)轴向位移 x (b)径向位移 y (c)角位移 α (d)综合位移 x,y,α

联轴器的种类很多,按照联轴器的性能不同可分为刚性联轴器(亦称为固定式联轴器)和挠性联轴器。刚性联轴器对相联两轴间的偏移量没有补偿性能,但其具有结构简单、制造容易、不需维护、成本低等优点,因而仍有一定的使用范围。挠性联轴器又可分为无弹性元件挠性联轴器(亦称为可移式刚性联轴器)和带弹性元件挠性联轴器。无弹性元件挠性联轴器只具有补偿两轴相对位移的能力,而带弹性元件挠性联轴器由于有能产生较大弹性变形的弹性

278

元件,因而除具有补偿性能外,还可缓冲吸振,但受弹性元件的强度限制,其传递转矩的能力一般不及无弹性元件联轴器。按弹性元件的材质不同,弹性元件可分为金属弹性元件和非金属弹性元件。金属弹性元件具有强度高、传递转矩的能力大、使用寿命长、不易变质且性能稳定等优点。非金属弹性元件制造方便,易获得各种结构形状,且具有较高的阻尼性能。

在选用标准联轴器或已具有推荐的尺寸系列的联轴器型号时,一般都是以联轴器所传递的计算转矩 T_c 小于或等于所选联轴器的许用转矩 $[T]$,或标准联轴器的公称转矩 T_n 为原则。在计算联轴器所需传递的转矩 T_c 时,通常引入一个工作情况系数 K_A(见表 17.1)来考虑传动轴系载荷变化性质的不同以及联轴器本身的结构特点和性能的不同,即计算转矩为

$$T_c = K_A T \tag{17.1}$$

式中 T——名义转矩。

表 17.1 联轴器的工作情况系数 K_A

动 力 机		K_A					
		工 作 机					
		I 类	II 类	III 类	IV 类	V 类	VI 类
电动机、汽轮机		1.3	1.5	1.7	1.9	2.3	3.1
内燃机	四缸及四缸以上	1.5	1.7	1.9	2.1	2.5	3.3
	二缸	1.8	2.0	2.2	2.4	2.8	3.6
	单缸	2.2	2.4	2.6	2.8	3.2	4.0

注:工作机分类:

I 类:转矩变化很小的机械,如发电机、小型通风机和小型离心泵;

II 类:转矩变化小的机械,如透平压缩机、木工机床和运输机;

III 类:转矩变化中等的机械,如搅拌器、增压泵、有飞轮的压缩机和冲床;

IV 类:转矩变化和冲击载荷中等的机械,如织布机、水泥搅拌机器和拖拉机;

V 类:转矩变化和冲击载荷大的机械,如造纸机械、挖掘机、起重机和碎石机;

VI 类:转矩变化大并有极强烈冲击载荷的机械,如压延机械、无飞轮的活塞泵和重型初轧机。

(1)固定式刚性联轴器

在固定式刚性联轴器中,应用最广的是凸缘联轴器,它的结构简单,工作可靠,传递转矩大,装拆较为方便,可联接不同直径的两轴,也可联接圆锥轴。它是把两个带凸缘的半联轴器用键分别与两轴联接,然后用螺栓把两个半联轴器联成一体,以传递运动和转矩,如图 17.2 所示。图 17.2(a)是用铰制孔用螺栓将两个半联轴器联在一起,并由螺栓与孔壁间的过渡配合来实现相联两轴的对中,这种联接依靠螺栓与孔壁间的挤压来传递转矩,传递转矩的能力强,且在装拆时不需要使轴做轴向移动,但铰孔加工较为麻烦。图 17.2(b)是用普通螺栓将两个半联轴器联在一起,并通过两个半联轴器上分别设置的凸台和凹槽的嵌合来实现相联两轴的对中,凸缘加工方便,这种联接依靠两圆盘接触面间的摩擦力来传递转矩,但在装拆时需要沿轴向移动轴。为了运行安全,有时将凸缘联轴器作成带防护缘的形式,如图 17.2(c)所示。

凸缘联轴器适用于相联两轴的刚性大、对中性好、安装精确且转速较低、载荷平稳的场合。凸缘联轴器已标准化,其尺寸可按 GB/T 5843—1986 来选用。

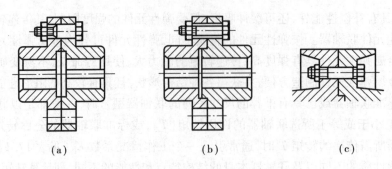

图 17.2 凸缘联轴器

两半联轴器的材料常采用 HT200 或 ZG270—500,35 钢。

（2）可移式刚性联轴器

可移式刚性联轴器是利用自身具有相对可动的元件或间隙,允许相联两轴间存在一定的相对位移,故具有一定的位移补偿能力。这类联轴器适用于调整和运转时很难达到两轴完全对中或者要达到精确对中所花代价过高的场合。

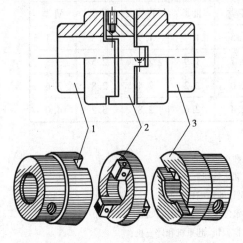

图 17.3 滑块联轴器

1）滑块联轴器

滑块联轴器（见图 17.3）是利用中间滑块 2 在其两侧半联轴器 1,3 端面的相应径向槽内的径向滑动,以实现两半联轴器的联接,并获得补偿两相联轴相对位移的能力。滑块联轴器的主要特点是允许两轴有较大的径向位移,并允许有不大的角位移和轴向位移。由于滑块偏心运动产生离心力,使这种联轴器不适宜于高速下运转。

滑块联轴器有多种不同的结构形式,如图 17.3 所示为十字滑块联轴器,其中间滑块呈圆环形,用钢或耐磨金属合金制成,适用于转速较低、传递转矩较大的场合。

2）万向联轴器

万向联轴器（见图 17.4(a)）是由分别装在两轴端的叉形零件 1,3 与一个十字轴 2 以铰链形式联接起来的。十字轴的中心与两叉形零件的轴线交于一点,两轴线所夹的锐角为 α。由于两叉形零件能绕各自固定轴线回转,因此,这种联轴器可在较大的角位移下工作,一般取偏斜角 $\alpha \leqslant 45°$。

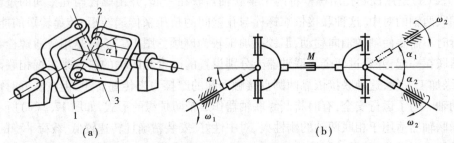

图 17.4 万向联轴器

万向联轴器的主要缺点是:由于 α 角的存在,当主动轴以等角速度 ω_1 回转时,从动轴的角速度 ω_2 将在 $\omega_1 \cos \alpha$ 至 $\omega_1 / \cos \alpha$ 的范围内做周期性变化,因而在传动中引起附加载荷。为了消除这一缺点,通常将两个万向联轴器连在一起使用(见图 17.4(b)),此时必须使中间轴上的两个叉形零件位于同一平面内,且使它与主、从动轴的夹角 α 相等,这样才能保证主、从动轴的角速度相等。

(3)弹性联轴器

弹性联轴器除了能补偿相联两轴的相对位移,降低对联轴器安装的精确对中要求外,更重要的是利用其弹性元件来缓和冲击,避免发生严重的危险性振动。

1)弹性套柱销联轴器

弹性套柱销联轴器(见图 17.5)的结构与凸缘联轴器相似,不同的是用装有弹性套的柱销代替联接螺栓,其工作时是依靠弹性套的变形来补偿两轴间的径向位移和角位移,并缓冲和吸振。安装时,应注意使两个半联轴器的端面间留有适当的间隙,以补偿相联两轴间的轴向位移。

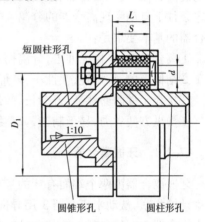

图 17.5　弹性套柱销联轴器

这种联轴器的结构简单、制造容易、重量轻、装拆方便、成本较低、吸振能力强,但弹性套容易磨损,寿命较短。它适用于联接载荷平稳,需经常正反转或启动频繁的传递中、小转矩的轴。

弹性套柱销联轴器的半联轴器常用材料是铸铁、铸钢或 35 钢。此种联轴器现已标准化,其结构尺寸可按 GB/T 4323—1984 来选用。

2)弹性柱销联轴器

弹性柱销联轴器(见图 17.6)是用若干个非金属材料(如尼龙)制成的柱销将两个半联轴器联接起来。为防止柱销脱落,其两端用挡圈封闭。

这种联轴器的性能和应用与弹性套柱销联轴器相近似,不同的是其传递扭矩和补偿两轴轴向位移的能力更强,结构更为简单。此种联轴器现已标准化(GB/T 5014—1985)。

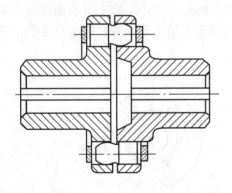

图 17.6　弹性柱销联轴器

17.1.2　联轴器的选用

因大多数联轴器已标准化或规格化,因而在选择联轴器时,设计者就是根据工作条件和使用要求选择联轴器的类型、确定型号,然后再根据联轴器所传递的转矩、转速和被联接轴的直径确定其结构尺寸,并在必要时对易损零件作强度计算。如果使用场合特殊,且在手册中无适当型号联轴器可使用时,可按实际需要参照相应的标准或规格自行设计。

在选择联轴器的型号时,应同时满足下列两式:

$$T_c \leqslant T_n$$
$$n \leqslant [n] \tag{17.2}$$

式中 n,$[n]$——联轴器的工作转速和许用转速,r/min。

17.2 离 合 器

离合器按其接合元件传动的工作原理,可分为嵌合式离合器和摩擦式离合器,按控制方式可分为操纵式离合器和自控式离合器。操纵离合器需要借助于人力或动力进行操纵,它可分为电磁离合器、气压离合器、液压离合器和机械离合器。自控离合器不需要外来操纵,即可在一定条件下自动实现离合器的分离或接合,它分为安全离合器、离心离合器和超越离合器。对离合器的基本要求是:

①离合迅速,平稳无冲击,分离彻底,动作准确可靠;
②结构简单,重量轻,惯性小,外形尺寸小,工作安全;
③接合元件耐磨性高,寿命长,散热条件好;
④操纵方便省力,易于制造,调整维修方便。

17.2.1　牙嵌离合器

牙嵌离合器由两个端面有牙的半离合器组成,如图 17.7 所示。主动半离合器 1 通过平键与主动轴相联,从动半离合器 3 用导向平键(或花键)与从动轴联接,并可由操纵机构操纵从动半离合器 3 上的滑环 4 使其做轴向移动,以实现两半离合器的接合与分离。牙嵌离合器是通过牙的相互啮合来传递运动和转矩的,为了保持牙工作面受载均匀,要求相联接的两轴严格同心,为此在主动半离合器上安装了一对中环 2。由于牙嵌式离合器是依靠两个半离合器端面牙齿间的嵌合来实现主、从动轴间的接合,因此,在离合器处于分离状态时,牙齿间应完全脱离。为防止牙齿因受冲击载荷而断裂,两个半离合器的接合必须在相联两轴转速差很小或停车时进行。

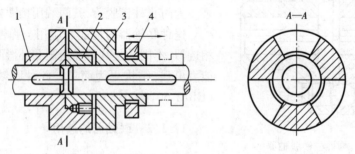

图 17.7　牙嵌离合器

牙嵌离合器的特点是结构简单,外廓尺寸小,联接两轴间没有相对转动,但接合时必须使主动轴慢速转动或停车,否则牙齿容易损坏。它适用于要求主、从动轴完全同步的轴系。

17.2.2　摩擦离合器

摩擦离合器是依靠主、从动半离合器结合面间的摩擦力来传递运动和转矩的,分为单盘式和多盘式两种。

（1）单盘摩擦离合器

单盘摩擦离合器（见图17.8）是最简单的摩擦离合器。主动盘1用平键上固定在主动轴上，从动盘3用导向平键与从动轴相联，它可沿轴向移动。操纵滑环4可使离合器接合或分离。接合时以轴向压力 F_a（N）将盘3压在盘1上，主动轴上转矩即由两盘接触面间的摩擦力矩传到从动轴上。为了增大摩擦因数，通常在一个摩擦盘的表面装上摩擦片2。

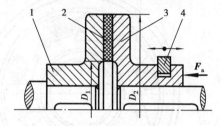

图17.8 单盘摩擦离合器

单盘摩擦离合器的结构简单，散热性能好，但传递转矩的能力较小。为了提高摩擦离合器传递转矩的能力，可采用多盘摩擦离合器。

（2）多盘摩擦离合器

如图17.9所示为多盘摩擦离合器。主动轴1与外套筒2相联接，从动轴6与内套筒5相联接，外套筒2又通过花键与一组外摩擦盘3（见图17.9(b)）联接在一起，内套筒5也通过花键与另一组内摩擦盘4（见图17.9(c)）联接在一起。工作时向左移动滑环7，拨动曲臂压杆8逆时针转动，从而将内摩擦盘压紧，使离合器处于接合状态。若向右移动滑环，内摩擦盘因弹力作用而被松开，离合器则处于分离状态。这种离合器在车床的主轴箱内应用非常广泛。

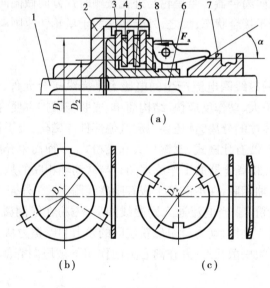

(a)

(b)   (c)

图17.9 多盘摩擦离合器

17.2.3 其他离合器

（1）超越离合器

超越离合器又称为定向离合器，它是一种靠主、从动部分的相对运动速度的变化或回转方向的变换而能自动接合或分离的离合器。当主动轴的转速大于从动轴时，离合器使两轴接合，以传递动力；而当主动轴的转速小于从动轴时，离合器将会分离，两轴脱开，因而此种离合器只能传递单向转矩。

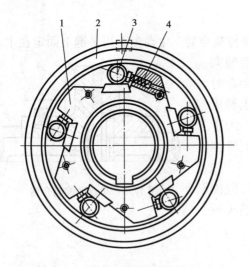

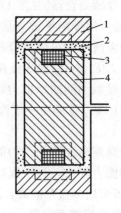

图 17.10　滚柱超越离合器　　　　　　　　　　　　　图 17.11　磁粉离合器

如图 17.10 所示的超越离合器是由星轮 1、外壳 2、滚柱 3 和弹簧 4 所组成。若外壳 2 为主动件,星轮 1 为从动件,当外壳逆时针转动时,滚柱 3 被弹簧 4 压向 1 和 2 之间的楔形槽的狭窄部分,滚柱在摩擦力的作用下被压紧,楔紧外环和星轮,从而驱动星轮一起转动,离合器处于接合状态;反之,当外壳顺时针方向回转时,则带动滚柱克服弹簧而滚到楔口大端,离合器处于分离状态,故称为定向离合器。当星轮与外壳按顺时针方向做同向回转时,若外壳转速小于星轮转速,则离合器处于接合状态;反之,外壳转速大于星轮转速则离合器处于分离状态,因此,称为超越离合器。

（2）电磁离合器

电磁离合器是利用励磁线圈电流产生的电磁力来操纵接合元件,使离合器接合与分离。电磁离合器具有启动力矩大、动作反应快、结构简单、安装与维护方便、控制简单等优点。但由于其存在剩磁而影响摩擦片的分离,且还会引起其他部件的磁化,吸引铁屑而影响传动精度和使用寿命。常用电磁离合器有牙嵌式、摩擦片式和磁粉式,下面简单介绍磁粉离合器。

如图 17.11 所示为磁粉离合器的工作原理图。与从动轴相联的从动件 1 为一圆柱形的金属外壳,电磁铁 4 与主动轴相联,在电磁铁上嵌有励磁线圈 3。在外壳 1 与电磁铁 4 之间的同心环形间隙中,充填有磁粉 2。当电流通入励磁线圈后,磁粉在线圈磁场的作用下粘性增大,从而使主、从动件相联接。这样,动力就由磁粉层间的磁力和摩擦力从主动件传到从动件。线圈断电后,磁粉去磁恢复为松散状态,并在离心力的作用下被甩向壳体内壁,从而失去传递转矩的能力。

习　题　17

17.1　联轴器和离合器的功用是什么? 各用于机械的什么场合? 列举你所了解的实例。

17.2　联轴器和离合器的主要区别是什么?

17.3　为什么有的联轴器要严格对中,而有的离合器则可允许有较大的综合位移?

17.4　无弹性元件挠性联轴器与带弹性元件挠性联轴器补偿位移的方式有何不同?

17.5　在带式输送机中,已知电动机轴端直径 $d_1 = 48$ mm,轴端长度 $L = 110$ mm,电动机功率 $P_1 = 17$ kW,转速 $n_1 = 970$ r/min;减速器轴端直径 $d_2 = 45$ mm,轴端长度 $L = 70$ mm。为了联接电动机和减速器的轴,试选择一弹性套柱销联轴器。

附　录

附录 A　常见截面的几何性质

序号	截面形状	形心位置	惯 性 矩
1		截面中心	$I_z = \dfrac{bh^3}{12}$
2		$y_C = \dfrac{h}{3}$	$I_z = \dfrac{bh^3}{36}$
3		$y_C = \dfrac{h(2a+b)}{3(a+b)}$	$I_z = \dfrac{h^3(a^2+4ab+b^2)}{36(a+b)}$

续表

序号	截面形状	形心位置	惯 性 矩
4		圆心处	$I_z = \dfrac{\pi d^4}{64}$
5		圆心处	$I_z = \dfrac{\pi(D^4 - d^4)}{64} = \dfrac{\pi D^4}{64}(1 - \alpha^4)$ $\alpha = \dfrac{d}{D}$
6		圆心处	$I_z = \pi R_0^3 \delta$
7		$y_C = \dfrac{2R \sin \alpha}{3\alpha}$	$I_z = \dfrac{R^4}{4}\left(\alpha + \sin \alpha \cos \alpha - \dfrac{16 \sin^2 \alpha}{9\alpha}\right)$
8		$y_C = \dfrac{4R}{3\pi}$	$I_z = \dfrac{(9\pi^2 - 64)R^4}{72\pi} = 0.109\,8R^4$
9		$e = \dfrac{H}{2}$	$I_z = \dfrac{BH^3 - bh^3}{12}$ $I_y = \dfrac{(H-h)B^3 + h(B-b)^3}{12}$
10		$e = \dfrac{H}{2}$	$I_z = \dfrac{BH^3 - bh^3}{12}$ $I_y = \dfrac{HB^3 - hb^3}{12}$

附录 B　梁的挠度与转角表

序号	梁的简图	挠曲方程	挠度和转角
1		$w = \dfrac{Fx^2}{6EI}(x - 3l)$	$w_B = -\dfrac{Fl^3}{3EI}$ $\theta_B = -\dfrac{Fl^2}{2EI}$
2		$w = \dfrac{Fx^2}{6EI}(x - 3a)$ $(0 \leqslant x \leqslant a)$ $w = \dfrac{Fa^2}{6EI}(a - 3x)$ $(a \leqslant x \leqslant l)$	$w_B = -\dfrac{Fa^2}{6EI}(3l - a)$ $\theta_B = -\dfrac{Fa^2}{2EI}$
3		$w = \dfrac{qx^2}{24EI}(4lx - 6l^2 - x^2)$	$w_B = -\dfrac{ql^4}{8EI}$ $\theta_B = -\dfrac{ql^3}{6EI}$
4		$w = -\dfrac{M_e x^2}{2EI}$	$w_B = -\dfrac{M_e l^2}{2EI}$ $\theta_B = -\dfrac{M_e l}{EI}$
5		$w = -\dfrac{M_e x^2}{2EI}$ $(0 \leqslant x \leqslant a)$ $w = -\dfrac{M_e a}{EI}\left(\dfrac{a}{2} - x\right)$ $(a \leqslant x \leqslant l)$	$w_B = -\dfrac{M_e a}{EI}\left(1 - \dfrac{a}{2}\right)$ $\theta_B = -\dfrac{M_e a}{EI}$
6		$w = \dfrac{Fx}{12EI}\left(x^2 - \dfrac{3l^2}{4}\right)$ $\left(0 \leqslant x \leqslant \dfrac{l}{2}\right)$	$w_c = -\dfrac{Fl^3}{48EI}$ $\theta_A = -\theta_B = -\dfrac{Fl^2}{16EI}$

序号	梁的简图	挠曲方程	挠度和转角
7		$w = \dfrac{Fbx}{6lEI}(x^2 - l^2 + b^2)$ $(0 \leqslant x \leqslant a)$ $w = \dfrac{Fa(l-x)}{6lEI}(x^2 + a^2 - 2lx)$ $(a \leqslant x \leqslant 1)$	$\delta = -\dfrac{Fb(l^2 - b^2)^{3/2}}{9\sqrt{3}lEI}$ $\left(\text{位于 } x = \sqrt{\dfrac{l^2 - b^2}{3}}\right)$ $\theta_A = -\dfrac{Fb(l^2 - b^2)}{6lEI}$ $\theta_B = \dfrac{Fa(l^2 - a^2)}{6lEI}$
8		$w = \dfrac{qx}{24EI}(2lx^2 - x^3 - l^3)$	$\delta = -\dfrac{5ql^4}{384EI}$ $\theta_A = -\theta_B = -\dfrac{ql^3}{24EI}$
9		$w = \dfrac{M_e x}{6lEI}(l^2 - x^2)$	$\delta = \dfrac{M_e l^2}{9\sqrt{3}EI} \quad \text{位于 } x = \dfrac{l}{\sqrt{3}}\text{处}$ $\theta_A = \dfrac{M_e l}{6EI}$ $\theta_B = -\dfrac{M_e l}{3EI}$
10		$w = \dfrac{M_e x}{6lEI}(l^2 - 3b^2 - x^2)$ $(0 \leqslant x \leqslant a)$ $w = \dfrac{M_e(l-x)}{6lEI}(3a^2 - 2lx + x^2)$ $(a \leqslant x \leqslant l)$	$\delta_1 = \dfrac{M_e(l^2 - 3b^2)^{3/2}}{9\sqrt{3}lEI}$ $\left(\text{位于 } x = \dfrac{\sqrt{l^2 - 3b^2}}{\sqrt{3}}\text{处}\right)$ $\delta_2 = -\dfrac{M_e(l^2 - 3a^2)^{3/2}}{9\sqrt{3}lEI}$ $\left(\text{位于距 } B \text{ 端 } x = \dfrac{\sqrt{l^2 - 3a^2}}{\sqrt{3}}\text{处}\right)$ $\theta_A = \dfrac{M_e(l^2 - 3b^2)}{6lEI}$ $\theta_B = \dfrac{M_e(l^2 - 3a^2)}{6lEI}$ $\theta_C = \dfrac{M_e(l^2 - 3a^2 - 3b^2)}{6lEI}$

附录 C 型 钢 表

表 C.1 热扎工字钢(GB 706—88)

符号意义: h——高度
b——腿宽度
d——腰厚度
t——平均腿厚度
r——内圆弧半径
r_1——腿端圆弧半径
I——惯性矩
W——抗弯截面系数
I——惯性半径
S——半截面的静力矩

斜度1:6

型号	尺寸/mm						横截面积 /cm²	理论重量 /(kg·m⁻¹)	参考数值						
									X-X				Y-Y		
	h	b	d	t	r	r_1			I_x/cm⁴	W_x/cm³	i_x/cm	$I_x:S_x$/cm	I_y/cm⁴	W_y/cm³	i_y/cm
10	100	68	4.5	7.6	6.5	3.3	14.345	11.261	245	49	4.14	8.59	33.0	9.72	1.52
12.6	126	74	5.0	8.4	7.0	3.5	18.118	14.223	488	77.5	5.2	10.8	46.9	12.7	1.61
14	140	80	5.5	9.1	7.5	3.8	21.516	16.89	712	102	5.76	12.0	64.4	16.1	1.73
16	160	88	6.0	9.9	8.0	4.0	26.131	20.513	1 130	141	6.58	13.8	93.1	21.2	1.89
18	180	94	6.5	10.7	8.5	4.3	30.756	24.143	1 660	185	7.36	15.4	122	26.0	2.0
20a	200	100	7.0	11.4	9.0	4.5	35.578	27.929	2 370	237	8.15	17.2	158	31.5	2.12
20b	200	102	9.0	11.4	9.0	4.5	39.578	31.069	2 500	250	7.96	16.9	169	33.1	2.06

续表

型号	尺寸/mm						横截面面积/cm²	理论重量/(kg·m⁻¹)	参考数值						
									X-X				Y-Y		
	h	b	d	t	r	r_1			I_x/cm^4	W_x/cm^3	i_x/cm	$I_x:S_x/\text{cm}$	I_y/cm^4	W_y/cm^3	i_y/cm
22a	220	110	7.5	12.3	9.5	4.8	42.128	33.070	3 400	309	8.99	18.9	225	40.9	2.31
22b	220	112	9.5	12.3	9.5	4.8	46.528	36.524	3 570	325	8.78	18.7	239	42.7	2.27
25a	250	116	8.0	13.0	10.0	5.0	48.541	38.105	5 020	402	10.2	21.6	280	48.3	2.4
25b	250	118	10.0	13.0	10.0	5.0	53.541	42.03	5 280	423	9.94	21.3	309	52.4	2.4
28a	280	122	8.5	13.7	10.5	5.3	55.404	43.492	7 110	508	11.3	24.6	345	56.6	2.5
28b	280	124	10.5	13.7	10.5	5.3	61.004	47.888	7 480	534	11.1	24.2	379	61.2	2.49
32a	320	130	9.5	15.0	11.5	5.8	67.156	52.717	11 100	692	12.8	27.5	460	70.8	2.62
32b	320	132	11.5	15.0	11.5	5.8	73.556	57.741	11 600	726	12.6	27.1	502	76.0	2.61
32c	320	134	13.5	15.0	11.5	5.8	79.956	62.765	12 200	760	12.3	26.3	544	81.2	2.61
36a	360	136	10.0	15.8	12.0	6.0	76.48	60.037	15 800	875	14.4	30.7	552	81.2	2.69
36b	360	138	12.0	15.8	12.0	6.0	83.68	65.689	16 500	919	14.1	30.3	582	84.3	2.64
36c	360	140	14.0	15.8	12.0	6.0	90.88	71.341	17 300	962	13.8	29.9	612	87.4	2.6
40a	400	142	10.5	16.5	12.5	6.3	96.112	67.598	21 700	1 090	15.9	34.1	660	93.2	2.77
40b	400	144	12.5	16.5	12.5	6.3	94.112	73.878	22 800	1 140	16.5	33.6	692	96.2	2.71
40c	400	146	14.5	16.5	12.5	6.3	102.112	80.158	23 900	1 190	15.2	33.2	727	99.6	2.65
45a	450	150	11.5	18.0	13.5	6.8	102.446	80.42	32 200	1 430	17.7	38.6	855	114	2.89
45b	450	152	13.5	18.0	13.5	6.8	111.446	87.485	33 800	1 500	17.4	38.0	894	118	2.84
45c	450	154	15.5	18.0	13.5	6.8	120.446	94.55	35 300	1 570	17.1	37.6	938	122	2.79
50a	500	158	12.0	20.0	14.0	7.0	119.304	93.654	46 500	1 860	19.7	42.8	1 120	142	3.07

续表

型号	尺寸/mm						横截面积 /cm²	理论重量 /(kg·m⁻¹)	参考数值						
									X-X				Y-Y		
	h	b	d	t	r	r_1			I_x/cm⁴	W_x/cm³	i_x/cm	$I_x:S_x$/cm	I_y/cm⁴	W_y/cm³	i_y/cm
50b	500	160	14.0	20.0	14.0	7.0	129.304	101.504	48 600	1 940	19.4	42.4	1 170	146	3.01
50c	500	162	16.0	20.0	14.0	7.0	139.306	109.354	50 600	2 080	19.0	41.8	1 220	151	2.96
56a	560	166	12.5	21.0	14.5	7.3	135.435	106.316	65 600	2 340	22.0	47.7	1 370	165	3.18
56b	560	168	14.5	21.0	14.5	7.3	146.635	115.108	68 500	2 450	21.6	47.2	1 490	174	3.16
56c	560	170	16.5	21.0	14.5	7.3	157.835	123.90	71 400	2 550	21.3	46.7	1 560	183	3.16
63a	630	176	13.0	22.0	15.0	7.5	154.658	121.407	93 900	2 980	24.5	54.2	1 700	193	3.31
63b	630	178	15.0	22.0	15.0	7.5	167.258	131.298	98 100	3 160	24.2	53.5	1 810	204	3.29
63c	630	180	17.0	22.0	15.0	7.5	179.858	141.189	102 000	3 300	23.8	52.9	1 920	214	3.27

附录 D 索引

弹性模量	modulus of elasticity
横截面	cross-section

第4章

拉压变形	tension and compression deformation
轴力	axial force
许用应力	allowable stress
安全因数	factor of safety
设计准则	design criteria
力学性能	mechanical properties
弹性极限	elastic limit
屈服极限	limit of yielding
强度极限	ultimate tensile strength
强度校核	strength check
许可载荷	allowable load
塑性材料	plastic material
脆性材料	hard brittle material
低碳钢	mild steel
铸铁	cast iron
冷作硬化	cold-work hardening
剪切变形	shearing deformation
挤压强度	compressive strength

第5章

扭转变形	torsional deflection
圆轴	circular axis
扭矩	torque
极惯性矩	polar moment of inertia
抗扭截面系数	section modulus in torsion
切应力	shear stress

第6章

弯曲变形	bending deflection
对称面	plane of symmetry
简支梁	simply-supported bridge
悬臂梁	cantilever beam
外伸梁	overhanging beam
弯矩	bending moment
中性轴	neutral axis
抗弯截面系数	section modulus in bending
危险截面	dangerous section
组合变形	combined deformation

强度理论	strength theory

第 7 章

疲劳强度	fatigue strength
疲劳破坏	fatigue failure
交变应力	alternative stress
对称循环应力	symmetry circulating stress
脉动循环应力	fluctuating circulating stress
应力集中	stress concentration
压杆稳定	bar stability

第 8 章

机构	mechanism
机器	machine
机械	machinery
零件	part
主动件	driving link
从动件	driven link
运动副	kinematic pair
高副	higher pair
转动副	revolute pair
移动副	prismatic pair
自由度	degree of freedom
运动简图	kinematic sketch
复合铰链	compound hinges
虚约束	redundant constraint

第 9 章

连杆机构	linkage mechanism
连架杆	side link
四杆机构	four-bar mechanism
曲柄摇杆机构	crank-rocker mechanism
双曲柄机构	double crank mechanism
曲柄滑块机构	slider-crank mechanism
行程速度变化系数	coefficient of travel speed variation
偏置曲柄滑块机构	offset slider-crank mechanism
压力角	pressure angle
传动角	driving angle
死点	dead point

第 10 章

盘形凸轮	plate cam, disk cam
移动凸轮	translating cam

凸轮从动件	cam follower
尖顶从动件	knife-edge follower
滚子从动件	roller follower
推程	rise travel
回程	return travel
间歇运动机构	intermittent mechanism
槽轮机构	geneva mechanism
棘轮机构	ratchet mechanism
不完全齿轮机构	incomplete gear mechanism

第 11 章

平行轴齿轮传动	gear drive with parallel axes
相交轴齿轮传动	gear drive with intersecting axes
齿高	tooth depth
齿顶高	addendum
齿根高	dedendum
模数	module
端面模数	transverse module
法向模数	normal module
螺旋角	helix angle
中心距	center distance
斜齿轮	helical gear
直齿轮	spur gear
齿条	rack
变位齿轮	gear with addendum modification
基圆	base circle
分度圆	reference circle
节圆	pitch circle
齿顶圆	tip circle
齿根圆	root circle
齿距	pitch
分度圆直径	reference diameter
齿槽宽	spacewidth
齿厚	tooth thickness
啮合线	path of contact
啮合角	working pressure angle
顶隙	bottom clearance
重合度	contact ratio
接触疲劳	contact fatigue
蜗杆	worm

蜗轮	worm wheel

第 12 章

传动比	transmission ratio
行星齿轮	planet gear
行星架	planet carrier
中心轮	center gear
太阳轮	sun gear
锥齿轮	bevel gear
定轴轮系	ordinary gear train
差动轮系	differential gear train
行星轮系	planetary gear train

第 13 章

带传动	belt drive
V 带传动	V-belt drive
同步带传动	synchronous belt drive
多楔带	poly V-belt
主动带轮	driving pulley
从动带轮	driven pulley
包角	angle of contact
滑动率	sliding speed
初拉力	initial tension
紧边拉力	tight side tension
松边拉力	slack side tension
有效拉力	effective tension
张紧轮	tension pulley
基准直径	datum diameter
链传动	chain transmission

第 14 章

螺纹连接	thread connection
外螺纹	external thread
内螺纹	internal thread
单线螺纹	single-start thread
多线螺纹	multi-start thread
右旋螺纹	right-hand thread
左旋螺纹	left-hand thread
牙型角	thread angle
螺纹大径	major diameter
螺纹小径	minor diameter
螺纹中径	pitch diameter

螺纹导程	lead
螺栓	bolt
双头螺柱	stud
地脚螺栓	foundation bolt
紧定螺钉	set screw
吊环螺钉	lifting eye bolt
弹簧垫圈	sping washer
键连接	key joint
普通平键	general flat key
导向平键	feather key
楔键	taper key
切向键	tangential key
渐开线花键	involute spline
圆柱销	cylindrical pin
圆锥销	conical pin

第 15 章

心轴	mandrel
转轴	spindle
传动轴	transmission shaft
轴头	spindle nose
轴颈	journal
轴肩	shaft shoulder
套筒	sleeve
轴承端盖	roller bearing end cap
轴端挡圈	lock ring at the end of shaft
圆螺母	round nut
弹性挡圈	circlip
退刀槽	tool withdrawal groove
越程槽	grinding undercut

第 16 章

滑动轴承	sliding bearing
滚动轴承	rolling bearing
内圈	inner ring
外圈	outer ring
保持架	cage
当量载荷	equivalent load
向心轴承	redial bearing
推力轴承	thrust bearing
深沟球轴承	deep groove ball bearing

角接触球轴承	angular contact ball bearing
圆锥滚子轴承	tapered roller bearing
轴承内径	bearing bore diameter
额定寿命	rating life
基本额定寿命	basic rating life
双列轴承	double row bearing
调心轴承	self-aligning bearing
径向滑动轴承	radial sliding bearing
止推滑动轴承	plain thrust bearing
轴瓦	liner
轴承衬	bearing liner

第 17 章

刚性联轴器	rigid coupling
套筒联轴器	sleeve coupling
凸缘联轴器	flange coupling
滑块联轴器	oldham coupling
万向联轴器	universal joint
弹性联轴器	elastic coupling
弹性套柱销联轴器	pin coupling with elastic sleeves
离合器	clutch
电磁离合器	electromagnetic clutch
超越离合器	overrunning clutch
牙嵌式离合器	jaw clutch
摩擦式离合器	friction clutch

参考文献

[1] 杨玉贵,夏虹. 工程力学[M]. 北京:电子工业出版社,2001.

[2] 郝桐生. 理论力学[M]. 3版. 北京:高等教育出版社,2003.

[3] 陈长征,刘贵立. 工程力学[M]. 北京:科学出版社,2002.

[4] 王振发. 工程力学[M]. 北京:科学出版社,2003.

[5] 单辉祖. 材料力学[M]. 北京:高等教育出版社,1999.

[6] 刘鸿文. 材料力学[M]. 北京:高等教育出版社,1987.

[7] 范钦珊. 工程力学教程[M]. 北京:高等教育出版社,1998.

[8] 杜建根,陈庭吉. 工程力学[M]. 北京:机械工业出版社,2002.

[9] 单辉祖,谢侍锋. 工程力学[M]. 北京:电子工业出版社,2004.

[10] 邱家骏. 工程力学[M]. 北京:机械工业出版社,1999.

[11] 吴建蓉. 工程力学与机械设计基础[M]. 北京:电子工业出版社,2003.

[12] 阮宝湘. 工业设计机械基础[M]. 北京:电子工业出版社,2002.

[13] 陈庭吉. 机械设计基础[M]. 北京:机械工业出版社,2002.

[14] 卢玉明. 机械设计基础[M]. 6版. 北京:高等教育出版社,1998.

[15] 李学雷. 机械设计基础[M]. 北京:科学出版社,2004.

[16] 孙宝均. 机械设计基础[M]. 2版. 北京:机械工业出版社,1999.

[17] 孙宝均. 机械设计课程设计[M]. 北京:机械工业出版社,2002.

[18] 范思冲. 机械基础[M]. 北京:机械工业出版社,1999.

[19] 黄森彬. 机械设计基础[M]. 北京:高等教育出版社,1998.

[20] 张久成. 机械设计基础[M]. 北京:机械工业出版社,2001.

[21] 王定国,周全光. 机械原理与机械零件[M]. 北京:高等教育出版社,1988.

[22] 陈秀宁. 机械基础[M]. 杭州:浙江大学出版社,1999.

[23] 黄华梁,彭文生. 机械设计基础[M]. 2版. 北京:高等教育出版社,1995.

[24] 李梅,南景富. 机械基础[M]. 哈尔滨:哈尔滨工业大学出版社,2004.